农耕文化景观的
生态价值与演变机制研究

——以南太湖溇港圩田为例

Ecological Value and Evolution Mechanism of

Agri-cultural Landscape： A case study of Lougang Rivers and

Polders in South Taihu Region

胡　敏　著

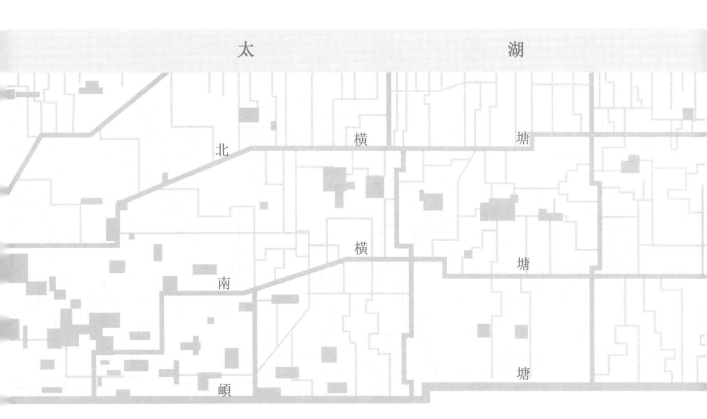

中国建筑工业出版社

图书在版编目（CIP）数据

农耕文化景观的生态价值与演变机制研究：以南太湖溇港圩田为例 = Ecological Value and Evolution Mechanism of Agri-cultural Landscape：A case study of Lougang Rivers and Polders in South Taihu Region / 胡敏著. — 北京：中国建筑工业出版社，2021.10

ISBN 978-7-112-26654-8

Ⅰ. ①农… Ⅱ. ①胡… Ⅲ. ①农田水利—文化—景观—生态价值—研究—湖州 Ⅳ. ①S279.255.3

中国版本图书馆CIP数据核字（2021）第193426号

责任编辑：李 东 陈夕涛
版式设计：锋尚设计
责任校对：王 烨

农耕文化景观的生态价值与演变机制研究
——以南太湖溇港圩田为例
Ecological Value and Evolution Mechanism of
Agri-cultural Landscape：A case study of Lougang Rivers and Polders in South Taihu Region
胡 敏 著

*

中国建筑工业出版社出版、发行（北京海淀三里河路9号）
各地新华书店、建筑书店经销
北京锋尚制版有限公司制版
临西县阅读时光印刷有限公司印刷

*

开本：880毫米×1230毫米 1/16 印张：16¼ 插页：1 字数：408千字
2021年10月第一版 2021年10月第一次印刷
定价：**168.00**元
ISBN 978-7-112-26654-8
（37607）

序

  文化是一个国家、一个民族的灵魂。珍贵的文化遗产为坚持文化自信提供了丰厚滋养，也是中国智慧和中国力量的根基所在。如何立足中国特色做好历史文化保护传承，是国家走向现代化进程的重要内容，也是城乡规划学科理论体系建设的研究方向。

  人与自然和谐相处是中华民族对世界文明的重要贡献，研究中国的历史文化保护问题必须重视传统生态文明理念与智慧。胡敏同学，长期从事历史文化保护相关理论研究和规划实践工作，博士学习期间希望选题继续就历史文化保护方向开展研究。他将生态环境和历史文化保护交叉领域作为研究方向，选择具有地域性、体现传统生态文明的文化遗产类型——南太湖溇港圩田文化景观作为研究对象。文化景观是人文地理学的重要方向，也是世界遗产的新类型，其要义是人与自然的和谐相处。作为农耕文明大国，深入研究华夏文明背景下的农耕文化景观的基础理论和保护方法，是一项具有重要意义的工作。胡敏同学不负众望，开展实地田野考察，查阅历史文献资料，追溯气象和地形地貌变迁，进行理论方法探索，论文于2018年12月通过答辩。答辩委员会认为论文"选题具有重要的理论意义和实践价值"，"国内首次从多学科角度，在溇港圩田文化景观遗产的生态价值研究方面具有理论性的突破。在水网形态、水地关系、田地比例、供养能力、农作距离、聚落选址、村庄形态等方面分析的基础上，深入探讨了溇港圩田文化景观的演变过程与驱动机制，在气候生态效应方面填补了此领域的空白。论文的相关研究和政策建议，对溇港圩田申报世界文化遗产奠定了重要的理论基础"，"论文有独到的新见解，成果突出"，"是一篇优秀的博士论文"。我还要补充一点，从秦汉以来太湖流域一直是国家粮仓，无不与"圩田文化"有直接关系。

  答辩委员会评语给予了启示，在检索文献资料后，我赞成他将这份研究成果公开出版，推荐给学术界。更希望从事文化遗产保护的管理者和地方工作的领导能重视"南太湖溇港圩田文化景观"保护工作，恕我直言，这个地区在现代化进程中正面临着发展和保护之间方案的选择，存在的时候一定要珍惜，免得失去了后悔莫及。希望通过本书的出版，能够抛砖引玉，传递信息，推动我国农耕文化景观和其他类型文化景观保护理论研究工作，推动建立科学的国土空间规划体系，保护好具有世界文化遗产价值的太湖圩田文化景观。

  在为本书撰写序言时，我也思绪万千，随着胡敏同学论文通过答辩毕业，我也将不再担任自王大中校长聘任以来的清华大学兼职教授。回顾往事，愿望和实际，是想在清华大学建筑学院城乡规划系，推进气象、环境和城市规划结合为方向的教学和研究。我始终认为生态问题应当是城乡规划学科的重要研究对象，量化分析为城乡规划研究提供了广阔的前景，并指明了其发展的方向。我在清华大学的讲座始终坚持这一思路，介绍自己的研究成果和学术思考，指导博士生的研究多关注和聚焦生态问题，探索用定量分析提高城乡规划的科学性。第一位是王晓云同学，他的研究题目是《城市规划大气物理环境效应定量分析技术与评估指标研究》，2006年底通过答辩。答辩委员会认为其研究是一个跨学科、跨领域的研究，将气象、规划、环境学科结合在一起，建立了多尺度大气环境效应定量评估技术方法并用于规划编制实践中，为科学编制规划提供了依据，丰富了城市规划编制的技术方法，具有开创性。胡敏同学在此基础上，将生态环境与历史文化保护相结合，进一步探索多学科结合下的科学规划方法路径，在交叉领域的理论研究中取得了积极进展。再有2011年5月通过答辩的甘霖同学，她的研究题目是《面向地表热环境效应改善的北京绿隔规划策略》，突出了保护城市生态环境的底图研究。答辩委员会认为其论文建立了一种城市绿地斑块对内、对外降温效果的定量化研究评价方法，从生态视角切入提出了面向地表热环境效应改善的北京绿隔规划策略，采用定量分析北京绿隔改善地表热环境效应的规律，为绿隔规划提供了一定的科学依据，是对实现科学规划的有益探索，是一篇较为优秀的博士论文。在这里我要感谢清华大学的领导和老师给予我机会和支持，特别要感谢左川老师在学生日常管理和学业辅导上给我的帮助，感谢毛其智老师等对学生完成论文上的指导。

在这个学科方向上我主持了多个研究项目，"基于车载光学遥测技术的北京及京津冀大气面污染源排放特征研究"课题于2018年末结题验收，日前成果出版、付梓见众，同学们都毕业了，推进气象、环境和城市规划结合为方向的教学和研究，初心仍是那么的留恋。幸运的是，这些年来，我国城市规划修编的时候都开展了气象与大气环境关系对规划方案的评估。愿清华大学继续关注这一领域，为生态文明思想视野下的国土空间规划体系建立作出新的贡献。

汪光焘

2020 年 12 月于北京

前　言

　　文化景观是世界遗产体系中较新的类型，基础理论研究相对薄弱，在世界遗产名录中数量偏少、地域差距大，世界遗产委员会、国际文化景观学界一直呼吁加强亚洲文化景观理论和类型研究。对我国这样一个农耕文化源远流长、内涵独特丰富的国度，深入、全面研究地域性农耕文化，系统、整体地保护和传承农耕文化景观，有利于保护历史遗存、传承优秀传统文化，也有利于"讲好中国故事，展现真实、立体、全面的中国，提高国家文化软实力"。

　　南太湖溇港圩田是农耕文明时代的杰出代表，从文化景观视角对其开展系统研究，不仅对文化景观学科发展、遗产保护事业具有理论价值，而且对当前的生态文明建设、乡村振兴战略、坚定文化自信具有现实价值。本书分为两大部分，分别围绕生态价值和演进机制进行了论述。在第一部分，界定了华夏传统农耕文化景观概念和内涵，对溇港圩田文化景观价值进行阐述，提出生态价值是溇港圩田文化遗产价值体系的核心，建构"水利—农耕—居住"+"空间—设施—知识"的遗产框架耦合体系。分析了溇港圩田的生态效应，测算了其生态系统服务价值，提出其具有耦合、交互、活态、循环四大系统特征，总结了其独特土地利用方式中蕴含的田水共治、微改为宜、地尽其才、精耕细作等传统生态智慧。运用空间分析技术和历史地理分析方法，对溇港圩田的景观格局进行了解析，提出溇港圩田具有水网支配下大尺度一体化的结构特征，从水网形态、水地关系、田地比例、供养能力、农作距离、聚落选址、村庄形态等方面解析了其空间特征，并总结了其美学意象。基于气象观测资料对溇港地区的人体舒适度和农业气象适应性进行了评价，运用气象模型模拟分析了溇港圩田文化景观的气候生态效应。通过研究，证实了溇港圩田是人和自然互动下对特定生态环境适应性改造、是华夏传统农耕文化景观的典型代表，其蕴含着丰富的传统生态文明理念、模式和智慧，具有突出生态价值。在第二部分，运用历史地理分析方法，对溇港圩田文化景观的发展过程进行识别，提出其经历了孕育、草创、稳定、分化四个演进阶段，其形成发展受到自然环境、社会经济、科学技术三类驱动力的共同作用，三类驱动力在其演进过程中分别发挥了基础支撑、核心动力、关键保障的作用。用景观格局分析评估等方法，提出溇港圩田文化景观面临农业调整、乡村工业、城乡建设等威胁，呈现出系统结构失稳、空间形态变异、生态功能退化的变化趋势，提出应通过产业引导、空间治理、社区参与、机制保障四个层面的协同施策，实现科学保护、有序传承。

目　录

第 1 章

绪论

1.1 研究背景与意义

1.1.1 研究背景：生态文明、文化自信、乡村振兴

1. 生态文明建设需要从传统地域文化汲取营养和智慧

近年来，国家对生态环境保护日益重视，生态文明建设成为新时代国家建设发展的中心任务[①]。中国传统文化中蕴含着独特的生态哲学思想，闪耀着灿烂的生态文明智慧，无论是儒家的天人合一、道家的道法自然，还是佛学的众生平等，都反映出东方文明对于人与自然和谐共生关系的独特理解，这些生态智慧以及基于这些理念形成的传统人居模式和建设方式更是生态文明建设的思想源泉。作为人类与自然共同创造的结晶，文化景观多属于社会—经济—文化—自然复合系统，具有人文和生态的双重价值，并蕴藏着丰富的中国传统生态智慧，对于生态文明建设具有巨大的潜在价值与贡献。

2. 保护文化遗产、挖掘遗产价值是践行文化自信的重要任务和手段

近年来，党中央、国务院高度重视文化遗产保护工作，先后从社会主义文化繁荣发展、提升城镇化质量、提高城市工作水平的角度，多次要求保护好文化遗产、弘扬好传统文化、延续好历史文脉[②]。党的十九大报告提出了要践行文化自信、实现中华民族伟大复兴中国梦的伟大目标。要屹立在世界民族之林，实现国家强盛和民族振兴，离不开文化的引领和支撑。珍贵的文化遗产不仅为我们民族振兴提供了丰厚滋养，也是为人类提供中国智慧和力量的根基所在。在这一背景下，及时对文化景观展开全面、深入研究，是落实中央指示精神、实现中华民族伟大复兴目标的时代选择。

3. 乡村振兴、乡村文明传承和乡愁乡建需要理论方法突破

乡村是传统农业文明的核心载体，是具有文化、生态、情感等多元复合价值的独特地理单元，中国传统社会结构和生活方式根植于农村的乡土社会，只有认识农村社会，才能认识中国社会（费孝通，2005），乡村振兴、乡村文明传承是决定新型城镇化成败的关键。但是，当前乡村地区在发展过程中面临传统文化受到冲击、文化遗产缺乏保护、生态环境品质下降、生产要素非农化、乡村风貌同质化的普遍问题，如何破解上述问题是关系我国未来广大乡村地区可持续发展的重大课题。

---

① 习近平总书记提出要求要像对待生命一样对待生态环境，党的十八大将生态文明建设上升到五位一体总体布局的战略高度。2015年中共中央、国务院印发《生态文明体制改革总体方案》，提出以建设美丽中国为目标，以正确处理人与自然关系为核心，推动形成人与自然和谐发展的现代化建设新格局。

② 2011年中央提出推动社会主义文化大发展大繁荣的战略，将加强文化遗产保护、传承提升到关乎中华民族伟大复兴的战略高度；2013年，中央城镇化工作会议要求保护和弘扬传统优秀文化，延续城市历史文脉；2015年中央城市工作会议要求保护弘扬中华优秀传统文化，延续城市历史文脉，保护好前人留下的文化遗产。

2015年，习近平总书记在云南考察指出要遵循乡村自身发展规律，注意乡土味道，保留乡村风貌，留得住青山绿水，记得住乡愁，要求针对乡村自身特点合理选择适宜方法。党的十九大报告提出了乡村振兴战略，农村地区的可持续发展在新的历史时期被赋予更多内涵和责任。文化景观遗产作为起源于世界遗产中对乡村地区独特价值[①]认识的遗产类型，对其保护与利用开展研究，探索适宜的乡村遗产地可持续发展路径，无疑对实现乡村振兴、延续乡愁记忆、建设美丽乡村的理论突破具有重要价值。

1.1.2 研究意义：本土理论构建、遗产科学保护和遗产地可持续发展

1. 推动中国文化景观遗产保护理论建设

作为特定遗产类型，文化景观直到1992年才在世界遗产体系中独立出来，丰富了世界遗产构成，为现代国际遗产保护运动提供了新的认知视角，国际文化景观科学委员会主席莫尼卡（Monica）认为其弥补了长久以来遗产保护领域中自然人文二元分立带来的鸿沟，在全球层面上促进了对于文化与自然环境价值重要性的认识（Aplin，2007）。国际学界普遍对亚洲国家在文化景观遗产保护中发挥更大作用给予较高的期望（Taylor，2007），有专家直言缺少中国和亚太参与，国际文化景观体系难言完整。2011年西湖文化景观成功申报世界文化景观遗产，被认为是对接世界文化遗产体系的标志性事件，具有历史性贡献。

从世界遗产申报的角度而言，由于文化景观正式独立出来的时间相对较晚，基础理论研究薄弱，在世界遗产名录中的数量也相对偏少，目前分布地区以欧洲和北美地区为主（Sirisrisak、Akagawa，2007），为此国际遗产委员会专门提出平衡全球战略，希望其他地区加大研究力度，积极申报文化景观世界遗产[②]，亚洲是重点培育地区，亟待开展本土化理论研究。

我国对文化景观的相关研究刚刚起步，除中国风景园林体系中的文化景观研究较为深入外，其他类型文化景观遗产的系统研究相对滞后，存在大量空白和不足（单霁翔，2010a；韩锋，2010）。突出问题表现为缺乏系统价值考察、体系建构及战略布局上的不足（韩锋，2013），研究路径缺乏普适性，缺乏基础理论支持（徐文廷、林建群，2015）等。上述问题的解决，有赖于中国文化景观遗产保护理论和方法的突破。

2. 深化我国农耕主题文化景观的类型研究

由于人类与自然互动方式和载体的多样性，文化景观遗产的具体类型十分丰富，实证和类型研究具有突出意义（赵中枢，1996）。即使在同一大类中，不同亚类文化景观遗产之间也具有很大的差异性，特定类型和主题的理论深化始终是文化景观保护理论研究的重要课题。

中国农耕文明历史悠久，基于地域文化背景和地方自然条件的约束，形成了独特的农

---

① 世界遗产中文化景观类型的最早提出和讨论源于对乡村地区的讨论，尤其是英国大湖地区在申报世界遗产时对其突出普遍价值的持续讨论，对于文化景观遗产概念的生成起到了直接推动作用。

② 2005—2014年的《实施〈保护世界文化和自然遗产公约〉操作指南》增加了"建立更具代表性、更加均衡和可信的遗产名录"条款，从遗产申报的类型、数量、优先顺序方面进行定性与定量的约束，规定每年接收的提名数为45项，其中包括上年延迟收录的提名。各国每年最多提名2项，其中1项应为自然或文化景观遗产。

业、水利传统智慧和知识体系，逐步创造出特定的人地关系和土地利用模式，留下了大量与水利建设、农业劳作、乡村人居关联的文化遗产。要实现科学保护、合理利用、有效传承，需要尽快明确遗产类型与内涵，构建保护范式。溇港圩田位于太湖地区，作为中国传统农业文化最发达地区的农耕文化代表，开展溇港圩田文化景观的研究，对于我国农耕类文化景观理论的深化和方法拓展具有重要意义。

需要注意的是，这一领域的遗产保护，在国际层面上，除了世界遗产体系的文化景观遗产外，还有世界灌溉工程遗产（HIS）[①]、全球重要农业文化遗产（GIAHS）[②]，这些遗产概念和保护方法之间存在重叠区域，也有不同之处，相互交织，需要结合实际遗产对象进行深入辨析和总结，以南太湖溇港圩田为对象进行实证分析对相关遗产概念廓清和发展具有重要意义。

3. 推动溇港圩田文化景观的整体、系统保护

《湖州历史文化名城保护规划（2013—2020）》第一次提出了溇港圩田文化景观概念，但受到当时条件所限，未能进一步展开研究，价值认知、形成机制等基础理论处于空白状态，理论滞后直接制约了保护管理工作，亟待开展相关研究。

从现状看，溇港圩田保护状况不容乐观，保护管理工作相当滞后，缺乏具有针对性和适应性的保护理论和方法支持。此外，虽然近年来地方政府开始认识到溇港圩田价值，但尚局限于溇港水系的工程价值[③]和桑基鱼塘（稻田）的农业价值[④]，没有看到作为整体的溇港文化景观所蕴含的突出普遍价值，溇港圩田保护面临着迫切的道路选择。上述趋势的扭转和问题的解决，需要加快对溇港圩田文化景观的理论研究，以科学指导抢救性保护工作。

4. 促进南太湖溇港圩田遗产地的可持续发展

2002年，在《世界遗产公约》颁布30年之际，世界遗产委员会在匈牙利通过《布达佩斯宣言》[⑤]，提出要通过文化遗产的保护促进遗产地社会经济全面发展，这是世界遗产保护近年来的重要方向和趋势。

南太湖乡村地区是具有综合战略价值的区域，不仅是中国第三大湖泊、长江三角洲第一大湖泊——太湖的生态屏障，也是环太湖乡村文明的承载地。保护南

[①] 世界灌溉工程遗产（HIS）由国际灌溉与排水委员会（ICID）认定。国际灌溉排水委员会于1950年成立，旨在鼓励水资源可持续利用、促进水利遗产保护。

[②] 联合国粮农组织（FAO）于2002年开始倡导保护"全球重要农业文化遗产"（GIAHS，或简称"世界农业遗产"）。

[③] 2016年11月8日，第二届世界灌溉论坛暨国际灌排委员会第67届国际执行理事会上，批准浙江湖州太湖溇港列入世界灌溉工程遗产名录。

[④] 2018年4月19日，"全球重要农业文化遗产国际论坛"在意大利罗马举行，"浙江湖州桑基鱼塘系统"正式被联合国粮农组织总干事若泽·格拉齐亚诺·达席尔瓦授予"全球重要农业文化遗产（GIAHS）"奖牌。

[⑤] 《布达佩斯宣言》提出要"努力在保护、可持续性和发展之间寻求适当而合理的平衡，通过适当的工作使得世界遗产资源得到保护，并为促进社会经济发展和社区生活质量作出贡献"。

太湖溇港圩田文化景观对改善区域生态环境、统筹区域发展具有深远意义，对长江三角洲这一世界级城镇群地区的可持续发展具有特殊价值。

1.2 研究假设与问题

1.2.1 科学假说：溇港圩田是南太湖地区人与自然长期共同创造的作品

溇港是一种特殊的水利工程类型，圩田是长江中下游流域的传统特色农业模式。人们普遍将南太湖溇港圩田作为水利农业工程组合看待，认为其是在太湖滨湖地区从塘浦圩田衍生出来的农田水利系统（陆鼎言、王旭强，2005），该认识和定位在一定程度上忽略了遗产所蕴含的、更为重要的生态价值和活态属性。虽然现在太湖溇港已经申报并列入世界灌溉工程遗产名录，但是基于水利工程出发点的保护，能不能全面阐释、保护与传承溇港圩田系统所蕴含的突出价值，是一个值得认真思考的课题。

有鉴于此，本文提出一个假设——溇港圩田是南太湖地区人民与自然环境长期共同创造的作品，不是简单的水利农业工程组合，是一种文化景观遗产，其突出特征在于传统农业文明下所形成的生态文明理念和生态价值。

1.2.2 研究问题：对象识别、价值阐释、形成机制、保护策略

基于上述假设，本研究聚焦在"人工之巧是如何嵌入自然之境而创造出溇港圩田文化景观的？体现其人与自然可持续互动的生态文化价值究竟是什么？"具体研究内容包括以下四个方面：

（1）溇港圩田文化景观的**本体论**：判定溇港圩田作为文化景观的具体类别属性，明确溇港圩田文化景观的遗产构成框架和组成要素。

（2）溇港圩田文化景观的**价值论**：研究溇港圩田文化景观的生态价值、理念和方法，剖析其生态循环过程，研究其生态美学特征，还原空间模型，分析其空间特征。

（3）溇港圩田文化景观的**形成机制**：梳理溇港圩田文化景观发展过程，提出溇港圩田文化景观演变的断代划分和阶段特征，研究影响溇港圩田文化景观的动力因子和作用机制。

（4）溇港圩田文化景观的**保护策略**：评估溇港圩田文化景观近年来的变化趋势，分析其保护传承和发展中面临的突出问题和主要威胁，提出保护策略建议。

1.3 研究对象与范围

1.3.1 研究对象：溇港圩田文化景观

溇港圩田，是特定的水土资源环境下，人类与自然环境共同作用下所创造的产物。溇港

圩田具有两千多年历史，最早起源于春秋时期的太湖开发建设活动，形成于东晋、南北朝时期，并在唐宋时期得到不断发展，孕育了太湖农耕文明，是农耕文明时期太湖地区水利和农业发展水平的综合体现。溇港圩田见证了太湖流域两千多年来区域自然环境、社会、经济、文化演变的历史进程，承载了中国古代人与自然和谐共存的文化价值观，彰显了太湖地区人民群众的伟大创造力。

因此，本文研究对象"溇港圩田文化景观"可以定义为"农耕文明时代，南太湖地区人与自然长期良好互动过程中形成并留存至今，以溇港水利、圩田农耕、聚落居住为核心系统构成，以生产、生活、生态高度协调为突出特征，包括各种物质遗存、非物质遗存及其相互关系所共同组成的文化遗产"。

1.3.2 研究范围：北抵太湖、南到颀塘、西到小梅港、东至吴兴界

历史上，广义的太湖溇港主要分布在太湖的西北—东南环湖乡村地区（图1-1），包括今天的宜兴、长兴、吴兴和吴江等地区。但是各地叫法不尽相同，

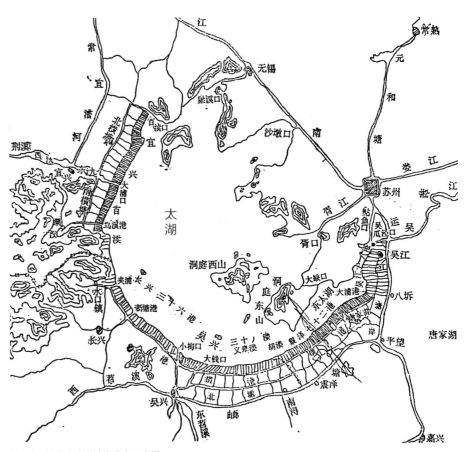

图1-1　历史上太湖溇港分布示意图

（资料来源：缪启愉. 太湖塘浦圩田史研究[M]. 北京：农业出版社，1985.）

　农耕文化景观的生态价值与演变机制研究——以南太湖溇港圩田为例

且环境基础和演进机制、形成时间也存在较大差异，例如宜兴溇港往往叫作荆溪百渎，吴江溇港形成时间相对较晚，到明代才基本形成。目前宜兴和吴江的溇港水系基本无存，长兴的溇港水系也损失大半，唯有吴兴地区溇港圩田保存相对完好。狭义的溇港，主要指太湖南岸地区，尤其特指吴兴段[①]。

综合考虑溇港圩田现存状况、典型特征、对区域生态重要程度、研究数据获取情况等，本研究的空间范围界定为吴兴区范围，具体为**北抵太湖南缘、南到顿塘、西到小梅港、东至吴兴行政边界，面积约285平方公里**（图1-2）。

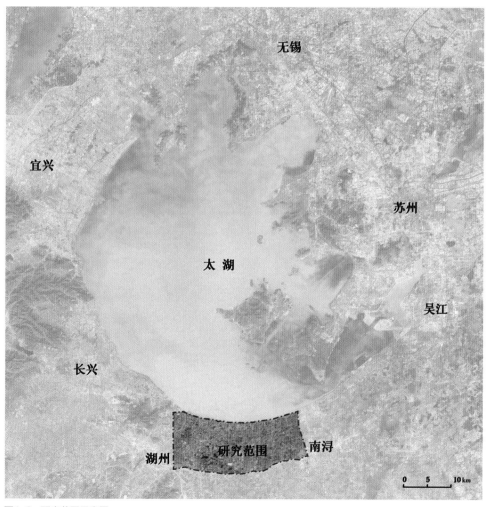

图1-2　研究范围示意图
（资料来源：作者自绘；底图来源：Google 地图）

---

① 按照《吴兴溇港文化史》的说法，狭义的溇港专指吴兴区境内大钱港以东，分布频密、尺度较小的人工小河，南北向排列，导泄杭嘉湖平原洪水入太湖，也有人称之为泾。

1.4 国内外研究现状

1.4.1 文化景观遗产：深化地域、类型和生态基础价值研究是重要方向

1. 文化景观遗产的内涵、特征与价值

关于文化景观遗产的内涵：最早提出文化景观明确定义的是文化地理学者、伯克利学派创始人索尔（Sauer），他于1927年在《文化地理的新进展》一书中首次明确提出了文化景观是附加在自然景观之上的各种人类活动形态。此后，地理学者以此为起点，围绕"人类活动下自然景观的变化和反映"这一核心问题，从不同侧重点深化文化景观的界定。1992年，文化景观被UNESCO正式作为世界遗产类型引入到遗产保护领域，《实施〈保护世界文化和自然遗产公约〉操作指南》提出世界遗产语境下的文化景观定义[①]。但是按照世界遗产的定义，可以将任何人与自然交互作用的结果理解为文化景观，其概念反而变得泛化而模糊不清（邬东璠，2011）[1]。因此，地方性或基于类型的解读成为厘清文化景观概念的重要任务，世界各地从地方遗产管理角度对文化景观进行了不同的表述，以阐释人类与其所在的自然环境之间互动的多样表现[②]。

小结　文化景观具有久远的地理学传统，其引入遗产保护领域相对较短（史艳慧、代莹、谢凝高，2014）。在被引入到保护领域后，遗产学界对于其定义没有趋同，相反争论更加激烈（韩锋，2007）。但是，存在一个基本共识，**普遍来说都将和谐人地关系看作文化景观遗产的最基本价值**（黄昕珮、李琳，2015）[56]，并认为其代表了地方精神。

关于文化景观遗产的特征：汤茂林、金其铭认为文化景观的形成是历史演化过程，具有时代性的特征（汤茂林、金其铭，1998）。许静波认为文化景观还具有继承性、叠加性、民族性、区域性、动态性等特征（许静波，2007）。文化景观呈现鲜明的地域性特征，具有区别于其他地方的独特景观特质（Kelly et.al.，2000）。在保护语境里，很多学者认为整体性是文化景观遗产的一个重要特征（周年兴、俞孔坚、黄震方，2006）。文化与自然、人与环境之间两种关系的互动性也被认为

[①] 《操作指南》将文化景观定义为"自然与人的共同作品，见证了人类社会和居住地在自然限制和（或）自然环境的影响下随着时间的推移而产生的进化，也展示了社会、经济和文化外部和内部的发展力量"。

[②] 如美国国家公园管理局（NPS）将文化景观定义为"一个联系着历史事件、人物、活动或显示了传统的美学和文化价值，包含着文化和自然资源的地段或区域"；加拿大国家公园管理署认为一处土著的文化景观是土著居民同土地长期和复杂的相互作用而体现出价值的地方，它体现了自然和精神环境的一致，体现了地方精神、土地利用和生态学的传统知识。另外，中国台湾的《文化资产保存法》将文化景观定义为神话、传说、事迹、历史事件、社群生活或仪式、行为所定著之空间及相关联的环境。

是文化景观的重要特征（邹怡情，2015），这一特征背后还蕴含有动态性和过程性的特点（阿诺·艾伦，2014）。有学者提出，人地关系（陈同滨，2010a）、可持续的土地利用模式（单霁翔，2010d）[9]、文化多样性、生物多样性（Rössler，2006）也是文化景观的重要特征。此外，具有原生态自然景观和美学特征也被看作是形成文化景观遗产的独特条件（侯卫东，2010）。从东西方文明背景角度出发，有学者认为文化景观遗产体现了典型的东方智慧特征：整体性、辩证性和诗性（邬东璠，2011）[3]。

小结　文化景观遗产的特征一部分在于文化景观的特征，如时代性、过程性、继承性、叠加性、区域性（地域性）、动态性等，另一部分源自其作为新的遗产类型带来的新认识，如整体性、多样性、辩证性。从保护角度而言，文化景观的整体与系统关联、文化及生态多样表达、长期动态变化等特征值得特别关注。

关于文化景观遗产的价值：在世界遗产框架下，文化景观的遗产价值研究主要以世界遗产六条突出普遍价值为基准[①]，强调文化景观应当具有六种突出能力，即创造力、影响力、稀缺性、代表性、土地利用、关联性（李晓黎、韩锋，2015a）。世界遗产的技术咨询机构ICOMOS提出了价值分析的新框架体系，更加强调普遍性和可持续性[②]（李震、李仁斌，2015），这一点同样适用于文化景观遗产。单霁翔提出文化景观遗产的价值评估应当立足于内涵和特征，关注人类介入自然环境的性格与特质、可持续资源利用技术、适应与改造自然环境的实践结果（单霁翔，2010c）[5-38]。邹怡情提出文化景观的二分法价值研究，自然价值方面强调传统可持续发展土地利用方式价值和生物多样性保护价值，文化价值重点在于历史识别和记忆传承价值（邹怡情，2012）[57]。泰勒（Taylor）指出环境伦理应当作为文化景观自然价值研究的中心议题，可以围绕自然的工具价值和内在价值展开[③]（Taylor，2007）。有学者试图构建起一套由空间价值、时间价值和精神价值组成的文化景观价值体系（刘祎绯，2015）。有学者认为持续性文化景观的重要价值在于土地及自然资源利用智慧和自然审美品质（李晓黎、韩锋，2015b）。

小结　对文化景观遗产，从历史维度看，其价值体现为历史识别与记忆传承；从科学

[①] 世界遗产框架下的文化景观价值，指的是其突出普遍价值OUV，由于文化景观的提出，《实施〈保护世界文化和自然遗产公约〉操作指南》将原来分开设置的自然遗产和文化遗产的OUV价值统一到一个标准之下，其中前六条是衡量文化遗产、文化景观的主要标准：(ⅰ)作为人类天才的创造力的杰作；(ⅱ)能在一段时期内或世界某一文化区域内人类价值观的重要交流，对建筑、技术、古迹艺术、城镇规划或景观设计的发展产生重大影响；(ⅲ)能为延续至今或业已消逝的文明或文化传统提供独特的或至少是特殊的见证；(ⅳ)是一种建筑、建筑或技术整体、景观的杰出范例，展现人类历史上一个（或几个）重要阶段；(ⅴ)是传统人类居住地、土地使用或海洋开发的杰出范例，代表一种（或几种）文化或人类与环境的相互作用，特别是当它面临不可逆变化的影响而变得脆弱；(ⅵ)与具有突出的普遍意义的事件、活传统、观点、信仰、艺术或文学作品有直接或有形的联系（委员会认为本标准最好与其他标准一起使用）。

[②] ICOMOS在2004年和2008年先后发布了《世界遗产名录填补空白——未来行动计划》（Gap Report）和《什么是突出普遍价值》（OUV Report），前者提出价值分析认定的新的框架体系：类型框架、时空框架和主题框架，后者对世界遗产的"突出普遍价值"定义陈述作出了修改，更加突出"普遍性"和"可持续性"，实际操作中的选择取决于多种因素，还取决于其整体性的完整性和真实性，现存的部分以及保存状况。类型上建立了包括文化景观在内的14种遗产类型的开放体系，时空上形成时间上三个阶段，空间上7个分区的时空体系，主题上归纳了社会表达、创造力的表现、精神的体现、自然资源的利用、人类的移动、科技的发展等6种主题模式。具体步骤上，采用依据主题框架认定主题，依据时空框架进行时间—区域评价，依据类型框架界定类型概念，综合判断遗产OUV价值。

[③] 其中自然工具性的价值是由于事物的可利用性，内在价值只和事物本身的意义有关。

维度看，主要表现为可持续资源利用技术、传统土地利用方式与智慧、生物多样性表达、经济模式与生产生活方式；从艺术维度看，美学价值显然是关注的重要内容。由于文化景观强调人与自然良性互动的属性，传统的文化遗产的历史、科学、艺术价值的价值框架需要进行调整，横亘在价值体系最底层的、最能体现其可持续性特征的基础性价值维度——生态文化应当得到高度关注。

2. 文化景观遗产的分类、构成

关于文化景观遗产的分类：《实施〈保护世界文化和自然遗产公约〉操作指南》规定文化景观可以分为三类[①]。在此基础上，王毅将有机演进中的持续性亚类细分为对特殊环境的利用类、特殊生产方式类、多元文化类、田园栖居类（王毅，2012）[99–100]，肖竞构建了由精神内核与存在状态双系统构成的亚洲和中国文化景观分类方式[②]（肖竞，2011）[7–8]。美国国家公园管理局将文化景观遗产分为四种类型[③]，这种分类为了便于大众理解，是一种着眼于利用目的的实用主义划分。单霁翔对我国文化景观遗产进行分类[④]（单霁翔，2010c）[63–186]，并对世界遗产目录中的文化景观遗产进行了梳理[⑤]（单霁翔，2010d）[10]，但是上述分类采用了功能、主题、形态等标准组合的方式，缺乏规律，不具备普遍推广意义，并在一定程度上混淆了文化景观的遗产属性和方法论意义。李和平、肖竞从地域文化特征出发，将我国文化景观遗产分为场所、设计、遗址、聚落和区域等5种类型（李和平、肖竞，2009）[92]。李晓黎、韩锋对中国文化风景体系中的文化景观亚类型划分进行了探讨，对应世界遗产的三大类型（有机演化包括两个亚类）进行了较为系统的分类（李晓黎、韩锋，2015b），但是这种分类存在类型涵盖泛化的问题。

小结　由于世界遗产的三分法是概念性的，其分类宗旨是基于遗产内涵重释和理念传播，虽然具有很强的灵活性和全覆盖优势，但是存在交叉重叠的先天不足。通过分类有助于辨别遗产价值，地域+主题的划分方式是类型细分和深化研究的重要方向。

关于文化景观遗产的构成：传统地理学普遍认为其构成包括两大体系，即自

---

① 三类分别为：1）人类刻意设计及创造的景观，2）有机演进的景观，具体包括两种亚类型，残遗（或化石）景观和持续性景观，3）关联性文化景观。

② 前者立足天人哲学的演绎，分为宗教礼制景观和地域风格的人居环境景观（可以看作政治宗教体系、乡土地方体系），后者从文明演进的标准进行区分，分为持续进化与化石遗址两大类型。

③ 包括历史的设计景观（Historic designed landscape）、文化人类学景观（Ethnographic landscape）、历史乡土景观（Historic vernacular landscape）、历史场所（Historic site）。

④ 单霁翔提出我国文化景观遗产可以分为8种典型类型，包括维护持续发展演变的城市类文化景观、反映土地合理利用的乡村类文化景观、形成丰富审美意境的山水类文化景观、揭示人类文明成就的遗址类文化景观、营造独特精神体验的宗教类文化景观、延续社区传统生活的民俗类文化景观、体现文化生态演进的遗址类文化景观、体现人类和平诉求的军事类文化景观。

⑤ 针对已经列入世界遗产名录的文化景观，单霁翔认为可以分为城市文化景观、乡村文化景观、稻作农业景观、玉米耕作景观、葡萄园景观、风车景观、宗教文化景观、土著人群聚落景观、大型考古遗址景观以及山脉景观、河谷景观和园艺景观等。

然要素和人文要素[①]（汤茂林、金其铭，1998；胡海胜、唐代剑，2006）。从景观形成的角度，有研究提出文化景观由物质景观环境、人类改变环境的印迹和景观对不同人群的意义等要素间的辩证关系构成（O'Hare，1997）。王云才认为传统地域文化景观由地方性环境、地方性知识和地方性物质空间三个部分构成，其中建筑与聚落、土地利用肌理、水利用方式、地方性群落文化和居住模式是其核心（王云才，2009）。汤茂林认为文化景观包括一种可以感觉到但难以表达出来的气氛，是一种抽象的区域个性（汤茂林，2000），精神层面要素在文化景观中发挥重要作用。从文化景观遗产的物质载体和文化内涵出发，李和平、肖竞提出文化景观可以分为物质和价值两大系统（李和平、肖竞，2009）[92-94]。具体到有机演进延续类文化景观的遗产，王毅认为典型的载体（构成要素）包括人类对环境的显著回应和可持续利用、生产方式、生活方式或文化传统、自然和人的融洽关系（王毅，2012）[101]。针对具体主题的文化景观类型，学者们对遗产构成进行了个案研究，如杭州西湖文化景观（孙喆，2012；黄纳 等，2012）、龙脊梯田文化景观遗产体系（王林，2009）、全国重点文物保护单位聚贡枣园文化景观（邹怡情，2012）[59-62]。这些基于具体类型的研究，都是对文化景观遗产构成体系研究的深化探索。

小结　传统的文化景观遗产的构成分类多为二分或者三分法，如物质对非物质、物质对价值、自然对人文等，但是由于具体类型的文化景观遗产构成差异性较大，**有必要展开特定主题（类型）文化景观遗产构成方法的研究**。值得注意的是，**传统知识体系是文化景观遗产的重要构成内容**。

3. 文化景观遗产的演化变迁

关于文化景观形成的驱动因子：通过索尔（Sauer）对于文化景观的经典定义和形成过程解释[②]，可以看到在文化地理学者思维中，文化是文化景观形成的核心驱动力。斯宾塞（Spencer）和霍瓦特（Horvath）认为农业文化区演进受到心理、政治、技术、文化、农艺以及经济共六个过程的推动（汤茂林，2000）。国内学者胡海胜以庐山文化景观的形成为实证，提出文化景观驱动因子主要包括生态资源因素、人口流动因素、经济发展因素、文化扩散因素、文化创新因素、突变因素（胡海胜，2011）[200-202]。吴必虎、刘筱娟提出在大尺度的文化景观形成过程中，生态机制、人口迁徙以及文化的扩散、分化与整合发挥了重要作用（吴必虎、刘筱娟，2004）。

小结　文化景观的形成是多重要素共同作用的结果，主要包括生态环境、社会（人口）、经济活动、文化传播、科学技术等，区域与历史也具有驱动文化景观的能力。

关于文化景观的演化机制：伯克利学派运用发生学的方法解释文化景观的变迁过程，提出了相聚占有的解释模型。国内学者胡海胜提出文化景观演化的三种模式——叠合式、突变式和复合式，其内在动力可以理解为源自人类对于发展的迫切需求而采取的各种手段和措

[①] 一般认为，自然要素作为景观基底而存在，一般包括地貌、动植物、水文、气候和土壤等，人文要素包括物质因素和非物质因素，其中非物质因素主要包括思想意识、生活方式、风俗习惯、宗教信仰、审美观、道德观、政治因素、生产关系等。

[②] 索尔（Sauer）认为文化是原动力，自然区域是媒介，文化景观是结果。

施，是一个必然和偶然的结合过程（胡海胜，2011）¹⁹⁹⁻²⁰⁰。文化景观的演进过程可以看作是各种驱动因素持续不断、相互影响的创造（单霁翔，2010b）。在这一过程中，人的活动将主体与客体有机联系起来（黄昕珮、李琳，2015）⁵⁵，人类与自然环境的长时间、结构性相互作用促进文化景观的形成（罗·范·奥尔斯，2012），梳理时空特征是理解其形成机制的关键步骤（杨宇亮 等，2013）。苏珊（Susan）从文化生成的角度，提出文化景观的形成是人、环境及联系这两者的社会、经济和政治力量，三者之间的动态互动从而产生文化回应过程（Susan，2005）。

小结 文化景观演化过程存在叠合、突变和复合三种形态，具有结构性、持续性、动态性的特征，是文化与自然、时间与空间、物质与非物质相互关联的结果，反映了自然、经济、文化的互动过程。

4. 文化景观遗产的保护管理

关于文化景观遗产的真实性：国际遗产保护基石《威尼斯宪章》的基本要点之一就是要将遗产真实地传递给子孙后代（Jokilehto，2002）。1994年，《奈良真实性文件》重新诠释了真实性保护的意义——遗产价值理解取决于相关信息来源真实可靠的程度。真实性是阐述突出普遍价值的能力和基础（Stovel，2007）。《实施〈保护世界文化和自然遗产公约〉操作指南》，提出了8条具体的指标要素^①。学术界对于真实性的适用范围存在不同的理解，有学者就提出真实性具有相对性特点，应当在最能真实传达或表达其价值的特征中（Stovel，2005）。尤基莱托（Jokilehto）提出真实性由创造性过程、记录性证据及社会环境三个维度构成，包括三种类型的真实性^②（Jokilehto，2006）。王毅等认为延续类景观真实性的关键在于景观对于地域发展历程的记录，以及传统生活方式与土地使用方法的传承与延续（王毅、郑军、吕睿，2011）。

小结 由于文化景观构成的复杂，以及人文因素的加入和动态特征的存在，**文化景观的真实性判别应当区分系统整体和具体要素**。对于系统整体来说，社会文化、传统功能以及生活方式与土地利用技术上更为重要和突出。

关于文化景观的完整性：完整性源自自然遗产保护^③，在自然遗产的保护中，完整性具有结构完好、生态系统完好的多种意义。为了维护生态系统的完整性，遗产必须具备一定规模（Stovel，2007）。按照《实施〈保护世界文化和自然遗产公约〉操作指南》的解释，完整性是用来度量遗产及其特征的整体性（wholeness）和无缺憾性（intactness）的工具，具体要确保遗产所有具有突出普遍价值要素的

---

① 包括外形和设计，材料和实体，用途和功能，传统、技术和管理体制，方位和位置，语言和其他形式的非物质遗产，精神和感觉，以及其他内外因素。

② 包括创造性—艺术性的真实性、历史的—物质的真实性及社会的—文化的真实性。

③ 在1996年"世界自然遗产的总体原则与提名评估标准"专题讨论会上，建议将完整性运用到文化遗产领域。

囊括，遗址价值特色和过程的覆盖，体现显著特征的各种关系和动力机制也应当被包含其中。约基莱赫托（Jokilehto）提出文化遗产的完整性可以分为三种类型，即社会功能完整性、历史结构完整性、视觉审美完整性（Jokilehto，2006）。对于以动态变化为特征的文化景观遗产而言，社会功能真实性和历史结构真实性对于认识和把握"可控的变化"具有启发意义，主要体现在景观规模完整、空间特征完整、构成其动态功能元素的完整、保持人与自然精神关联的所有相关元素的完整等方面（王毅、郑军、吕睿，2011）。考虑文化景观的规模大、动态变化的特征，甚至有专家直言不讳地提出对文化景观而言，其在功能、结构和视觉上的完整性相对真实性而言，更为重要（Rössler，2008）。

小结 由于文化景观的自然和生态因素，相比一般文化遗产，完整性概念更为重要和突出，具有多重的内涵，**包括可持续的功能完整、系统结构的完整、空间规模及视觉的完整等。**

关于文化景观遗产面临的挑战：荒废的农田、衰落的传统农业、失传的知识技能、持续的人口膨胀、人口向大城市的迁徙、过度旅游和商业化等（Luengo，2012），是文化景观遗产保护中的突出问题。在上述威胁中，对文化景观遗产破坏最为彻底的是土地利用方式的改变（Rössler，2000）。具体到中国，文化景观的主要威胁是快速城镇化背景下社会变迁带来的压力，文化景观的空间特征遭受破坏，呈现破碎化和孤岛化、城市化、公园化、盆景化倾向（王云才、史欣，2010）[32-33]。文化景观保护管理的核心症结在于对动态演进中对真实性和完整性的不同理解（韩锋，2012），以及干预程度把握的差异（阿诺·艾伦，2014）。

小结 文化景观遗产（尤其是可持续性文化景观）面临的现实困境中，**最为突出的是土地利用方式的改变和传统知识技能的消失。**原因是多方面的，经济模式和社会结构的变化是深层原因，而地域文化差异以及对动态遗产保护干预程度的难以把控是管理层面的巨大挑战。

关于文化景观遗产的保护策略：文化景观构成和演变的复杂性，决定了其保护工作必须从多学科视角深入、综合性地进行科学考察（赵中枢，1996；胡海胜、唐代剑，2007），要重视跨学科方法和现代技术的运用，将3S技术、互联网技术、新材料技术等融入文化景观保护（胡海胜、唐代剑，2006）。保护策略上，必须与地域文化相结合（肖竞，2011）[6]，通过个案实证研究加强风险管理，并做好长期应对灾难和发展压力的风险预案（Luengo，2012）。对于文化景观遗产动态控制的难点，保护控制的关键在于采用整体性的方法（罗·范·奥尔斯，2012），强调对持续不断的变化过程的管理（国际古迹遗址理事会中国国家委员会，2015）。我国文化景观保护必须坚持正确理念、制定有效规划、完善专项法规（易红，2009），应重视遗产的"监测""评价"和"反馈"（徐曼、阙维民，2015），建立预警制度（严国泰、赵书彬，2010），要加强部门协作，突破管理壁垒（韩锋，2013），做好环境、农业、工业、交通等协同管理（Luengo etal，2015），并完善法律监督体系、理顺资源处置权、确立清晰的产权主体（张朝枝、保继刚，2005）。

小结 文化景观的保护要立足系统论方法，坚持整体保护，可持续类文化景观要聚焦传统土地利用模式和景观格局，重视多学科交叉碰撞求新的思路，要充分利用新的技术手段，从传统保护思路中开阔视野，将保护与传承并重。

关于文化景观遗产地可持续发展：遗产地发展中未充分发挥遗产的作用和潜力，遗产对遗产地的重要性远未认知（韩锋，2012），有些遗产地面临建设活动缺乏合理管控（赵晓宁，2005）。有些遗产地未能处理好社会公平问题，遗产地居民承担遗产地开发所带来的消极影响，却未能从保护中获得相应利益（金一、严国泰，2015）。除了社会问题外，遗产地还面临地质灾害改变、降低乃至破坏世界遗产地的美学价值和生态平衡等问题（袁宁、范文静、孙克勤，2014）。文化景观遗产地的保护应依托地方发展（蔡晴，2006），不能牺牲地方发展权和社区居民享受现代化发展成果的权益，应建立遗产地可持续发展机制和格局（王云才、史欣，2010）[37]，推动景观文化可持续、经济可持续、环境可持续、社区可持续（金一、严国泰，2015）。主要手段有构建基于地域的保护方法和管理策略（Luengo etal，2015），划定遗产区域（朱强、李伟，2007），探索区域生态环境和社会文化环境的协同发展，保护文化、社会的继承性和连续性（牛仁亮、毕晋锋，2013），发展文化旅游（孙克勤，2008）、生态旅游（角媛梅、程国栋、肖笃宁，2002），合理开发资源（陈兴中、郑柳青，2008），坚持生态环境保护（王惠，2007）等。需要注意的是，引导社区合作、居民培训（黄纳等，2012；UNESCO，2003）成为文化景观保护的重要方向，2007年世界遗产委员将世界遗产的4C战略上升为5C①，特别强调社区对世界遗产及遗产地可持续发展的重要性。

小结 遗产地的可持续发展已经成为遗产保护与社会发展的最大公约数，也是国际遗产保护的重要方向。保护与发展脱节、旅游发展过度、建设开发失控、社会公平失衡、自然灾害威胁等是遗产地可持续发展必须面临的挑战。遗产保护促进遗产地可持续发展的路径应当是多样的，其中**生态环境、经济发展、社会稳定、文化传承、遗产教育与社区作用等应当是核心方面**，这与我国未来可持续发展的7大主题②（牛文元，2012）保持了高度一致性。

1.4.2　溇港圩田：作为文化景观的溇港圩田相关研究尚未开展

1. 圩田的相关研究

圩田的研究是传统农业史研究的重要内容，20世纪50年代是圩田研究的起步阶段，相关学者在概念界定、空间分布、修筑管理、生产组织等方面进行了初步探讨（宁可，1958；缪启愉，1960；吉敦谕，1964）。进入20世纪80年代后，圩田研究从农

---

① 在原来可信度（Credibility）、保护（Conservation）、能力建设（Capacity-building）、宣传（Communication）的基础上增加了社区（Community）概念。

② 七大主题包括：始终保持经济的理性增长，全力提高经济增长的质量，满足"以人为本"的基本生存需求，调控人口的数量增长、提高人口素质，维持、扩大和保护自然的资源基础与生态容量，集中关注科技进步对于发展瓶颈的突破，始终调控环境与发展的平衡。

业史逐步向多学科延伸。

关于圩田开发历程的研究：对于江南圩田，大部分学者提出先秦时期太湖地区的围田是后来圩田的滥觞和基础（宁可，1958；缪启愉，1960；吉敦谕，1964；黄锡之，1992），六朝时期屯田促进吴淞江流域的圩田发育，江南棋盘式圩田系统形成于中唐以后（黄锡之，1995），大圩和塘浦河道的网络形态在唐末形成（王建革，2010），在五代吴越得到进一步的巩固与发展（缪启愉，1985）[22-27]，唐、五代时期形成我国圩田修筑的第一次高峰（赵崔莉、刘新卫，2003）[60]，形成圩田的高级形式——塘浦圩田体系（郭凯，2007）。宋代大圩田制度遭到破坏转向小圩制，塘浦圩田的大圩田遭受重创（梁家勉，1989），圩区由大变小（缪启愉，1985）[1, 31-32]，自宋后日益隳坏（汪家伦，1980）[67-68]。明代中期，长江三角洲低地开发集中在圩田内部的湿地和水面开展，进入内涵发展阶段（滨岛敦俊，1998）。对于太湖圩田而言，其修筑萌芽于春秋战国，形成于唐中后期至五代间，宋代转向腹里围垦发展，元、明、清时期重点在临山洼地和河谷地区开垦（张芳，2003）[9]。

关于圩田形成机制的研究：三国时期，军事屯田制度促进了圩田的发展（黄锡之，1992）[103]。五代中唐以后，屯田制度、人口迁徙、科技进步推动了圩田发展（黄锡之，1992）[103-104]。唐宋时期政府对圩田的管理集中在制度制定、组织生产、修筑堤岸、设置堰闸、开浚港浦等，并产生了多元化效果（庄华峰，2009），宋代官方治水推动水利学说发展（谢湜，2010）。元明时期嘉湖地区圩田发展与市镇发展发生了互动（王建革，2012）[85-88]。太湖地区圩田建设中，历史上移民是重要的驱动力（张国雄，1996），大型圩田水利工程需要政府出面，圩岸维护则依靠民间组织（虞云国，2002），明清时期乡圩组织在圩岸修筑维护中发挥了重要作用（吴滔，1995），承担了很多社会职能。从历史教训看，南宋时由于水利制度错误以及围湖造田，江南圩田遭受破坏，而在清代由于治水治田脱节，太湖圩田也遭受了一定程度的破坏（黄锡之，1992）[105-106]。

关于圩田建设与生态环境关系的研究：庄华峰、王建明提出安徽古代沿江圩田曾因过度围垦而造成了生态环境恶化等问题（庄华峰、王建明，2004），江南地区也由于圩田过度围垦破坏地区生态平衡，致使灾害频频发生（庄华峰，2005），太湖地区圩田生态环境恶化的最严重时期是在宋代（张芳，2003）[5-7]。总体而言，相比其他圩区，江南地区圩田的水系、湖泊得到了较好保留，是更加生态的开发方式（林承坤，1984），其中嘉湖地区在明清时达到了生态农业平衡（闵宗殿，1982）。王建革从土壤学角度探讨了圩田发展的环境变化情况，提出水稻土的形成与精耕细作的农业生产相关（王建革，2011）。高俊峰等学者对太湖平原圩区的洪涝成因进行分析，提出造成洪涝的主要因素包括雨量、水面率、排涝能力、田面高程、圩堤高度、地形等（高俊峰、毛锐，1993；高俊峰、韩昌来，1999）。

对圩田形态和特征的研究（图1-3）：何勇强对唐宋时期太湖流域的浙东、江淮、浙西三种圩田类型进行比较（何勇强，2003）。滨岛敦俊基于历史文献解读和现代图形分析，对太湖平原圩田的规模大小、明代以来分圩操作进行了讨论（滨岛敦俊，1990）[192-200]。侯晓蕾、

图1-3　传统圩田模式示意

（资料来源：[明]徐光启. 农政全书[M]. 长沙：岳麓书社. 2002.）

郭巍提出圩田形态以圩、渠、闸为核心要素（侯晓蕾、郭巍，2015）[123]。刘通等提出太湖水网平原区域景观的核心是水网格局、圩田格局、聚落格局（刘通、吴丹子，2014；刘通、王向荣，2015）。高俊峰、毛锐提出了太湖平原圩区形态3大类8小类的划分（高俊峰、毛锐，1993）。陆应诚等提出皖东南地区圩田具有田字形、多边形、羽状水网、直条块状等不同的图形结构特征（陆应诚、王心源、高超，2006）。

小结　从阶段划分上，圩田在历史上出现了较大变化，其发展具有明显的阶段特征；从形成机制上，圩田与区域治水关系密切，农业生产与水利建设共同推动了圩田发展；对于圩田研究传统上是从历史文献中梳理中研究其形成过程、生成原因、生态响应等，近年来新技术在圩田研究中的运用开始增加。但是**与溇港关联的圩田研究比较少，研究视角比较局限、研究方法也较为单一**。

2. 溇港与溇港圩田的相关研究

关于溇港研究的相关文献数量十分有限，直接将溇港作为对象进行专门研究的书籍、期刊文献不足十篇（章），**将溇港圩田作为整体对象的研究更是屈指可数**。主要研究内容和观点如下：

缪启愉对太湖地区塘浦圩田的形成与变迁进行分析，并专章分析了湖溇圩田与塘浦圩田的关系（缪启愉，1982，1985）[①]。

陆鼎言对太湖入湖溇港数量进行了考证，分析了太湖溇港的主要功能，认为溇港建设受到区域开发、水利设施、人口迁徙等因素的影响（陆鼎言，2005）；对

---

① 1982年发表的《太湖地区塘浦圩田的形成和发展》一文和1985年出版的《太湖塘浦圩田史研究》一书具有延续关系，前者为后者的纲目，后者以前者为基础扩张、充实而成。

太湖流域低丘滨河地区"圩区"进行了考证，并与圩田进行了比较（陆鼎言，1999）。

吴兴区水利局组织编写的《吴兴溇港文化史》一书，对吴兴地区溇港圩田历史渊源、横塘溇港体系进行了论述，对溇港风俗、水利文献、水利人物、水利碑文进行了资料梳理（吴兴区水利局，2013）。

王建革对宋元时期的嘉湖地区湖州湖溇圩田区的发展进行分析，提出湖溇地区在内的嘉湖地区成为中国生态农业典范（王建革，2013a）；分析了东太湖溇港的形成过程与机制（王建革，2013c）。

周鸣浩研究认为入湖溇港泥沙淤积的主要原因是太湖风浪引起挟沙逆流，并提出了措施与建议（周鸣浩，1991）。

陆鼎言和王旭强研究提出太湖塘浦（溇港）圩田系统发展的六个阶段，认为溇港圩田是塘浦圩田在滨湖地带衍生出来的农田水利系统（陆鼎言、王旭强，2005）。

马严、刘慧研究认为南太湖溇港地区正逐渐从一个农业农村人类生态系统向工业农村人类生态系统演化，面临退化威胁，应及早进行政府干预（马严、刘慧，2006）。

莫璟辉对纪念清同治年间湖州知府杨荣绪的两块功德碑进行了考证，其中重浚溇港善后规约碑详细记录了溇港疏浚管理制度（莫璟辉，2015）。

小结 以溇港为专门对象的研究很少，迄今为止尚未从文化景观角度开展过对溇港圩田的研究。既有研究多以水利史研究视角开展，存在将溇港圩田与塘浦圩田混合论述的情况，对于核心问题没有深入论证，一些判断有待推敲[①]，亟待开展进一步研究探索。

1.5 研究方法与框架

1.5.1 研究思路：提出假设—分析论证—构建方法

本文总体上采用"提出假设—分析论证—方法构建"的技术路线（图1-4），辅以文化景观遗产保护理论研究。

首先，围绕太湖溇港申报世界灌溉遗产、地方保护工作焦点集中于溇港水利设施保护的现实背景，提出科学假说：溇港圩田系统不是简单的水利农业工程组合，是南太湖地区人民与自然长期共同创造的作品，是具有更加丰富文化内涵和更多维度价值构成的华夏传统农耕文化景观遗产，其突出特征在于传统农业文明下所形成的生态文明理念和生态价值。

其次，从多因子分析溇港圩田形成过程与演进机制，并从亚洲地域背景和农耕类型背景出发，系统阐述遗产价值，分析遗产构成。重点围绕溇港圩田文化景观的核心价值——生态价值、智慧与理念，采用多种方法进行论证。

---

① 如《湖州入湖溇港和塘浦（溇港）圩田系统的研究》一文提出了太湖流域塘浦（楼港）圩田系统的6个阶段的划分，但是没有把溇港圩田和塘浦圩田演进过程分开论述，实际上两者在演进过程上并不一致。

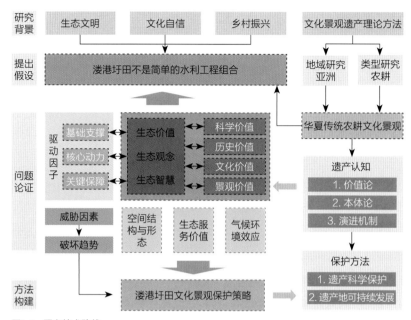

图1-4 研究技术路线
（资料来源：作者自绘）

　　最后，围绕溇港圩田文化景观的演进阶段，辨析其驱动要素，探究作用机制。并对破坏趋势进行预测，提出保护理论和对策方法。

1.5.2　研究方法：文献解读、田野调查、环境模拟、影像解译

　　本研究以文化景观保护理论为基础，综合借鉴相关学科研究方法开展研究。

　　文献解读：一是对地方志、专业志以及水利、农业等古代文献进行深入解读，梳理掌握溇港圩田形成的历史过程，探究其动力因子和形成机制；二是对文化景观相关的国际国内文献、著作进行筛选、梳理、归纳，提出理论发展的认识和阐释。

　　田野调查：通过实地踏勘、访谈等社会学研究方法获得第一手资料，掌握遗产地社会经济发展状况，了解乡村社会在文化景观形成和变化中的作用和影响，判别文化景观与乡村生产生活方式的关系。

　　环境模拟：运用气象分析模型，对比1968年和2017年两个典型年份，不同下垫面形态和功能情况下的气象环境差异，定性结合定量分析溇港圩田文化景观的生态效应。

　　影像解译：以1968和2017年卫星影像图[①]为重要的研究载体，研究空间形态

[①] 由于在20世纪80年代以前，研究区域保持以农业生产为主的生产生活方式，河道水体尚未遭受大规模破坏，圩田大多数得以保留存在，传统空间肌理基本保留，这一时期能够比较真实地反映其历史上的空间特征和形态。因此，通过对目前找到的最早的、1968年的高清卫星影像图进行解析，就能够较为真实地还原、解析研究对象的重要信息。

特征；运用3S技术，对不同时期的卫星影像进行对比解析，对溇港圩田文化景观、景观生态格局特征与变化趋势进行分析判断。其中，1968年卫星影像数据来源于美国KH-7监视和KH-9测绘卫星系统以数字格式收集的解密军事情报影像库，是美国于20世纪90年代以及21世纪初分批解密的"冷战"时期美国间谍卫星拍摄的影像，现公布于美国地质调查局（USGS[①]）官方网站并提供免费下载（图1-5、图1-6）。2017年的卫星影像图数据来源于国产高分一号卫星，通过全色波段融合多光谱数据而成，分辨率为2米（图1-7、图1-8）。

图1-5　1968年高分辨率卫星影像图
（资料来源：https://earthexplorer.usgs.gov）

图1-6　1968年高分辨率卫星影像图局部
（资料来源：https://earthexplorer.usgs.gov）

---

① USGS是美国内政部所属的科学研究机构，负责对自然灾害、地质、矿产资源、地理与环境、野生动植物信息等方面的科研、监测、收集、分析，对自然资源进行全国范围的长期监测和评估，为决策部门和公众提供广泛、高质量、及时的科学信息。USGS对地球进行大规模的、多学科的调查，建立地球知识库，并在其官网上提供最新、最全面的全球卫星影像，包括Landsat、MODIS数据等。

图1-7　2017年高分辨率卫星影像图
（资料来源：苏州中科天启遥感科技有限公司）

图1-8　2017年高分辨率卫星影像图局部
（资料来源：苏州中科天启遥感科技有限公司）

1.5.3　研究框架

　　基于研究思路，本文共8章，第1章为绪论，第8章为结语，第2～7章为全书主体，对溇港圩田的生态价值和演进机制进行论述（图1-9），内容结构如下：

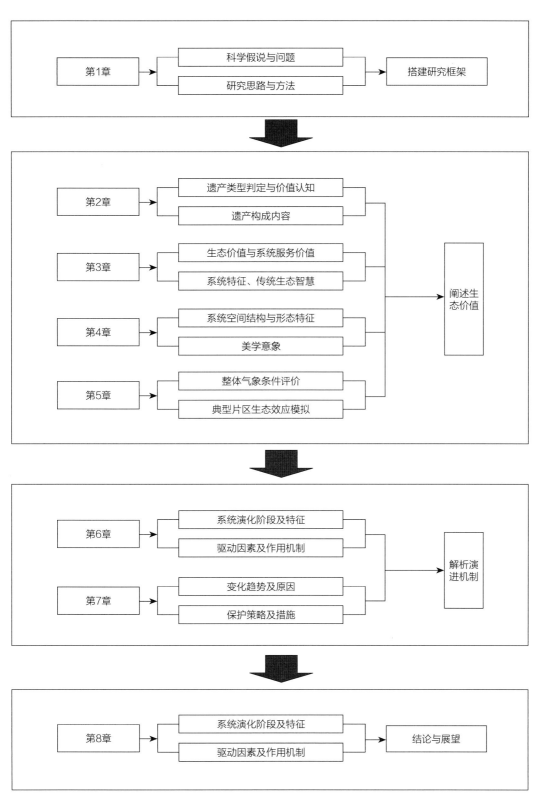

图1-9 研究内容框架
（资料来源：作者自绘）

第一部分为第1章，主要任务是搭建研究框架，具体包括提出科学假说、阐述研究问题、界定对象范畴、制定研究思路。

第二部分包括第2～5章，是本书核心部分之一，主要是围绕研究对象——溇港圩田，论证其符合华夏传统农耕文化景观的定义，重点阐述其生态价值、生态智慧和生态理念，并进行量化论证。

第三部分包括第6、7章，是本书另一个核心内容，重点阐述溇港圩田的形成过程、主要的驱动因素和作用机制，并对其面临的破坏趋势进行分析，提出保护策略和建议。

第四部分为第8章，主要是对全书的主要结论与创新点进行总结，提出后续研究的方向。

第 2 章

遗产类型、价值与构成

2.1 类型认定

如第1章所述，文化景观遗产是一个包容性很大的概念，但其"人与自然的共同创造"内涵界定，让其外延和边界相对模糊，是制约研究深入的重要原因。因此，需要进行类型细分研究，才能全面和清晰地阐述价值、认识规律、辨析威胁、制定措施，保护好文化景观遗产。以"地域+类型"为切入点深入研究是推动文化景观遗产保护的重要方向，也符合世界文化遗产保护发展的趋势[①]。

2.1.1 类型提出：华夏传统农耕文化景观

中国是农业文明大国，农耕历史悠久、疆域幅员辽阔、地形地貌丰富、民族构成多样，尤其长期浸润于东方文明的价值观、哲学观和文化观，使得华夏大地上留存着一类特殊的文化景观亚类型——农耕时代人与自然共同创造的产物，可以称之为华夏农耕文化景观。本文提出华夏农耕文化景观遗产的概念可以定义为：能够代表中华农耕文明时代精神内核和杰出成就，反映长期以来某一地区人民在农业生产、农村生活中人与自然和谐共存、良好互动的文化景观亚类型。其具有以下三种属性：

空间上，位于华夏文明圈层范围。"华夏"之词的语源是中国古代第一个朝代夏朝的自称[②]，以区别于当时的四方部落（四夷），指代我国的中原。中原部落吸收了巴蜀、荆楚、百越诸部落后，华夏的内涵逐步从部落走向了民族。以汉朝为例，属于汉朝的所有人都可谓是华夏人（赵宗来，2015）。突破了种族民族的血统分隔，华夏逐步成为中国的别称。华夏文明演进过程中形成自己的文化范式，并传承和发扬至今，成为人类历史上唯一没有中断的文明。本文提出华夏传统农耕文化景观的空间范畴，主要指的是华夏文化传承和影响的区域，涵盖我国全部疆域范围。

时间上，具有相对较长时间跨度。农耕文明的起源几乎伴随着一切人类文明的起源和发展，没有农耕，世界各地的文明社会便无以存在（斯卡托·亨利、晓石，1990）。人类的农耕技术和水平伴随着社会的进步和生产力的发展逐渐演进，早期农耕文明的形成历经了史前时期漫长的石器时代，直至新石器时代的晚期，农业和畜牧业得到了高度而长足的发展，人口迅速增长，社会日趋复杂和系统。进入封建社会后，农耕文化伴随政治、经济、社会、科技的发展，不断演化、调

[①] 对于世界遗产的价值认定，ICOMOS在2004年提出世界遗产的价值分析认定类型框架、时空框架和主题框架，依据时空框架进行时间—区域评价，依据类型框架界定类型概念，综合判断遗产OUV价值。

[②]《尚书·周书·武成》有载："华夏蛮貊，罔不率俾。"

整、适应，经过漫长的过程，华夏传统农耕文化景观才形成稳定结构。

载体上，强调农业生产与乡村生活共存共融。传统农耕文化景观形成依托于中国传统农业所依赖的社会基质，即农村社会网络的一切物质和非物质载体。农耕文明无法脱离以乡村为聚落形态的人居环境体系，农业生产与乡村生活紧密联系。在长期稳定的农业生产劳作中形成了经济制度、礼俗制度、文化制度，而这些长期稳定被恪守的制度正是乡村生活的精神和灵魂，农业生产与乡村生活共存共融。

2.1.2 概念辨析：与"农业文化遗产""灌溉工程遗产"比较

在保护领域，华夏传统农耕文化景观属于文化景观的范畴，与之相关的遗产概念还有农业文化遗产、灌溉工程遗产。下面通过概念比较，帮助我们进一步明晰华夏传统农耕文化景观的定义（表2-1）。

农业文化遗产、灌溉工程遗产、华夏传统农耕文化景观概念内涵辨析[①]　　　　表2-1

	农业文化遗产	灌溉工程遗产	华夏传统农耕文化景观（文化景观）
定义	历史时期农业生产活动中创造并传承至今依然具有重要的生产、生态和文化价值的农业生产系统（闵庆文，2016）	指在促进工程技术、农业发展、改善农业经济等方面发挥了重要历史作用，并具有重要历史意义的灌溉工程	位于华夏文明核心范围内，能够代表中华农耕文明时代精神内核和杰出成就，反映长期以来某一地区人民在农业生产、农村生活中人与自然和谐共存、良好互动的文化景观
核心	农业生产知识体系	水利工程设施	生态土地使用模式
保护目标	延续传统农业生产功能，保护生物多样性与文化多样性，促进地方可持续发展	保护水利遗产，传承推广水资源可持续利用	延续传统和谐的人地关系，整体保护农耕技术、农业文化、农村聚落和景观特色
遗产遴选	具有影响世界粮食安全的价值，关注了生物多样性和生态，具有完备的知识体系，反映了独特的农业文明	强调在灌溉农业发展史的地位，水利工程史的独特价值，并具有独特的文化印记和悠久的运营时间积累	具有突出普遍价值
遗产构成	以非物质形态的农业生产知识体系为核心要素	以物质形态的水利工程遗存[②]为核心要素	涵盖农耕、水利、居住功能的遗产构成体系
代表性遗产	河北宣化传统葡萄园、江苏兴化垛田传统农业系统、云南红河哈尼稻作梯田系统、浙江青田稻鱼共生系统	福建莆田木兰陂、四川乐山东风堰、浙江丽水通济堰、湖南新化紫鹊界梯田	南太湖溇港圩田、成都都江堰—川西林盘、坎儿井沙漠绿洲、莆田木兰陂—兴化平原

（资料来源：作者自绘）

---

① 由于学术界对于农业文化遗产、水利遗产均存在广义和狭义的区分，本文为了避免概念混淆均选取了狭义的定义进行比较，如王思明教授在2016年提出农业文化遗产概念，属于广义认知，强调了农业生产为核心的人类所有文明成果的集合。

② 坝（主要用于灌溉）、储水工程，如陂塘、堰等引水工程、灌区渠系工程、水车及其他原始提水工具。

农业文化遗产，全称为全球重要农业文化遗产[①]，由联合国粮食及农业组织（FAO）于2002年发起，其聚焦于农村环境动态发展中逐步形成的土地利用系统与农业景观[②]（闵庆文，2007）。旨在通过农业文化遗产的设立，保护好全球农业文化遗产及其景观环境，促进生物多样性保护，传承相关的知识体系，为可持续管理奠定基础。为了响应世界对全球重要农业文化遗产的保护，我国农业部提出了"中国重要农业文化遗产"的概念，于2012年开始正式启动"中国重要农业文化遗产"的发掘与保护工作，至今已经确认公布了四批中国重要农业文化遗产。如2013年公布的第一批名单中有：河北宣化传统葡萄园、江苏兴化垛田传统农业系统、云南红河哈尼稻作梯田系统、浙江青田稻鱼共生系统等。农业文化遗产以延续传统农业生产功能、保护生物及文化多样性为核心目标，以非物质形态的农业生产知识体系为核心构成要素，强调农田本体和农作技术、种植栽培传统技艺的传承和发展，不太关注地域性（闵庆文，2009）。总体来看，农业文化遗产以农田景观和非物质形态技艺为核心，物质遗存不是其关注的重点和核心。

灌溉工程遗产，全称为世界灌溉工程遗产（Heritage Irrigation Structure），由国际灌溉排水委员会（ICID）评选。其设立的宗旨在于保护和利用历史上传承下来的、具有特殊价值的灌溉工程遗产，弘扬传统灌溉技术和智慧。对于世界灌溉工程遗产，必须满足包括对灌溉史贡献、时代代表性、重要社会贡献、工程设计创新、可持续运营管理等多个视角设立的标准之一[③]。从2014年开始，中国目前有五批共计17处世界灌溉工程遗产[④]。灌溉工程遗产以保护历史水利灌溉工程、传承推广水资源可持续利用为目标，以物质形态的水利工程遗存为核心要素，范畴相对清晰明确，是特指在促进工程技术、农业发展、改善农业经济等方面发挥了重要历史作用，并具有重要历史意义的灌溉工程，以坝、陂、堰等为典型代表。总体来看，灌溉工程遗产强调了工程属性，将水工工程及其相关知识体系作为保护的核心对象，但是忽视了与农田景观、耕作系统的系统关系，农业生产、农村生活不属于其关注的重点范畴。

比较而言，华夏传统农耕文化景观遗产，以延续传统和谐人地关系、整体

---

① 其英文全称为Globally Important Agricultural Heritage Systems，简称GIAHS。

② 其定义为："农村与其所处环境长期协同进化和动态适应下所形成的独特的土地利用系统和农业景观，这种系统与景观具有丰富的生物多样性，而且可以满足当地社会经济与文化发展的需要，有利于促进区域可持续发展。"

③ 申请世界灌溉工程遗产需具备：是灌溉农业发展的里程碑或转折点，为农业发展、粮食增产、农民增收做出了贡献；在工程设计、建设技术、工程规模、引水量、灌溉面积等方面领先于其时代；增加粮食生产、改善农民生计、促进农村繁荣、减少贫困；在其建筑年代是一种创新；为当代工程理论和手段的发展做出了贡献；在工程设计和建设中注重环保；在其建筑年代属于工程奇迹；独特且具有建设性意义；具有文化传统或文明的烙印；是可持续性运营管理的经典范例。

④ 2014年入选名单：四川乐山东风堰、浙江丽水通济堰、福建莆田木兰陂、湖南新化紫鹊界梯田。2015年入选名单：诸暨桔槔井灌工程、寿县芍陂、宁波它山堰。2016年入选名单：陕西泾阳郑国渠、江西吉安槎滩陂、浙江湖州溇港。2017年入选名单：宁夏引黄古灌区、陕西汉中三堰、福建黄鞠灌溉工程。2018年入选名单：都江堰、灵渠、姜席堰和长渠。

保护地域文化和景观特色为目标，凡是"自然与人的共同作品"均属于此类范畴。它是一个更丰富、更全面的概念，不仅关注到了与农业密切相关的水利工程，也关注到了农业知识体系的价值和作用，更为重要的是从整体关系角度看到了农业、水利、聚落之间的紧密关系，是对农耕文明整体保护与传承更加有效的研究方法和管理工具。如福建莆田的木兰陂，见证了自唐代以来莆田先民农耕治海历史，与之相配合的是散布在莆田平原上的难以计数的沟渠灌溉系统、陡门和涵洞水工设施系统，同时亦形成了地方政权和耕作百姓之间的乡约水则，而这些作为整体的系统更具有保护价值，仅仅一处木兰陂不能代表全部的农耕智慧和水利文明。同样具有相似特征的还有世界文化遗产都江堰，都江堰作为年代最久、使用至今、以无坝引水为特征的宏大水利工程，其历史价值和意义不必多述，但从区域农耕文明的视角看，成都平原灌区、川西林盘的形成和川西农耕文明的演进得益于都江堰的建设，因此都江堰和川西林盘作为整体具有系统性的突出价值。此外，安徽寿县芍陂（安丰塘）及灌区农业系统也是华夏农耕文化景观的重要代表。

2.1.3 遗产内涵：华夏传统农耕文化景观的特性

华夏传统农耕文化景观通常具备以下几个方面特性：

因地制宜顺应自然的生态农业生产方式。华夏传统农耕文化景观往往采用了生态导向的可持续发展模式，因地制宜、顺应自然，以高效科学的土地组织方式为显著特征，在适度改造自然、充分利用自然的基础上，开垦出适宜耕作的土壤，展现了华夏先民在土地及自然资源利用中的超群智慧。通常将农耕和畜牧渔有机融合，营造出以生态可持续发展为根本的微环境和微系统，形成了复合农业经济的模式，如立体种植养殖系统、农林复合系统、稻田梯田系统、稻鱼共生系统，具有生态农业特征。

生产生活浑然一体的人居环境整体格局。中国传统社会里，以家庭为基本单位进行农耕生产组织的小农经济是农业社会的重要特征，居住空间与生产空间往往不会距离很远，聚落选址跟农业开垦营田过程高度一致，是一种伴生的行为。而且与农业生产对土地利用中顺应地形一样，聚落规划建设也充分尊重自然地形地貌特征，运用地方材料、采用地方技术，逐步形成了生产空间与生活空间高度协调的景观格局，并且很多生产、生活功能在空间上高度叠合，形成融合一体、动态发展的整体人居环境和地景系统。

天工人巧各取其半的水利工程支撑体系。农业生产受到各种自然条件的限制，其中最为重要的是形成完备灌溉条件，满足农业生产对水资源的需求，因此中国传统农业形成农业与水利密不可分的传统，很多知名水利工程都是因为农业生产需要而建设，是中国农耕文明不可分割的部分。这些水利工程往往是天工人巧各取其半，依据地形地势特征，巧妙设计、因势利导，以极少的人工扰动达到引水、取水、蓄水、用水等多重目的，为农耕生产提供了坚实保障。典型的代表是都江堰—川西林盘文化景观，其"深淘滩，低作堰"的水利工程系统为整个成都平原农业生产提供了稳定的水源供应，是川西林盘文化景观的重要组成部分。

崇尚意境天人合一的东方环境美学追求。中国古代乡村人地和谐的景观环境、辛勤劳作的农耕场景、敦睦和顺的生活场景，是中国传统美学精神的集中体现，阐发了中华传统的自然审美品质。在长期农业劳作的生产过程中，形成了村庄和农田和谐共生的共识，古村落和农田的自然本位景观特征鲜明。从陶渊明的"开荒南野际，守拙归田园"，到王维的"田夫荷锄至，相见语依依"，历朝历代文人墨客留下了对人与自然和谐、农作生活与田园风光共生的大量诗词和书画，赋予了自然人文价值，反映了独特的审美趣味，华夏传统农耕文化景观兼具了持续性景观和联想性景观的双重特征。

内容丰富体系完备的综合知识体系。华夏传统农耕文化景观的形成过程以传统农业生产为核心，以水利工程为支撑，以聚落营建为依托。中国古代社会以农耕为根本，农学一直是中国传统科技的重要组成部分，全国性的农业著作汗牛充栋，各个地方的农业生产知识积累也特别丰富，形成了层次清晰、类别丰富的农业知识框架。水利由于事关国计民生，一直是中国封建社会的重要显学，研究讨论水利理论、方法和技术的论著层出不穷。聚落营建同样如此，与城市的选址、规划和建设一样，都受到中国古代营建思想理论的影响，并结合地方实际形成了丰富多样的地域性村镇营建智慧。这些相关的农业、水利、营建等理论方法和智慧，共同构成了华夏农业景观的知识体系。

2.1.4　类型判断：溇港圩田是华夏传统农耕文化景观的典型代表

本文研究对象——溇港圩田文化景观，依托横塘纵溇的人工水利系统，创造出了稻桑一体的生态农业生产模式，在南太湖地区构建了空间形态独特、生产生活交融的人居格局，形成以自然水乡、乡村农作为特征的环境景观，并且具备内容丰富的知识体系，显然属于华夏传统农耕文化景观的范畴。由于其位于江南传统农耕核心区，具有突出的典型性，可以作为华夏传统农耕文化景观的代表。本章及本书其他部分将围绕这一判断进行详细论证。

2.2　遗产价值

2.2.1　历史价值：太湖地区农耕文明发展变迁的重要实例见证

太湖地区是我国传统农耕文化的重要发祥地之一。考古遗址发现证明，在新时期时代这里就有了人类定居活动以及早期的农业、畜牧业生产（宗菊如、周解清，1999）。但是长期以来，这里是《尚书·禹贡》所描述"厥土惟涂泥，厥田惟下下"之地，地广人稀、火耕水褥成为这一区域的代名词，经过漫长的开发建设，到魏晋南北朝时期之后，太湖地区才开始成为全国富庶之地，从宋代开始发展成为"苏湖熟，天下足"的华夏粮仓，成为粮食主要调出地和财赋重地[①]，变成全国经济中心、文化先进地区。此后，在社会经济各个方面逐步领先，成为农耕文明时代中国经济最富饶、文化最繁荣的地区。太湖地区的农业文明开发建设是一个漫长过程，从荒芜湿下之地发展成为富饶祥和之乡，其演变过程是农业文明时代政治形势、经济水平、科技能力等各种驱动力长期、共同作用的结果。把握太湖地区农耕文明演变过程是一项具有难度的工作，幸运的是，溇港圩田文化景观的存在为我们全面、生动理解太湖地区农耕文化演变的全过程提供了实物见证。

溇港圩田文化景观形成时间跨度大，从邱城文化遗址和钱山漾遗址所在的新石器时代开始，已经形成相当先进的早期文明[②]，作为活态遗存绵延至今，始终未曾中断。其形成受到自然环境、军事屯田、区域人口迁徙、粮食丝绸贸易等多重因素的影响，是太湖地区农耕文明发展的全面剪影。通过研究溇港圩田文化景观，能够生动阅读太湖地区自然变迁过程、社会人文历史，并为吴越争霸、军事屯田、运河开凿、北人南迁、塘浦解体、太湖治理等很多重要历史事件的解读，提供了新的材料和视角。

2.2.2 科学价值：江南低洼泽区可持续性开发的综合技术集成

天下分为九州，历史上的江南地区属于古扬州之地，古扬州是当时生产条件最差的地方，性尤沮洳[③]。其地势卑湿、湖荡纵横、土质松软，随时面临洪涝灾害的威胁，不适宜人类居住，也不利于农业生产活动。如何在沮洳下湿的雷泽之区，进行可持续的农业生产、聚落营建等各类人居活动，是一项挑战巨大的任务，是江南地区先民的共同使命。溇港圩田所在的南太湖地区，由于地理位置特殊，是太湖入水和出水的交错之地，随着太湖水域季节、年际变化，成为旱涝交替的湖泊滩涂之地、水泽之乡，是江南地区低洼泽区的典型代表。

在这一地区，先民首先创造性地发明了"竹木透水围篱"的支护技术。位于溇港地区的"昆山大沟"遗址，表明至少在4000多年以前，溇港圩田文化景观分布区域的先民已经攻克了软流质淤泥排水疏干难题，为大规模水网和地形改造解决了基本难题。从此，通过人工水利工程改造自然环境，成为该地区进行人居环境建设的重要工作，尤其是随着頔塘[④]和溇港河道的修建，创造出了适应太湖南岸自然环境特点的水利工程体系，是传统水利的杰出代表，在华夏民族的文明史和水利史上具有十分重要的地位（中国水利水电科学研究院，2015）。溇港水系形成后，实现了航运、灌溉、排水、挡水、排涝、行洪、垦殖等综合功能，促进了溇港圩田的发育，成为变涂泥为沃土的独特创造（殷志华、刘庆友，2014），最终实现了水潦宜

---

① 明代丘浚《大学衍义补》有载："韩愈谓赋出天下，而江南居十九。以今观之，浙东西又居江南十九，而苏、松、常、嘉、湖五府又居两浙十九也。"

② 位于溇港地区的钱山漾遗址，出土了大量新石器时代的籼、粳稻种子，石犁、竹木器、陶器、网坠、船桨，以及绢片、丝带、丝线等。

③《同治湖州府志·物产》有载："扬州土惟涂泥，郡地最低，性尤沮洳。"

④ 原称作荻塘，唐贞元八年（792年）湖州刺史于頔修荻塘，后改称頔塘。

消、涝地变桑田。在水利工程技术进步的同时，围绕治水结合治田的原则（叶依能，1992），不断探索出溇港挖掘疏浚融合圩田培土堆肥、适宜作物培育、聚落环境营建、水陆交通建设的一套综合性技术集成，创造了桑基鱼塘、桑基圩田等生态农业模式。这些水利、农业、建设、交通技术措施之间能够相互协调，且都秉承生态理念，例如农民掘河土肥田，花费甚少，事半功倍①，且一并解决了河道淤积的难题，具有很强的生命力，类似的生态技术为地区可持续开发建设提供了综合技术保障，具有很高的科学价值。值得一提的是，由于溇港圩田与历史上著名的塘浦圩田存在一定联系，唯一完整保存的溇港圩田地区对于研究历史上的塘浦圩田也具有重要实证价值。

2.2.3 文化价值：以"溇港水利""稻桑农作"为核心的南太湖乡村文化样本

溇港圩田文化景观代表着人与自然环境之间的互动关系，也是对独特地域文化的全面展示。由于溇港圩田的存在，南太湖乡村地区逐步孕育形成了以溇港文化、稻桑农作文化为核心的、特色鲜明的乡村文化，溇港圩田文化景观是这种乡村文化最直观、最综合的表现。

溇港水利建设不仅具有突出的科学价值，形成了从选址、布局到建设的一套完备知识体系，同时还建立了特色管理制度、村规民约，同时留存有大量的古桥、碑刻、闸斗、门坝、堤防、涵闸、斗门、驳岸、埠头、汛所等，构成了遗产本体等物质遗存，以及档案、诗词、歌赋、民俗等非物质文化遗产，呈现了一套独特的溇港水利文化。圩田形成之后，南太湖先民因地制宜，重点发展了以水稻、桑蚕为核心的农业生产活动，延续和发展了稻作文化传统，形成了独特的桑蚕种养文化，培养了丰富品种，形成了独特技艺，使得稻桑农作文化成为该地区重要的文化特色。至今，这里仍然保留了丰富的稻桑种养的科学方法、农作工具、风俗活动、思想观念，反映在日常生活和行为上，更深深浸润到溇港地域文化之中。在这里，人们甚至将农业生产直称呼为"田蚕"，田指代稻作生产，蚕代表蚕桑生产，很多民俗都被称作"闹田蚕"（余连祥，2008）。

与乡村相关的文化景观涉及乡村环境、乡村生活、乡村道德、乡村土地所有形式、乡村财富分配、乡村政治和乡村组织形式等方方面面（单霁翔，2010e）。以"溇港水利"为经、以"稻桑种养"为纬，这一地区的乡村生产生活的方方面面被组织、串联起来。溇港先民在这里创造了以溇港为支配性要素、生产生活生

---

① 清《陈确集》有载："尝见勤农贪取河土以益桑田，虽不奉开河之令，每遇水干，争先挑掘。故上农所佃之田必稔，其所车戽之水必深。盖下以扩河渠，即上以美土疆，田得新土，不粪而肥，生植加倍，故虽劳不恤。"

态高度融合的独特人居模式（中国城市规划设计研究院，2017），形成了内容丰富、特色鲜明的溇港圩田乡村文化特征。在这里，不仅能够感受江南水乡地区的共性文化气息，还可以领略南太湖滨湖溇港地区所独有的地域文化氛围，如溇港地名文化、桑蚕文化、丝绸文化、渔业文化、书船文化、湖笔文化等，丰富了太湖地区人与自然之间相互作用在地理文化语境下的多样性表达。

2.2.4 景观价值：溇港—圩田—聚落和谐共生的特色江南水乡图景

溇港圩田是南太湖地区人与自然环境共同营造的文化景观，溇港水网、圩田农作、乡村聚落相互交融、和谐共存，展现了江南水乡的田园风光，培育了诗意栖居的文化意境，再现了丰富活态的乡村生活情景，具有很高的美学价值。

溇港圩田文化景观展现出独特的水乡田园风光，在纵横交错、密织如网、肌理独特的水道、漾荡当中，穿插着星罗棋布、大小不一、自由变化的圩田，点缀着数量众多、形态自如、生机勃勃的村庄，水系—农田—村庄相互交织、互相存托，形成规模宏大、肌理统一又富有变化的整体景观区域，无论是从高空鸟瞰，还是泛舟其中，都能感受江南图景特色，同时还能体会到一种独特的溇港水乡景观意象。

溇港圩田文化景观蕴含着诗意栖居的文化意境，中国传统文化追求独特的文化意境，从山水诗、山水画开始，对于意境的孜孜追求成为中国传统美学的重要命题和使命。溇港地区所在的湖州本身就是山水文化十分发达的区域，形成了山清水秀、桑柘广步的独特景观意境，造就了"人生只合住湖州"[①]的生态人居典范，展现出人类与环境间的深刻联系和积极互动。

溇港圩田文化景观再现了淳朴活态的水乡生活场景，从穿梭往来溇港河道、通衢城镇四乡的水上交通和运输，到圩田当中随着时令变化忙碌劳作的种植水稻、培育桑树、养蚕织丝等农忙行为，以及在村庄当中恬淡自得的日常起居和热闹丰富的节庆活动，在溇港—圩田—聚落的空间组合范围中，展现了一幅动静结合、和谐有序、活态变化特征鲜明的农业生产、乡村生活场景。

2.3 遗产构成

2.3.1 遗产框架："水利—农耕—居住"+"空间—设施—知识"的构成矩阵

针对溇港圩田文化景观的复杂性和特殊性，为清晰地揭示溇港圩田文化景观的内在功能关系和构成要素的存在形态，本文提出构建"功能+形态"复合体系的溇港圩田文化景观遗产框架（图2-1）。

---

① 元代诗人戴表元《湖州》："山从天目成群出，水傍太湖分港流。行遍江南清丽地，人生只合住湖州。"

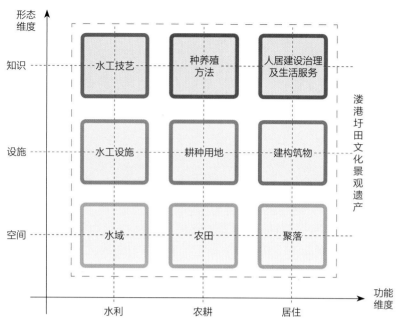

图2-1　溇港圩田文化景观遗产框架示意图
（资料来源：作者自绘）

　　功能体系揭示了研究对象的主体功能构成，具体包括水利功能系统、农耕功能系统、居住功能系统，这三大功能系统是维系溇港圩田文化景观正常运转的核心和关键，在体系中发挥着不同的作用。其中，水利系统起到功能运行、保障支撑作用，农耕系统发挥着生产创造、财富创造的功能，居住系统承担着延续生活、维系社会稳定的作用。

　　形态体系反映了溇港圩田文化景观构成要素的不同存在形态，具体包括空间载体、关键设施和知识风俗三种类型。空间载体类，主要指承载三种主体功能的地域空间，具体而言，包括承载水利功能的水域空间，承载农耕功能的农田空间，承载居住功能的聚落空间。所有的这三类空间拼合起来，就是溇港圩田文化景观所在的空间范围。关键设施类，指的是实现三类功能正常运转的设施、设备和建筑物、构筑物等，对应三大功能的具体对象有所不同，比如对于水利功能的关键设施主要为各种水利工程设施，农耕功能的关键设施是各种农业生产用具，居住功能的关键设施是各种功能的建筑构筑物，包括民居和不同用途的公共建筑。知识风俗类，主要是指实现和维系三类主要功能的技艺、技能以及相关习俗，对水利功能而言主要就是各种水利水工的施工维护技能等相关知识集合，农耕功能所对应的就是各种种植养殖的传统技艺方法，而对于居住功能则是人居环境建设的方法经验以及各类生活习俗。

　　本文提出的溇港圩田文化景观遗产框架体系，没有简单地套用以往复合型遗产所采取的物质、非物质二分体系。该遗产框架构建方式的优势在于：第一，反映了溇港圩田作为一个复杂巨系统的内在功能逻辑；第二，反映了溇港圩田文化景观整体性特征；第三，强调了知识体系在传统农业文化景观中的重要作用和价值。该遗产框架体系的提出，不仅适用于溇港圩田文化景观的遗产认知，对于其他的华夏传统农耕文化景观也同样适用。

溇港圩田文化景观遗产的构成，不仅包括作为水利系统和设施而存在的溇港水利系统及附属设施，以及作为农业生产载体而存在的圩田农作系统，还包括依附在这些农业、水利遗产之上的各种非物质遗产，包括溇港圩田相关的水利管理制度、水利建设技术、农业生产技术（稻作耕种、桑蚕种植、渔业养殖）等传统智慧，以及历史文献、生活习俗等其他非物质遗产。

2.3.2 水利系统：水域空间—水工设施—传统水利水工技艺

1. 水域空间：溇港水道、漾荡水柜、溇沼水塘

溇港水道，包括横塘[①]、纵溇及联系横塘纵溇之间的泾浜（图2-2）。

横塘是东西方向连接纵向溇、浦的水道，在溇港圩田形成过程中起到了关键性作用（陆鼎言、王旭强，2005），通过横塘修筑，挡住水流，使得沼泽地带形成有序的水流环境（周晴，2010）[52]，为溇港圩田的开发建设奠定了基础。横塘的其他作用还包括将上流来水迅速分散到纵向溇港当中，及时向太湖排泄，在枯水期从太湖和漾荡向溇港提供和补充水源等。在研究范围内，有三条比较重要的横塘，由南向北分别是频塘、南横塘、北横塘。

频塘，又名东塘、运河、官塘、运塘、横塘、吴兴塘。初为晋永和年间（345—356年）吴兴太守殷康所建，自湖州城东至南浔，全长33公里，称作荻塘。唐贞元八年（792年）湖州刺史于頔重修，改名頔塘，后来历代多有修葺。溇港圩田的大规模发育都发生在頔塘修建之后，頔塘为溇港圩田提供水源，束口冲刷纵溇，是溇港通塞的关键[②]。

南横塘，又名里塘、中塘河，位于頔塘北侧，连接大钱港、西山漾、诸墓漾，经大小渚、轧村，止于江浙交界的胡溇，全长30km，河面宽约40m，河底高程约0.6m。南横塘起到及时分泄东、西苕溪和东部平原河网流入頔塘的洪水，同时联系若干漾荡的作用。

北横塘，又名北塘河、湖塘、北塘、北横港、运粮河[③]。北塘河西起大钱港，经过昆山、塘下漾、竹马漾，东至织里镇境内的陆家漾，河长25km，河宽30~60m，河底高程0.6m左右，为西南来水入溇必经之道，极易淤淀（吴兴区水利局，2013）[36]。清代水利专家凌介禧认为

[①] 塘在江南地区的水利中有着特殊意义，日本学者西山武一在《中国水稻农业的发展》一文中曾说，中国的灌溉事业的核心，根据其地域差异，可分为三类：北方是渠，淮南是陂，江南是塘。

[②] 清同治《湖州府志》卷四十三有载："南则界运河筑塘，以障洪流之冲，北则通太湖以泄各溇港之去"，"经络绮交，紧相贯注，全赖塘之关拦，而以桥束水口，顺轨疾趋下冲，益力俾溇港无淤塞之虞。是塘之兴废，实关溇港之通塞，相为表里也。"

[③] 据传，公元1366年，朱元璋命大将徐达、常遇春率兵二十万，攻打张士诚部队守卫的湖州城，北塘河是攻打湖州时运送兵马粮草的秘密河道，有力地支援了攻城部队的军需，确保了战役胜利。

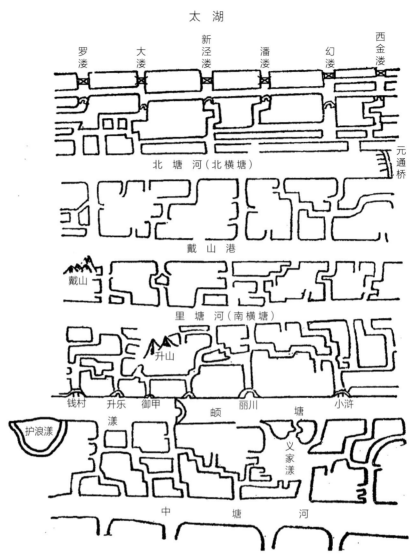

太　湖

罗溇　大溇　新泾溇　潘溇　幻溇　西金溇

元通桥

北　塘　河（北横塘）

戴　山　港

戴山

里　塘　河（南横塘）

升山

钱村　升乐　御甲　顿　丽川　塘　小浒

漾

护浪漾

义家漾

中　塘　河

图2-2　溇港水域空间要素示意图

（资料来源：陆鼎言.太湖溇港考[A]//湖州市水利学会.湖州入湖溇港和塘浦（溇港）圩田系统的研究成果资料汇编[C]，2005.）

北横塘是溇港地区的三条横塘中最重要的一条，对于北部通湖溇港的畅通尤为关键[①]。原可通舟楫、运漕粮，自清同治年以降，逐渐湮塞。

历史上在南横塘、北横塘之间还有一条东西向的横塘，叫戴山港，现已大部分淤废。此外，在临近太湖的边缘，还有一条贯穿东西的横塘，虽然宽度不大，但是临太湖区域村庄都聚集在该横塘两侧分布。

纵溇是南北向的连接太湖的人工水道，"溇"在南太湖地区专门指代吴兴境

———————————

① 清凌介禧《东南水利略》有载："其最北之塘，尤为要害，为众溇受水之端，各溇通塞，全在于此。"

内大钱港以东、联通太湖、南北排列的人工河道①，本文说的"纵溇"包括吴兴区境内的、大钱港以西的通太湖水道。历史上关于纵溇的数量说法不一，有36之说，有38之说，也有39之说②，按照明伍余福《论七十二溇》、清傅玉露《太湖》和清王凤生《杭嘉湖三府水道总说》的说法，吴兴境内应有39溇，但是名字也不断变化③。根据《湖州水利志》的记载，通过1954年浙江省水利勘测设计院浙西杭嘉湖地区水利查勘和1987年湖州市城郊区水利志办公室逐条勘察核对，证实吴兴境内有39条通太湖纵溇。在纵溇中，历史上对溇港水网比较重要的有小梅港、长兜港、大钱港、罗溇、幻溇、濮溇、汤溇、陈溇、新浦溇、石桥浦等。

泾浜是联系横塘、纵溇的小河道，多利用天然河沟略加改动而成，数量众多、形态自由，是水系网络中的基质部分。

漾荡④水柜指的是横塘纵溇间的面积较大的水域，一般水体深度比溇港泾浜河道略深，集中分布在南横塘和北横塘之间，在溇港水系当中发挥着重要的水柜调节作用，在溇港水网中承担分级调蓄的重要任务。目前，松溪漾、清墩漾、陆家漾、西山漾为比较大的漾，面积最大的是陆家漾。

溇沼水塘指圩田内部的小面积水域，包括圩田溇沼及水塘。溇沼是位于圩田中心，与外部溇港、泾浜联通的低洼水体，通常为圩田的最低处，雨季起到汇水外排，旱季起到储水抗旱的作用。水塘为农田当中的封闭水体，不与外部溇港水道联系。溇沼水塘的面积不大，多在几十、数百平方米左右。

2. 水工设施：斗门涵闸、桥、河埠、水则（图2-3）

斗门涵闸指控制和分配水量的挡水、泄水设施，在汛期、旱期与河道及排水蓄水工程配合，实现对水流的控制作用。闸的设置与河道规模及密度、水流动态相关（王建革，2008）。历史上除比较宽阔的通太湖主河道外，绝大部分溇港都建有斗门涵闸⑤。明代史料记载表明，明代沿太湖的溇港都已经设置斗门涵闸，斗门均以巨木制作，牢固可靠，设有闸版；明代发现镌刻宋代年号的旧闸，表明至少在北宋神宗元丰年间（1078—1085年）斗门涵闸已经开始

---

① 在长兴，这种通太湖的人工河道称之为港。

② 《万历湖州府志》记载有38条溇港，宋代程大昌《修湖溇记》《同治湖州府志》记载为29条，《乌程唐志》记有38条。36说和38说的主要差异在于是否将大钱港、小梅港纳入，如清代徐有珂《重浚三十六溇港议》，则不将大钱港、小梅港统计在内，说湖郡（乌程）有"三十六溇"。最多的数量提法有41条，为《同治湖州府志》卷四十三提出："吴兴沿湖泄水之口，即北入太湖凡四十有奇。"1872年（选自同治壬申年爱山书院《湖州府志》），从小梅口至胡溇，有四十条溇港。依次为：小梅港—西山港—顾家港—管渎港—张婆港—宣家港—宿渎港—杨渎港—泥桥港—北门港—南门港—大钱港—纪家港—汤家港—诸溇—沈溇—安港—罗溇—大溇—新溇—潘溇—幻溇—西金溇—东金溇—许溇—杨溇—谢溇—义皋—陈溇—濮溇—伍浦溇—蒋溇—钱溇—新浦溇—石桥溇—汤溇—晟溇—宋溇—乔溇—胡溇（"娄"通"溇"）。

③ 伍余福《论七十二溇》载于《吴中水利全书》，文中载："按诸溇，界乌程、长兴之间，歧而视之，乌程三十有九，长兴三十有四，总而论之，计七十有三，其画图所载名字，今古不同，访之父老，亦鲜有知其详者。"

④ 按照《吴兴溇港文化史》的说法，"荡"与"漾"之间存在一定差异，"荡"系指"积水长草的洼地"，"漾"通常指水浅水面广但水草不很茂密的浅水湖泊。

⑤ 宋代程大昌《修湖溇记》有载："湖溇三十有六，其九属吴江，其二十七属乌程，惟计家港近溪而阔，独不置闸。"明沈启《水利考》有载："长兴、荆溪以下泄入太湖之港，凡三十有四，旧传七十有二，吴越钱氏时，港各有闸，年久湮废，所存止此。"

图2-3 水工设施

（资料来源：作者自摄）

采用[①]。除了通湖溇港的斗门涵闸之外，在圩田建设也设置有斗门，门两侧用石砌，中间两条凹槽，配有宽约1尺，厚约1寸的闸板（吴兴区水利局，2013）[72]。

河埠指溇港、横塘、泾浜上修筑的供船舶停靠、人畜取水的设施，在溇港地区随处可见。

桥具有将溇港、横塘、泾浜分割的两侧地区联系起来的作用，为水网密布地区的生产、生活提供了基本保障。桥还具有水利功能，在清淤当中发挥束水冲沙的作用。从材质上分为石桥、木桥。木桥多为平跨形式，石桥分为平梁桥和拱桥两种，在主要河道为了保障通航的需要而多建拱桥，拱桥的拱券结构多采用纵联分节并列砌置法。历史上，桥大量存在于溇港圩田地区。

水则相当于水位尺，从北宋宣和年间（1119—1125年）开始，浙西普遍设置水则，以验水涨落，观测水情变化。水则曾经在溇港疏浚当中发挥着重要作用[②]。

3. 水工知识及相关民俗：水利工程知识和技艺，水利水工相关的楹联、古诗和民俗活动

水利工程知识和技艺包括与溇港水利相关的各种治水策略、方法和技术。由于溇港地区位于太湖入水咽喉地区，和下游苏境内三江排水地区一样，历来是太湖流域治水的重中之重，也关系到吴兴的安危与繁荣。因此，历代吴兴学者无不潜心研究，针对溇港水利提出真知灼见，治水奏议、条陈、专著不胜枚举，使得溇港水利成为宋以后江南显学太湖治水的重要组成部分。北宋年间，胡瑗

[①]《永乐大典》二千二百八十卷《湖州府六》记载，湖州"沿湖之堤多为溇，溇有斗门，制以巨木，甚固，门各有闸版，遇旱则闭之，以防溪水之走泻，有东北风也闭之，以防湖水之暴涨，舟行且有所叙，泊官主其事，为利浩博。不详事始，今旧闸刻有'元丰'年号，则知其来远矣。后渐埋废，颇为郡害。"

[②]《溇港岁修章程十条》规定："先将此次估开各溇所测塘桥桥心石至河底若干，所开底面若干，立一石碑於书院中以为准则，并同日同时各准平水於各港塘桥石柱上横泐一画，以起一则，由下而上，每鲁班尺一尺为一则，递增至七则为止。"

创办"湖学"中专设水利专业"水利斋"[①]，学治并重，明体达用，满足了江南治水的迫切需要。由于相关文章、奏疏、条陈众多，历代湖州、吴兴（乌程）市县志中，专门辟出水利章节，进行论述。据不完全统计，历史上专门研究溇港水利专著或者在著作中专门设立篇章论述溇港水利水工的文献达到五十多种，比较著名的有郑元庆的《行水金鉴》、凌介禧的《东南水利略》、徐有珂的《重浚三十六溇港议》[②]等。还保留有专门的维护疏浚规章制度，如清代《楼港岁修条议》《溇港岁修章程》《开浚楼港条议》《兴修浙西水利管见》。这些文著、奏折中记载的有关溇港水利组织管理、设计施工、资金筹措等大量科技信息，都属于这一范畴。

与水利水工设施相关的楹联、古诗主要包括古桥栏杆上镌刻的对联、各种反映水利活动的古诗词等。在溇港圩田地区，几乎所有的古桥上都铭刻了对联，或反映溇港文化，或描绘乡村风情，或赞颂水工成就，别具风味，丰富了文化内涵。如永济塘桥南北两侧内容分别为："杨溇运脉，南北涌流；湖滨锁钥，往来要道""红龙千秋，永资保障；紫苍三元，济涉行人"。此外，湖州钟灵毓秀，文人辈出，历史上留下了很多反映水利工程的诗歌词赋，这些也应该成为溇港圩田文化景观遗产的重要组成内容。

水利活动相关的民俗主要包括防洪救助的特定乡规民俗。由于地处江南低洼之地，溇港圩田生产生活中的最大问题就是防止洪涝灾害的侵袭，逐渐形成了一套有效的防洪村约民规。当洪水来袭，会安排专人值守、巡逻，以"端牌转坍"之法保持警戒，圩内外水位持平时，鸣锣插板，插上内外闸板后，根据需要还可以两板之间填上泥土，称之为"仓泥"（吴兴区水利局，2013）[72]。如果淫雨内潦严重，则立即动员组织全圩紧急开展龙骨水车车戽，动辄数百，日夜无休，这就是著名的大篷车戽救方式（缪启愉，1985；滨岛敦俊，1990[188]），在协作过程中形成了独特的唱轴计数号子[③]。其他的还有祭雨祀晴等。

2.3.3　农耕系统：农田空间—耕种设施—传统种植养殖技艺

1. 农田空间：圩田

圩田指的是由圩岸包裹起来的相对封闭的农业生产空间。圩田最外层为圩岸（圩堤），起到防止外围水体自由流入的作用；圩岸内部为田地。一般来说，溇港地区的圩田内部高地起伏、分层累叠，最高处是圩岸（圩岸本身往往也作为农业种植用地），向圩心内部，依次为高塍田、中塍田、低塍田，最低处为上文所说的溇沼。

---

① 《万历湖州府志》有载："胡瑷，如皋人，读书泰山，宝元中，范仲淹荐授校书郎，改苏、湖教授，置经义、治事斋，以倡明体用之学。东南文学之盛，实自瑷始。"明徐献忠《吴兴掌故集》载："吴兴为泽国上游，其为民政莫要于水利，故安定先生在湖学特设水利一斋，以教士人。"

② 凌介禧不仅撰写著作，还参与溇港勘察和溇港疏浚、横塘重修。清光绪年间，徐有珂受命负责溇港岁修，以举人身份负责管理溇港水利。

③ 据《吴兴溇港文化史》记载，旧时溇港地区排灌均用龙骨水车，涝时夜以继日车水，由于无钟表，除极少以焚香计时，一般为"千双"一轮换，踏水车2次，车轴做360度旋转，为一双。流行捏码和"喊双"计数，车满10双，一人领喊，全车人合唱"水满十一双，嗨……哎……"也有丢筹和"唱轴"计数的办法，一人领喊"挥转龙头又一双，挥转龙头两双……"逢十则众人合唱，至一千双，替换作息。

根据明清《湖州府志》《乌程县志》的记载，在湖州地区按照圩田形成自然条件的差异，可以分为荡成田[①]、漾成田[②]、地成田[③]、河成田[④]、墩成田[⑤]、圹田[⑥]、山成田等（吴兴区水利局，2013）[43-46]。通过研究发现这些类型中除了山成田外，其余类型在溇港圩田地区都有分布。

从使用功能上看，圩田主要分为桑地和稻田。在溇港圩田文化景观区，地、田有严格区分，地指旱地，往往是特指桑地，田指水田，往往是特指稻田。也有研究提出将下塍田和溇沼也作为圩田用地，分别称为"荒沙湖田"和"湖底水田"[⑦]（侯晓蕾、郭巍，2015）[125]。

2. 耕种设施：稻作工具、桑蚕工具

稻作工具主要分为耕种器具、灌溉器具和收获器具。在溇港地区，主要的耕种器具包括耕田的工具"耕犁"、碎土工具"方耙"和"人字耙"、平整土地的"耖"，以及人力耕田的多用途工具带"齿镬（铁搭）"、拔秧辅助工具"秧田（拔秧凳）"、装秧工具"箶"和"夹"、插秧工具"种田棒"和"种田绳"。灌溉器具主要有大型灌溉器具"龙骨水车"、简易灌溉工具"戽斗"、罱泥工具"罱泥船"和"网捻"、挑河泥工具"粪桶"和"木勺"、混合肥料的"钉耙"。收割器具主要有割稻的"小镰刀"、水田上拉稻用的"拉车"、晾晒新稻的"笕子"、脱粒工具"扮桶（稻桶）"、翻晒的工具"谷耙"、分离谷物用的"筛谷筈"和"扇车"、去壳成米的工具"木砻"等。

蚕桑工具分为植桑工具和养蚕工具。植桑工具包括用于桑树嫁接的桑剪、桑锯、接桑刀，采桑用的桑钩、叶笼、桑凳、桑梯。养蚕工具包括切碎桑叶的桑砧、置放桑叶的蚕匾和饲蚕凳、上簇用的蚕簇（折簇、方格簇、蜈蚣簇）、放置蚕箔的蚕槌、晒干桑叶的叶筛等。

3. 种养技艺及相关民俗：生态农业知识及农业民俗

生态农业知识指的是溇港圩田主要生态农业模式桑基鱼塘、桑基稻田相关种

---

① 荡成田，指的是积水长草的洼地经过筑堤垦熟的圩田类型。
② 漾成田，指的是在水浅面广但水草不很茂密的浅水湖泊周边进行筑圩而成的圩田类型。
③ 地成田，指利用平原地区高于一般地面的成片土修筑而成的圩田类型，也称作高阜田，在溇港地区多称作"扇"或"垛"，一般仅需在地势低洼的滨水处筑堤挡水。
④ 河成田，指的是天然泾浜、河沟通过筑坝建堰、堵湾截河、封港裁湾而成的圩田类型。
⑤ 墩成田，指的是利用湖泊、漾荡中天然墩台、高地改造而成的圩田类型。如果墩岛地势足够防洪水潆袭，则可以省去圩堤。《元明时期嘉湖地区的河网、圩田与市镇》一文中，称这种田为围荡田，这种圩田的水环境特殊，看起来像深水孤岛。
⑥ 圹田，又称圹区，是低山丘陵、滨河坡地或河谷平原筑圩而成的圩田类型。《"圹区"考》一文提出，圹田一般位于滨河低丘坡地，非汛期时，地面高程一般均高于外河水位，而其他类型的圩田则位于水网平原，其地面高程一般均低于外河水位。吴兴区原水网地区的半封闭性河道，一头封堵，一头通外河，状如裤兜，经人工筑坝封堵成圩田后，也称作"圹区"。
⑦ 《圩田景观研究——形态、功能及影响探讨》一文研究指出，圩田内除了旱地和稻田外，再次是"似田非田、似水非水者。水至为整，水退为田，每年种植，仅堪一季"的"荒沙湖田"，这里空间对应的就是下塍田，以及"种柴草资渔利"的湖底水田，相对应的应该就是溇沼。

植、养殖技术等农业生产知识。主要涉及桑基鱼塘与桑基圩田的整体运作技术、稻作知识（稻作两熟、稻麦两熟、土地整理、育秧移栽、施肥灌溉、耘耥烤田、肥料、田间管理），以及农具制造、农业气候知识等。尤其是桑蚕养殖方面，形成了包括桑树品种育种、桑苗繁育、桑树种植管理、蚕育种和饲养、缫丝纺织、鱼塘立体生态养殖等技术。由于湖州为全国著名的桑蚕产区，明清时期出现了大量桑蚕养殖书籍，跟湖州吴兴直接相关的就有20多种，诸如《沈氏农书》《补农书》《桑谱》《吴兴蚕书》《育蚕要旨》《湖蚕述》《缫车图说》。需要注意的是，这些知识一部分是通过农业著作的形式进行总结传播，还有大量的是通过农业谚语方式、口口相传而得以传承和延续[1]。

农业民俗主要包括稻作、桑蚕相关的祭祀活动、歌谣、传说故事等。在溇港圩田地区，比较重要的农业民俗有农业祭祀"青苗会""谢田神""拜蚕神（轧蚕花）"等，民歌《长工苦》《除夕夜忙歌》、祈蚕歌《马明王》等，以及含山蚕花节[2]等节庆活动。临湖村落还有开渔节的传统。

2.3.4 居住系统：聚落空间—建构筑物—传统人居建设经验及生活习俗

1. 建构筑物：寺庙、书院、救济堂、牌坊、民居

寺庙是溇港地区重要的公共建筑类型（图2-4），主要分为两种，一种为民间宗教信仰，多为祈福国泰民安、祈求风调雨顺；另一种为纪念先贤名人。溇港地区的寺庙以佛寺、道观居多，从唐代和五代时期就开始建造寺庙[3]，历史上比较著名的有位于乔溇村的布金寺[4]、大溇村的紫金庙[5]、大钱村的天后宫娘娘庙[6]等。纪念性庙宇有杨溇村的杨溇大庙[7]、漾桥村的徐大将军庙[8]等。现在大部分村落都建有寺庙，祈求风调雨顺、社会平安，寺庙在溇港地区乡村生活中发挥着重要的作用，后文会详细论述。

---

[1] 按照《技术与圩田土壤环境史：以嘉湖平原为中心》的描述，在这一区域，农民通过自己的语汇将农业知识进行传承和延续。如农民将烤田状态，描述"肥田裂开一条缝，瘦田崩开一条弄"，走在肥田上"软脱脱"，肥田不粘犁土块碎如"松糕"。老农有"隔冬河泥最肥田"的经验。

[2] 含山"轧蚕花"活动，主要以背蚕种包、上山踏青、买卖蚕花、戴蚕花、祭祀蚕神、水上竞技类表演等为主要内容。

[3] 按照《吴兴溇港文化史》的描述，溇港地区最早的寺庙可以追溯到南朝宋元嘉年间（425—453年）建造的晟舍慧明寺，是利济寺的前身。清同治《晟舍镇志》载："古慧明寺，在谨二三圩，宋元嘉时僧法瑶开山。厥后住院持者，梁天监时慧集、唐大历时道祥、贞元时维敦。宋建中靖国时，觉业增修。元末毁。明宣德六年，僧南轩重建，始易今名……"

[4] 布金寺，始建于吴越国钱王广顺十年（960年），初名观音院，宋治平二年（1065年），赐额布金寺。清咸丰十年（1860年）寺毁，同治年间重建，清末在寺中设有太湖救生局。"文化大革命"中寺毁，1995年重建，2001年布金寺迁移至晟舍，原位于乔溇布金寺作为下院保留。

[5] 紫金庙，原名紫金庵，供奉总管老爷、孟将、观音菩萨、地藏王、财神等神佛像。始建年代失考，2010年重建。

[6] 天后宫娘娘庙，原称"太湖神庙"，俗称平水大王庙。位于大钱村大钱水闸南侧，供天后娘娘、观音、财神等。据清《光绪乌程县志》记载："太湖神庙在大钱口，宋建。俗称平水大王庙。"1994年4月重建。

[7] 杨溇大庙，又名总管堂，供奉总管神。始建年代失考，民间传说是为了纪念奉旨到太湖南岸农村征粮、不忍向百姓催粮而自焚于溇港地区的肖堂而建造的，老百姓称其为总管老爷，建庙祭祀。

[8] 徐大将军庙，又名太湖神广济伯庙，为纪念徐贲而建。据清光绪《乌程县志》卷六记载："太湖神广济伯庙，在杨溇桥。祀晋里人徐贲，俗称徐大将军。清道光八年敕封，六月二十八日致祭如黄龙神例庙，毁于兵。同治九年重建。"本地民间传说，徐贲死后为神后，常显灵异，帮太湖中遇险人或船只脱离危难。皇帝敕封徐贲为"太湖广济伯神"，2005年重建。

图2-4 寺庙
（资料来源：作者自摄）

民居在溇港地区跟吴兴其他地区差异性不大，由于湖州地处三省交界之处，民居风格上受到杭州、苏州、徽州等各种建筑风格的影响。平面布局上按照轴线布置，根据规模大小有多路多进之分，规模较大的在各路间，辟"备弄"或"避弄"，前通边门，后接河埠。传统民居面阔多为三开间，高度一般为一二层，少见三层，屋脊基本为水平铺设的"甘蔗脊"，山墙以硬山造为主，多"观音兜"与平出的"马头墙"，屋顶多为小青瓦大阴阳合瓦式样（图2-5）。现存典型的传统民居建筑有陆家湾村沈氏思慎堂①、义皋范家厅②、大港村的周氏思本堂③等。

其他的重要建筑类型还有书院（遗址）、救生局、巡检司（遗址）、牌坊等。书院在溇港地区历史上仅有陈溇村的五湖书院，是溇港地区最早的学校建筑，建于清同治年间（1862—1874年），现遗址为桑园④。救生局，全名为太湖救生局，创建于清代道光年间（1821—1850年），设在乔溇村布金寺内，由于所从事的均为行善之事，故也称作崇善堂⑤。此外，溇港地区还保留有邱城遗址、谭降遗址、潘季训墓遗址⑥、大钱巡检司及校场遗址⑦、太史湾学士费公墓、大钱节孝牌坊⑧、义皋茧

---

① 沈氏思慎堂，清代建筑，下昂竹墩望族沈雪樵因在太湖边上做生意，故定居在陆家湾，建此宅第。宅第坐北朝南，原共有六进，门厅面宽3间，通阔10.3m，进深7.4m，硬山顶连风火墙，梁架结构为抬梁式，两厅的左右侧各有一条1.3m宽的备弄，为市级文物保护点。
② 义皋范家厅，位于义皋老街尚义桥东，清代建筑，共3进，第一进为平厅，面宽3间，第二进、三进都是楼厅，楼厅间原有厢房连接，为市级文物保护单位。
③ 大港村的周氏思本堂，清代建筑，坐南朝北，紧邻北塘河。现存五开间二进深，为市级文物保护点。
④ 陈溇五湖书院，于清同治九年（1870年），由邑绅徐有珂、陈根培、吴宝征、张尧淦等集资，经湖州知府宗源瀚批准创建，书院原是陈溇吴江峰太守的故宅。
⑤ 太湖救生局（崇善堂），清代道光年间，由溇港地区的乡贤倡导创建，名"崇善堂"，主要职责是"设太湖救生船及舍药、施棺、惜字（将写有字的纸在湖边拾起，劝人不乱扔字纸），放生诸务"。专设人员在太湖边巡逻，负责救生，施舍药品，以及为溺水死亡者施给棺木等善举。道光十六年（1836年），时任江苏巡抚的林则徐亲自写了《湖滨崇善堂记》。
⑥ 潘季训墓遗址，位于八里店镇三墩村，建于明代，墓址所在的地墩周围旧时曾垒砌石邦岸，有神道直通河边。
⑦ 大钱巡检司及校场遗址，位于大钱村寿安桥东，清代的大钱巡检司及校场就设在这里。
⑧ 大钱节孝牌坊，清代建筑，临河而建，为四柱三开间屋檐式，为湖州市文物保护单位。

图2-5 民居建筑

（资料来源：作者自摄）

站、粮仓等遗存。

2. 聚落空间：村落、市镇

村落是溇港圩田文化景观区域最主要的居住空间载体，由于该区域特定条件，聚落分布跟生产空间紧密联系，为了便于生产组织，位于圩岸上的村庄成为这一地区最重要的聚落形态。村分为行政村和自然村，一个行政村由多个自然村组合而成。

市镇是溇港圩田文化景观区域的另一种居住空间载体，虽然数量不多，但是十分重要，承担着公共服务、商品集散职能[1]，往往也是乡镇一级的行政所在地。研究范围内的集镇发展主要有三种途径，一是由兵屯演化而来，如大钱镇、陆家湾镇。大钱古镇在宋代就有记载，明清时期作为湖口巡司驻扎地，后逐步发展成为重要集镇；陆家湾，清代作为太湖营伍浦六讯之一，驻有守兵。二是通过商贸发展而来，如义皋古镇，形成于唐五代和宋代时期，始终是太湖南岸重要集镇，在蚕桑比较发达时期，是周边重要的蚕茧交易集镇；三是规模较大的自然镇和集市，如陈溇市、圆通桥市等[2]。总体来说，这一区域的聚落还是以村庄为主，市镇数量相对较少，反映出历史上相当长的时期内，这里仍具有以农耕文明为主的乡村地区属性特征。

---

① 《乾隆湖州府志》卷15《村镇》对于村落、市镇的差异进行过描述，所谓"田野之聚落曰村，津涂之凑集则为市为镇"。
② 集市发展到一定规模后，随着军事调防等，变成复合功能，如清光绪年间，原驻于大钱镇的大钱巡检司移驻陈溇市，促进了陈溇市的进一步发展。

3. 人居建设模式及生活习俗：聚落选址与布局模式、社会风俗

聚落选址与布局模式，由于溇港地区的自然地形特征，溇港地区形成了一套独特的聚落选址模式，其主要原则是逐高以确保无水潦之害、临田以便宜农作，往往选在圩岸的宽厚之处而居住。在圩岸居住的基本选址原则下，结合水系的变化，最终形成了6种不同的聚落布局模式（关于选址和布局模式，详见本书第4章）。

社会风俗上除了江南地区共享的地方性生活习俗外，具有溇港特色的还有拜小弟兄①、火羊会②、防水灯以及杨溇龙灯、金溇马灯等，还要定期举办土地会③、三官会④、青苗会⑤等，这些习俗反映出溇港地区由于地处太湖边沿，容易受到各种自然灾害的侵袭，当地群众在长期的生产生活中逐步形成帮助扶持、祈求福祉的风俗习性。

通过以上分析，最终得到溇港圩田文化景观的遗产构成（表2-2）。

溇港圩田文化景观遗产构成表 表2-2

	水利功能系统	农耕功能系统	居住功能系统
空间	溇港水道（横塘、纵溇、泾浜）、漾荡水柜、溇沼水塘	圩田（桑地、稻田）	村落、市镇
设施	斗门涵闸、桥、河埠、水则	稻作工具（耕种器具、灌溉器具和收获器具）；蚕桑工具（植桑工具、养蚕工具）	寺庙、民居、书院、救济堂、牌坊、民居
知识	溇港水利相关各种治水策略、方法和技术；水利设施相关的楹联、古诗；防洪救助的特定乡规民俗	生态农业模式桑基鱼塘、桑基稻田相关种植、养殖技术等农业生产知识；稻作、桑蚕相关的祭祀活动、歌谣谚语、传说故事	聚落选址与布局模式（逐高临田、择宽岸处居之的选址模式，6种布局模式）；拜小弟兄、火羊会、防水灯、三官会、青苗会等特色民俗活动

（资料来源：作者自绘）

---

① 拜小弟兄，小孩子到了十二三岁，就要选择志趣相合的七个伙伴结拜小弟兄，择定吉日，设香案举行结拜仪式，行跪拜礼，立下日后"有福同享，有难同当"的誓言。自结拜后，互相帮助，定期聚会，一般每年一次。

② 火羊会，民间的消防和互助组织形式，多以自然村为单位，10至20户人家，负责排查火灾隐患，提醒隐患，火灾发生后，全力救火，安顿生活。火羊会在每年农历的三月和九月举行两次祭拜仪式，称为"退火羊"，礼祭火神，保佑平安。

③ 土地会，供奉地方保护神土地神作为地方神仙，农历正月初一、七月半、冬至等节日必须祭祀。传说农历二月二专门举办土地会，诵经祭祀，抬土地神绕村巡游。

④ 三官会，指农历二月底三月初祭祀天官、地官、水官，祈求消除灾难，保佑地方平安，一般历时三天，规模较大。

⑤ 青苗会，传说纪念南宋湖州地方官，其在大旱蝗虫成灾、青苗吞食之际，亲赴农田，边捉蝗虫边塞进自己口内咬死，劳累过度，中毒而亡。老百姓尊其为总管神，建庙塑神像，香火供奉。每逢农历七月初七，稻苗旺盛时候，各村举行青苗会，抬总管神出游巡视。

2.4　小结

　　本章界定了华夏传统农耕文化景观遗产的概念，这一文化景观遗产亚类型的提出旨在探索和保护"农耕过程中人与自然的长期良好的互动关系"，保护人与自然和谐共生核心理念下形成的农耕文明相关的文化和景观，是对深化文化景观遗产的地域和类型研究、挖掘东方文化价值的积极响应。在实际工作中，笔者观察到除了本文研究对象溇港圩田外，我国还有很多与传统农业生产相关的类似遗产，因受到认识方法的限制，价值没有得到充分认识。通过提出华夏农业文化景观概念，辨析其内涵和认定标准，认为作为**华夏传统农耕文化景观应当具备因地制宜、顺应自然的生态农业生产方式**，生产生活、浑然一体的人居环境整体格局，**天工人巧、各取其半的水利工程支撑体系**，崇尚意境、天人合一的东方环境美学追求，内容丰富、**体系完备的综合知识体系**等主要特征。这些基本框架的提出，不仅为溇港圩田文化景观研究提供了理论依据，也为其他类似遗产，如都江堰—川西林盘、木兰陂—兴化圩田的保护，拓展了价值认识思路，提供了整体、活态保护的理论依据。

　　本章还从历史、科学、文化、景观角度对溇港圩田文化景观遗产的价值进行了分析阐述，无论是太湖农耕文明整个发展变迁的历史价值、低洼泽地可持续开发的科学价值、以水利文化和农作文化为核心的乡村文化价值，还是溇港—圩田—聚落的景观价值，共性特征都是基于生态文明理念、运用了生态智慧，从一个侧面反映出**生态价值是溇港圩田文化景观的核心价值**。本书从下一章开始，将就相关问题开展讨论。

　　作为遗产而言，构成认定也是回答遗产本体论的重要任务。对于具有活态特征、系统复杂的巨型组合型遗产而言，遗产框架的合理确定直接关系到遗产认定的完整、准确。本章摒弃了以往按照物质和非物质进行简单二分的分类方法，根据文化景观普通要素整体创造出共同价值的重要特点，围绕溇港圩田文化景观的系统运行逻辑，探索性地提出了**功能+形态的构成矩阵**，建立了一套层次分明、能够体现构成要素间内在关联性的遗产框架体系，以此为标准梳理了溇港圩田文化景观的遗产构成体系，此种方法对于其他华夏传统农耕文化景观的遗产框架构建也具有一定的参考意义。

第 3 章

生态价值、智慧和理念

3.1 生态效应：对太湖及区域生态安全具有重要意义的人工湿地

按照我国湿地分类标准，湿地包括自然湿地和人工湿地，其中自然湿地包括永久性和季节性的淡水湖、草本沼泽等，人工湿地包括农用池塘、灌溉用沟渠、稻田/冬水田、季节性泛滥用地等（表3-1）。有研究明确提出水稻田、湖泊、沼泽、河流和芦苇是太湖湿地生态系统的子系统（姜未鑫，2012），是我国次生湿地的重要构成部分（侯晓蕾、郭巍，2015）[126]。显然，溇港圩田地区所具有的独特区位和宏大规模，形成了独特的湿地环境，符合湿地认定标准，属于一种特殊的人工湿地系统。

湿地分类　　　　　　　　　　　　　　　　　　　　　　　　　表3-1

1级	自然湿地				人工湿地
2级	近海与海岸湿地	河流湿地	湖泊湿地	沼泽湿地	人工湿地
3级	浅海水域 潮下水生层 珊瑚礁 岩石海岸 沙石海岸 淤泥质海滩 潮间盐水沼泽 红树林 河口水域 河口三角洲/沙洲/沙岛 海岸性咸水湖 海岸性淡水湖	永久性河流 季节性或间歇性河流 洪泛湿地 喀斯特溶洞湿地	永久性淡水湖 永久性咸水湖 永久性内陆盐湖 季节性淡水湖 季节性咸水湖	苔藓沼泽 草本沼泽 灌丛沼泽 森林沼泽 内陆盐沼 季节性咸水沼泽 沼泽化草甸 地热湿地 淡水泉/绿洲湿地	水库 运河、输水河 淡水养殖场 海水养殖场 农用池塘 灌溉用沟、渠 稻田/冬水田 季节性泛滥用地 盐田 采矿挖掘区和塌陷积水渠 废水处理场 城市人工景观水面和娱乐水面

（资料来源：作者自绘；原文来源：中华人民共和国国家质量监督检验检疫总局，中国国家标准化管理委员会. GB/T24708-2009 湿地分类 [S]. 北京：中国标准出版社，2009.）

3.1.1 流域洪水调蓄

溇港圩田地区对于太湖流域水利安全具有重要作用，其主要功能有泄洪排涝、潴留蓄水、引水补济以及治理水渍（陆鼎言，2005）[2]，对南太湖乃至湖州地区尤其重要[①]。由于其独特的区位条件和巧妙的工程设置，建立了有效的缓冲水量机制，对水资源起到了高效调配（汪洁琼等，2017）。

[①] 郑元庆《石柱记笺释》有载："三吴之水，利在下流，而吾湖之水，利在溇港。"

首先，溇港圩田地区的位置十分重要，是太湖流域水系统整体调控的关键地区。关于太湖流域治水工作，历史文献表明主要分为两个方面，一个是解决下游三江系统的排水畅通问题，另一个就是上游西、南方面入水溇港的疏浚问题。东苕溪的来水进入河网平原之后，最终汇集到溇港水网分流，之后进入太湖。这是因为溇港是太湖入湖之水的咽喉[①]，与太湖关系犹如肺与腹的关系[②]。溇港的汇水影响范围深远，清代《乌程县志》有过专门论述，认为吴兴溇港汇水区域影响到杭州、嘉兴两地，对区域安全尤为重要[③]。

其次，由于溇港水网设置独特，能够巧妙化解太湖西南方向的洪水来袭。太湖来水主要源自西南天目山脉（图3-1），在汛期具有典型山洪激流的源短流急、激湍奔突、暴涨暴落的特征，进入到低洼滨湖平原之后，又面临地势低洼、洪涝渍水不易外排的困境。通过溇港

图3-1　太湖流域地势图

（资料来源：佘之祥. 太湖流域自然资源地图集[M]. 北京：科学出版社，1991.）

① 清乾隆《乌程县志》卷十二《水利》收录的《童国泰水利条议》有载："每遇淫雨连绵，万山之水倾倒注湖，俄顷泛滥……湖郡咽喉也，太湖肠胃也，入湖诸溇壅阻既多，如咽喉抑塞不通，则肠胃四肢均受其害。"

② 清凌介禧《东南水利略》有载："各溇港犹肺也，太湖犹腹也。"

③ 清光绪《乌程县志》针对溇港地区的重要性进行了比较分析，认为在西南、南边的溇港地区，吴兴溇港影响范围最为广袤。所谓"长兴虽与乌程同滨太湖，但长兴止泻近境山涧之水，乌程诸泻远境杭、嘉二郡崇峦巨壑之水，其奔驰掀翻不可同日而语，治之之法惟岁浚三十六溇，溇卑无淤阻，则碧浪湖亦不致久停而涨塞，乌程利则五邑利，并杭、嘉二郡亦利矣。"

水系的建设，巧妙地将天然湖荡、泾浜改造提升，形成一套由横塘纵溇、漾荡水柜、毛细水道组成的水网系统，通过分级调蓄、急流缓受、均化洪水、过程满流的方式形成滞洪效应，以一种稳定的流势、流态消纳水势，创造性地解决了汛期来水短时量大的问题。

最后，**溇港圩田的容量巨大，具有十分强大的调蓄能力**。由于在溇港圩田地区水域面积多，水面率超过20%[1]，就天然形成了一个巨大的蓄水区域，配合着溇港地区的众多湖漾发挥着级级调蓄功能，具有强大的调节径流和蓄水防洪能力，当雨季来临时，溇港圩田能够将大量洪水储存起来，等洪峰消退之后再将余水缓缓排入太湖[2]。总之，溇港水网在旱季和雨季均可维持一定的储水量，发挥着一个生态基础稳定湿地的作用（马严、刘慧，2006）。需要注意的是，不仅漾荡水柜具有很强的蓄洪能力，由于圩田的盆状构造特征，其独特的竖向设计在一定程度上具有调节旱涝的功能（汪洁琼、唐楚虹、颜文涛，2018）。一般情况下，圩心可以作为日常滞涝区（侯晓蕾、郭巍，2015）[124]，极端情况下，几乎所有圩田都可以作为储水之用，为区域提供分洪功能。更为重要的是，由于水网体系的存在，在旱季一方面可以引湖水，浸灌民田[3]，达到虽有天灾，不至大害的目的[4]；另一方面可以通过溇港水网，引太湖之水反补南部广大地区，有研究显示，太湖每年回水达到12亿立方米，实际引灌用水超过3亿立方米，最远达到杭州瓶窑地区（陆鼎言，2005）[2]。

3.1.2 调节地区小气候

溇港圩田地区，密布交织的水网，纵横交错的河道，位位相连的圩田，起伏多变的地形，稻、麦、桑、蔬菜繁茂的植物，使得这片区域有着与周边地区差异巨大的下垫面特征，为小气候的调节和生成创造了条件。太湖北来的大风会在这一地区自动减弱，跟南部城镇地区相比，这里的湿度、温度均更适于人的生活居住，也更利于主要农作物的生长发育（详见本书第5章相关论述），形成了一个适宜的人居小环境。除了大范围的气候调节功能之外，圩田构造的微地形还能够起到调节旱涝的作用，同时圩田中高圩岸的桑树、中高塍田的麦田、低塍田的水稻、溇沼及池塘的水生植物，共同创造了一个新的生境，为局地小气候的调节创造了条件。

---

[1] 1968年数据。

[2] 《浙江通志》卷五五《水利四·湖州府》有载："地势最卑，水自天目来者，俱会流于此，而入太湖。期间潴而为浦漊，汇而为溇港，疏瀹节流，皆所以资蓄泄，备旱涝也。"

[3] 郏侨《水利书》："大旱之年，可以决斗门水濑，以浸灌民田；而旱田之沟洫，有车畎之利。"

[4] 清谭兆基《长兴水利议》："盖湖为诸水之委，而各溇则诸水入湖门户，设插板以启闭，旱则引湖水内注，潦则导溪水外泄，虽有天灾，不至大害，是楼港之利，于疏浚彰明矣！"

此外，由于溇港地区的河道水网由尺度适宜的溇港、泾浜以及漾荡组成，水生植物比较丰富。相关研究表明，在这种植物相对丰富的水域当中，由于土壤表层淤泥落叶发酵产热及旱季时水流量、流速较小等原因，植物床的进出水温差可以达到1.2摄氏度，实现了较好的保温效果（翁白莎，2010）。

3.1.3　过滤净化水质

溇港圩田具有强大的污染物净化机制。首先，独特的罱河泥的生态施肥方式，将大量淤积在溇港河道中的有机物从水网中清理出来作为有机肥料循环利用，保持水体清洁。对于罱泥之后余下的有机物，主要借助湿地的土壤、微生物、植物的物理、化学和生物的复合作用，实现对水体中有机物氮磷、重金属等污染物的过滤吸附、离子交换、植物吸收以及微生物分解，实现对污染物的降解、净化（王红丽，2008）[63]，对区域的污染防治具有显著作用。溇港圩田净化水体污染物，主要包括有机物、氨氮和有机氮、含磷化合物以及各种藻类。当污水流经溇港圩田地区时候，各种有机物被吸附到水生植物根部、基质表面及内部生物膜上，在氧化酶的作用下分解为无机物质，或者进行厌氧降解；对于氨氮和有机氮，则主要是通过依赖于微生物的氨化、硝化和反硝化作用进行去除；对于含磷化合物，去除作用通过直接净化和间接净化两种方式进行，前者主要通过高等植物的吸附、沉淀进行，间接净化主要是依托植物代谢对氧气的输送过程会改善基质的水力传输特性来实现（陈国峰，2014）；相关研究表明，湿地对氮、磷等营养盐的高吸附、高吸收能力，已经成为防范和阻止农业径流对水域污染的重要手段，也是国内外面源污染控制的生态控制首选途径，湿地对氮、磷的净化率分别可达97.97%和99.05%（尹澄清、毛战坡，2002；王红丽，2008[64]），芦苇对无机氮的吸收量高达66%～100%（郭雪莲，2007）。对藻类的去除，主要是通过基质的拦截配合水流、植物和微生物共同作用的结果，在夏季湿地对藻类的去除率可以达到90%以上（张洪刚，2006）。此外，也通过大型挺水植物的茎、叶以及浮水植物根减缓水流速度，达到过滤和沉淀颗粒物质的作用（成水平、夏宜，1998）。总之，通过以上机制，溇港圩田地区具备较高的自然水体清洁净化能力，配合罱泥疏浚的人工去除淤泥手段，使得整体水质保持在一个相当高的水平，历史上能够让河道水质达到汲水浣纱、兼为饮食之利的水平（王建革，2012）[86-88]，即使现在鱼塘水质也能够满足直接在塘内洗澡（罗亚娟，2016）[190]。更为重要的是在太湖和南部城镇之间建立起了一套生态过滤网，使得大量的有机物、氮磷营养物在从城镇流入到太湖的过程中，被截流、分解和消化，为太湖入湖水质安全做出了积极贡献。

3.1.4　保护生物多样性

得益于溇港地区生态化的土地利用方式、整体连片的农田、纵横联网的水道和漾荡等自然环境，使得这一地区构建了一个独特的生态环境，为生物多样性的保持提供良好的条件。

硬质阻隔少的环境有助于增加生物多样性（闵庆文，2010），在溇港地区，由于稻田、桑树、鱼塘、河道等各种要素构成，河道圩岸均为自然岸线，利于物种迁徙、繁衍和生物种群的发展。有研究表明，在溇港圩田范围内的西山漾地区，由于生态环境优势，植物种群类型十分丰富，其中维管植物数量达到123科309属386种之多，包括15科17属17种的蕨类植物、5科10属11种的裸子植物、103科282属358种的被子植物，并且具有16种之多的湿地植物群落[①]，具有堪比杭州西溪湿地的生物多样性，对于湿地维管植物物种研究具有较高价值（李明亮，2016）。对于具有重要生态指标意义的野生菰的研究也表明，在溇港圩田地区距离太湖3～5km的泾浜水沟当中有丰富的野生菰存在，而围绕这些野生菰往往伴生有香蒲、菖蒲、睡莲、鸢尾、美人蕉等挺水植物，形成了独特的植物群落（王圣子海，2017）。在溇港圩田地区，由于大面积水域的存在和丰富的食物供给，使得这里成为水生动物、两栖动物、鸟类和其他野生生物的重要栖息地，尤其是漾荡河汊创造和维持了良好的小生境。研究表明，在南太湖区域，动物类有鸟类12目27科110种，鱼类11目25科121种，昆虫类19目120科1496种，哺乳纲10种，爬行纲30种，两栖纲20种，甲壳纲10种，蛛形纲11种，多足纲12种，以及浮游生物57种、浮游植物68种、底栖动物100种（湖州市南浔区人民政府，2015）[6]。

此外，溇港圩田文化景观的核心生态农业系统具有丰富的农业生物多样性和遗产资源多样性。据调查，今天典型的湖州桑叶鱼塘系统，包括人工种植的桑树18种[②]、谷类作物3种、薯类作物2种、豆类作物9种[③]、油料作物6种[④]、果树作物18种[⑤]、蔬菜作物70种[⑥]、二年生花卉17种[⑦]、宿根花卉6种、球根花卉10种[⑧]、水生花卉4

---

① 湿地植物群落丰富，有芦苇群落、香蒲群落、双穗雀稗群落、菰群落等16种，体现出较高的植物多样性。

② 包括皮桑、早青桑、白桑、大种桑、荷叶桑、荷叶白、团头荷叶白、桐乡青、湖桑197号、农桑8号、农桑10号、农桑12号、农桑14号、丰田2号、大中华、盛东1号、育71-1号、果桑。

③ 包括大豆、蚕豆、豌豆、绿豆、赤豆、菜豆、扁豆、毛豆、刀豆。

④ 包括油菜、花生、芝麻、大豆、向日葵、蓖麻。

⑤ 包括柑橘、杨梅、枇杷、葡萄、梨、桃、梅、李、杏、樱桃、柿、板栗、猕猴桃、无花果、草莓、枣、石榴、银杏。

⑥ 包括萝卜、芥菜、胡萝卜、白菜、甘蓝、花椰菜、青花菜、番茄、辣椒、甜椒、黄瓜、甜瓜、南瓜、西葫芦、冬瓜、西瓜、苦瓜、瓠瓜、佛手瓜、丝瓜、洋葱、大葱、韭菜、胡葱、大蒜、莴苣、芹菜、菠菜、蕹菜、苋菜、茼蒿、茭蒿、茭笋、冬寒菜、落葵、紫背天葵、荠菜、菜苜蓿、薄荷、紫苏、莲藕、茭白、荸荠、慈姑、水芹、芡实、蒲菜、莼菜、水芋、水蕹菜、豆瓣菜竹笋、香椿、黄花菜、百合、芦笋、朝鲜蓟、蒌蒿、食用大黄、马兰、蕨菜、山药、芋、姜、椿芽、平菇、蘑菇、金针菇、香菇、地衣等。

⑦ 包括一串红、鸡冠花、万寿菊、矮牵牛、百日草、石竹、金盏菊、雏菊、羽衣甘、雏菊、三色堇、虞美人、四季秋海棠、金鱼草、紫罗兰、藿香蓟、矢车菊等。

⑧ 包括百合、郁金香、风信子、唐菖蒲、球根鸢尾、石蒜、水仙、大花美人蕉、仙客来、马蹄莲。

种、针叶树种18种[1]、阔叶树种64种[2]，人工养殖的蚕种16种[3]、鱼类21种[4]、虾蟹类7种[5]、龟鳖类3种、动物14种[6]（湖州市南浔区人民政府，2017）[4-5]。

3.1.5 补给地下水

　　溇港圩田地区由于保留丰富的河道、众多的漾荡，并且在圩田当中还存众多的溇沼和池塘，在干旱时期，为地下水的补给提供了条件。相关研究表明，在湿地中，地表水和地下水通过物理—化学—生物过程紧密耦合的交互作用（图3-2），改变水动力学特征（范伟，2012），实现水量和水质的交互，并反补地下水，实现涵养水源的目的。溇港地区的桑基鱼塘发挥着蓄水调洪的作用，通过渗透作用，补充地下蓄水层的水源，对维持周围地下水的水位、保证可持续供水具有重要意义（湖州市南浔区人民政府，2015）[6]。

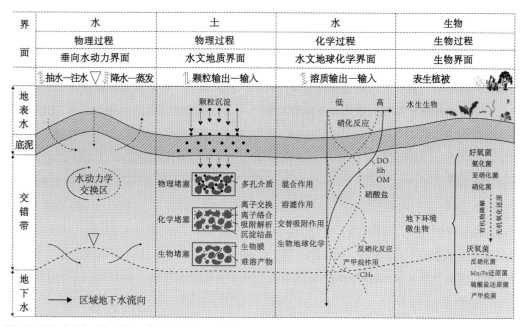

图3-2　湿地地表水—地下水交互作用过程的界面效应
（资料来源：范伟. 湿地地表水-地下水交互作用的研究综述[J]. 地球科学进展. 2012，27（04）：413-423.）

---

① 包括马尾松、罗汉松、雪松、白松、金钱松、水杉、落羽杉、圆柏、雪松、龙柏、扁柏、五针松、侧柏等。
② 包括龙爪槐、刺槐、榆、苦楝、樗（俗名臭椿）、乌桕、冬青、石楠、樟以、柳、杨、水杨、白杨、黄（即观音柳）、棕榈、菩提子、枸杞、女贞、柳杉、刺杉、水杉、黄檀、天竺、夹竹桃、山茶、茉萸、广玉兰、紫兰、合欢、枫、榉、皂荚、漆树、铁树、鹅掌楸、白玉兰、悬铃木、枫香、紫薇、牡丹、蜡梅、月季、紫荆、木槿、爬山虎、紫藤、香樟、广玉兰、女贞、桂花、棕榈、石楠、山茶、杜鹃、海桐、黄杨、栀子花、珊瑚树、夹竹桃、常春藤、金银花、紫藤、蔷薇、野蔷薇等。
③ 包括苏14×苏16、华合×东肥、杭8×杭7、浙蕾×春晓、青松×皓月、东34×603、浙农1号×苏12、薪杭×科明、兰天×白云、华峰×雪松、春蕾×镇珠、秋丰×白玉、薪杭×白云、丰1×富日、华秋×松白、秋华×平30等。
④ 包括青鱼、草鱼、鲢鱼、鳙鱼、鲫鱼、鲤鱼、鳊鱼、鳜鱼、团头鲂、翘嘴红鲌、鲮鱼、黄颡鱼、胡子鲶、河鳗、黄鳝、泥鳅、乌鳢、沙塘鳢、鲶鱼、河鲀、长吻鮠。
⑤ 包括青虾、河蟹、日本沼虾、克氏原螯虾、三角帆蚌、方形环棱螺、黄蚬。
⑥ 包括湖羊、猪、牛、狗、兔、鸡、鸭、鹅、鸽子、鹌鹑、大雁、鹦鹉、蜜蜂、鸬鹚。

此外，根据最新研究表明，湿地还有显著的固碳作用，对于降低二氧化碳排放具有显著效应[①]。其作用主要是通过湿地土壤的潜育化过程和潴育化过程实现对有机碳的储存。主要机制是，在植物生长、促淤造陆等过程中积累丰富无机碳和有机碳，由于湿地土壤水分过饱和状态的厌氧环境，各种动植物残体分解缓慢，湿地中的碳不断积累，形成了固碳效应（王红丽，2008）[63-64]。溇港圩田地区的水域空间和水稻田就符合这一作用机理，对于减轻温室效应和全球减排工作具有一定作用。

3.2 价值测算：生态系统服务价值评估

生态系统服务（Ecosystem Service）一词于1970年在SCEP[②]报告中首次使用，其定义可以解释为人类对生态系统的价值的记录和对人类从生态系统中得到的惠益的评估（MA，2005）。

系统功能是生态服务的分类标准设立和评估框架建构的基础，并应当综合考虑人在不同层次的需求和在市场中的可交易性（薛慧，2013）。本文将溇港圩田作为一个生态系统整体对待，选取合适的框架，将前文所论述的溇港圩田的生态价值进行货币化评估，以数量化的形式展示溇港圩田农业文化景观不同生态功能价值的多寡。

3.2.1 方法模型选择

1997年（Costanza）等在*Nature*上发表*The value of the world ecosystem services and natural capital*一文，提出了Costanza评估体系[③]。以Costanza模型为基础，我国学者谢高地等于2002年和2007年提出了中国生态系统服务价值当量因子表、生态服务价值系数、全国不同省域的地区修正系数（表3-2），制定了更加适合中国国情的生态服务价值计算框架（赵小汛，2013）。

价值当量法原理为，定义溇港地区单位面积1公顷农田平均每年的自然粮食产量的经济价值为标准单位1，其经济价值量等于区域平均粮食单产市场价值的1/7，其他生态系统生态服务价值当量因子是指生态系统的各项生态服务相对于农

---

① 有研究表明，湿地土壤存储的有机碳达到455Gt，占据全球有机碳储量1600 Gt总量的28.44%。

② SCEP，Study of Critical Environmental Problems的缩写。

③ 该方法等将全球生态系统分为16种类型，将生态系统服务功能分为气体调节（Gas regulation）、气候调节（Climate regulation）等17个类型，提出了生态系统服务价值（Ecosystem services value，Esv）的评价模式。该评估体系给出每种土地利用类型的生态系统服务价值的系数，将系数与土地利用类型的面积相乘即可得到该土地利用类型生态服务价值的数量，将每种土地利用类型得到的价值相加，即该景观的生态系统服务价值总量。但是，该评估体系适用于全球及区域的大尺度，且由于每种土地利用类型给出的是单一数值，无法分析某一景观在某一方面的价值。

谢高地评价体系

谢高地评价体系 表3-2

一级类型	二级类型	与Costanza分类的对照	生态服务的定义
供给服务	食物生产	食物生产	将太阳能转化为能食用的植物和动物产品
	原材料生产	原材料生产	将太阳能转化为生物能，给人类作建筑物或其他用途
调节服务	气体调节	气体调节	生态系统维持大气化学组分平衡，吸收SO_2、吸收氟化物、吸收氮氧化物
	气候调节	气候调节、干扰调节	对区域气候的调节作用，如增加降水、降低气温
	水文调节	水调节、供水	生态系统的淡水过滤、持留和储存功能以及供给淡水
	废物处理	废物处理	植被和生物在多余养分和化合物去除和分解中的作用，滞留灰尘
支持服务	保持土壤	侵蚀控制可保持沉积物、土壤形成、营养循环	有机质积累及植被根质和生物在土壤保持中的作用，养分循环和累积
	维持生物多样性	授粉、生物控制、栖息地、基因资源	野生动植物基因来源和进化、野生植物和动物栖息地
文化服务	提供美学景观	休闲娱乐，文化	具有（潜在）娱乐用途、文化和艺术价值的景观

（资料来源：谢高地，甄霖，鲁春霞，等. 一个基于专家知识的生态系统服务价值化方法[J]. 自然资源学报. 2008, 23（05）: 911-919.）

田食物生产服务贡献的大小，由此便可将权重因子表转换成生态系统服务价值表。其具体计算公式如下[①]：

$$(1) E_n = \frac{1}{7}\sum_{i=1}^{n}\frac{m_i p_i q_i}{M} \qquad (2) E_{rj} = e_{rj}E_n \qquad (3) E = \sum_{a=1}^{n} A_j E_{rj}$$

应用中，先利用式（1）计算出单位面积农田生态系统提供食物生产服务功能的经济价值；再利用式（2）计算出每种生态系统中每种生态服务功能的价值；最后利用式（3）将每种生态系统的面积与其对应的价值相乘并全部加和得到溇港地区的生态服务总价值（赵小汛，2013）。

由于谢高地系统更贴合中国实际，并能够细分出不同方面的价值，故本文选择运用谢高地系统模型进行评估；并结合长江中下游地区的实地情况，选择2007年版的生态服务价值当量作为核算依据（表3-3），主要考虑该地域水产丰富，是重要的经济来源，2002版显然偏差较大。

[①] 式中En: 单位面积农田生态系统提供食物生产服务功能的经济价值，元/公顷；p_i: i种作物价格，元/千克；q_i: i种粮食作物单产，千克/公顷；m_i: i种粮食作物面积，公顷；M: n种粮食作物总面积，公顷；1/7: 在没有人力投入的自然生态系统提供的经济价值与单位面积农田提供的食物生产服务经济价值的比例。E$_{rj}$: j种生态系统r种生态服务功能的单价，元/公顷；e$_{rj}$: J种生态系统r种生态服务功能相对于农田生态系统提供生态服务单价的当量因子；r: 生态系统服务功能类型；j: 生态系统类型。E: 区域生态系统服务总价值；A$_j$: j类生态系统的面积。

2007年版土地利用价值当量 表3-3

	食物生产	原材料生产	气体调节	气候调节	水文调节	废物处理	保持土壤	维持生物多样性	提供景观美学
林地	0.33	2.98	4.32	4.07	4.09	1.72	4.02	4.51	2.08
草地	0.43	0.36	1.5	1.56	1.52	1.32	2.24	1.87	0.87
耕地	1	0.39	0.72	0.97	0.77	1.39	1.47	1.02	0.17
水域	0.53	0.35	0.51	2.06	18.77	14.85	0.41	3.43	4.44
荒漠	0.02	0.04	0.06	0.13	0.07	0.26	0.17	0.4	0.24
建设	0	0	0	0	0	0	0	0	0

（资料来源：作者自绘）

3.2.2 计算参数确定

通过统计年鉴查找，《湖州统计年鉴》最早的统计数据为1978年，农业总产值为41551万元（不含养殖、水产、林业，以当年价格计算），耕地总面积为214.54万亩，1978年折合产值为2905.1元/公顷。通过其他统计数据可知，1978年湖州市人均农民纯收入为221元，农业人口为192.16万人，而考虑种植业占农林牧副渔业的比例，则可计算出种植业纯收入为29571.5万元。那么折合纯收入为2067.6元/公顷。考虑地租成本，以15%社会平均利润率进行计算，那么310.1元/公顷这个数值即1978年的价值当量。由于1968—1978年处于"文化大革命"时期，社会生产处于停滞状态，因此，以310.1元/公顷作为1968年的基准，那么单产为基准价格的1/7，即44.3元/公顷（表3-4）。

1968年各类用地生态服务价值单价（当年价格） 表3-4

	食物生产	原材料生产	气体调节	气候调节	水文调节	废物处理	保持土壤	维持生物多样性	提供景观美学
林地	14.61	132.01	191.37	180.30	181.18	76.19	178.08	199.79	92.14
草地	19.04	15.94	66.45	69.10	67.33	58.47	99.23	82.84	38.54
耕地	44.3	17.27	31.89	42.97	34.11	61.57	65.12	45.18	7.53
水域	23.47	15.50	22.59	91.25	831.51	657.85	18.16	151.94	196.69
荒漠	0.88	1.77	2.65	5.75	3.10	11.51	7.53	17.72	10.63
建设	0	0	0	0	0	0	0	0	0

（资料来源：作者自绘）

3.2.3 价值测算结论

由于数据限制，影像年代久远，无法识别草地，只能识别出耕地、水域、聚落及林地，最后的结果为，1968年研究范围的耕地面积为19567.1公顷、水域5974.2公顷、林地655.1公顷、聚落1913.6公顷。

研究结论显示（表3-4、表3-5），区域最大的价值为水文调节，价值为575.4万元，其次为废物处理，价值为518.5万元，第三大功能为维持生物多样性，价值为192.3万元。四类生态系统服务中，供给服务价值为153.4万元，调节服务价值为1332.7万元，支持服务的价值为342.2万元，文化服务的价值为138.3万元。四类生态系统服务的排序依次为调节服务、支持服务、供给服务、文化服务。区域的生态系统服务总价值为1966.6万元。由于以1978年价格计算，综合考虑折合成现价约为该价格的30倍，约为5.8亿元人民币。

通过研究发现：①溇港圩田系统首要的价值为水文调节，正因为溇港圩田形成的精妙水系使得"沧海变桑田"，为我国人口最稠密、经济最发达地区的发展提供了安全保障。②生态价值凸显，无论是调节服务还是支持服务，溇港圩田形成的物质能量循环系统令该地区形成独特的生态环境（图3-3）。③供给服务使该地区成为特色农业文化的鱼米之乡。虽占总体价值比例不高，但供养了20余万人口，稻作、蚕桑也成为鲜明的区域农业特征。④格局、景观、农业文化所形成的独特地脉文脉传统令该地区成为人们心目中的"江南"。研究的结果与前文对溇港圩田文化景观价值的定性论述相符。

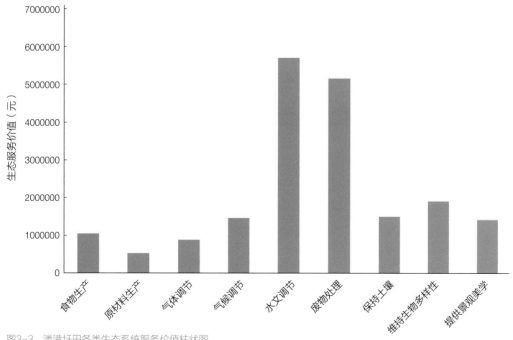

图3-3　溇港圩田各类生态系统服务价值柱状图
（资料来源：作者自绘）

1968年生态系统服务价值估算结果（单位：元）　　　　　　　　表3-5

	食物生产	原材料生产	气体调节	气候调节	水文调节	废物处理	保持土壤	维持生物多样性	提供景观美学
林地	9576.90	86482.37	125370.41	118115.18	118695.60	49915.99	116664.13	130884.39	60363.53
耕地	866822.53	338060.78	624112.22	840817.85	667453.34	1204883.31	1274229.11	884158.98	147359.83
水域	140268.24	92629.97	134975.10	545193.54	4967613.01	3930157.34	108509.39	907773.71	1175077.34

（资料来源：作者自绘）

3.3 系统特征：耦合、交互、活态、循环

3.3.1 耦合：生产、生活、生态功能高度关联

耦合是指事物和要素之间相关作用、互相影响的关系，在溇港圩田地区生产、生活、生态的三大主体功能运行之间高度关联，形成一种紧密依存的耦合关系（图3-4），具体表现在两个方面。

一是各项功能运行具有高度复合性特征。溇港圩田文化景观是具有多样功能的巨系统，提供的主要生产、生活功能包括种稻、植桑、育蚕、缫丝、养羊、养鱼、打鱼[1]、排水、防洪、灌溉、交通[2]、商贸、居住交往、景观营建等，同时为区域提供调蓄供水、调节径流、改善小气候、提供生物栖息地、净化水质、补给地下水等生态功能。这些功能运行之间存在高度复合和关联特征，一项功能的运行往往带动多个其他功能发挥作用。如稻作生产运行需要良好的水工环境，带动排水、防洪、灌溉功能的同步实施；水稻生长需要肥料供给，则牵涉养蚕、养鱼、养羊、河道水质净化等功能，与桑蚕配合形成独特的稻桑一体模式，水稻生长成型之后又能够为小气候调节、小生境建构提供保障。这种多功能的有机整合、相互协调，是溇港圩田文化景观的一个重要特征，也是溇港圩田与塘浦圩田、浙东围田的突出区别，功能的融合赋予了溇港圩田文化景观更加持久的生命力。

二是各种功能空间具有高度叠加性特征。由于功能运作的高度关联性，其

---

[1] 根据《吴兴农村经济》（1939年）的记载，吴兴地区历史上渔业分为外港渔业和内河养鱼，溇港圩田地区由于地理条件便利，两者兼而有之。据《湖州农业史》介绍，在浙江，相对鱼塘养殖而言，把湖泊、漾荡、河道、溇港等水域通称为外荡，故把湖泊、河道养鱼，通通称为外荡养鱼。

[2] 按照《吴兴农村经济》（1939年）的记载，溇港地区的水道不仅承担着各个聚落之间以及聚落与周边主要城镇的交通联系功能，"农民多自小舟，往返城乡之间""织里镇和较大的乡村有固定航船"。此外，溇港地区的頔塘、大钱港还在区域交通联系中发挥着重要作用。頔塘让湖州地区直接连接到南北京杭大动脉，而借助大钱港水道的湖锡航线是湖州北向联系的最主要航道，为穿越太湖通往京沪路的第一安全航线，每月往来三十次之多。

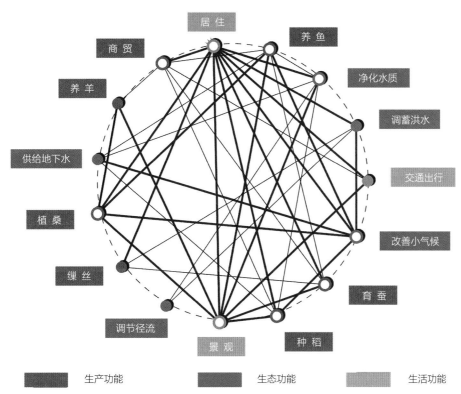

图3-4　溇港圩田文化景观功能运行的耦合关系
（资料来源：作者自绘）

承载空间也具有高度复合型特点。如作为水利功能主体空间的水域，也承担养鱼、种菱等很多农业生产功能，并发挥着积极的生态效应；作为农业生产主体空间的圩田，不仅是稻作、植桑的主要承载地，同时也在防洪、调蓄、调节小气候、维系生物多样性中起到重要作用。从根本上说，溇港圩田地区的聚落就是选在开阔的圩岸之上，村庄选址所在地也应该算作圩岸，居住空间与生产空间在这里实现了完美的叠加。总之，溇港地区形成了文化和景观丰富，生产、生活、生态交织的复合型空间系统。

3.3.2　交互：水—陆生态系统的边缘效应显著

正如前文所述，溇港圩田是一种特殊的次生湿地，也符合湿地是水陆相互作用形成的特殊生态系统的属性（殷书柏，2014）。网络化的水域空间与连绵成片的圩田空间相互交织，陆地和水域的交汇界面长度超过2200公里[①]，使得陆地生态系统和淡水生态系统在界面上的水陆边缘效应显著，通过生物的和非生物的综合作用（关卓今，2001），能够产生强烈、频繁的能量交换与转化，实现物质有序循环，这种过程能够促进自然资源的高效利用（钟功甫等，1993）。

----

① 1968年数据。

由于湿地土壤具有独特的氧化还原能力以及独特的水陆交织空间特征，溇港圩田地区水陆生态系统的边缘效应比一般农业地区更为显著，在水陆两个子系统和各种生态因子互相调节下，使得溇港圩田系统具备一定自我维持、自我恢复、自我发展的能力。其突出效应有，一是增加了系统的调节水分能力，在雨季，大量降水以地表径流和重力水形成的地下径流方式进入水网当中，到了旱季，水网中的水分通过潜水方式返回到陆地圩田当中，使得土壤保持充足的湿度，如果再配合人工调控手段，如人工引灌等方式，可进一步强化水分调节作用。二是维持了养分的平衡，通过系统的水分调节，一方面促使土壤的有机物和养分进入水域，促进浮游生物生产，为水生动物提供食物，另一方面水生物死亡和排泄分解的无机养分，随着毛细管水进入到陆地系统，为农作物生长提供养分，而罱河泥的传统肥地手段进一步加强了水陆系统的能量转化与物质循环。

3.3.3 活态：系统整体结构稳定下的动态平衡

作为《实施〈保护世界文化和自然遗产公约〉操作指南》确定的活态遗产类型，在保持系统整体结构稳定的情况下，在动态平衡中实现人与自然的友好互动，实现一种有序、可控的变化是文化景观的关键特征之一。这一内涵具有两层含义，一是整体结构稳定，二是有序、可控的变化。在溇港圩田系统中，对整体结构稳定起到支配性作用的控制要素包括三个方面，一是水网形态结构的稳定，二是田地、水域比例结构的稳定，三是农业种养结构的稳定。只要这三者结构关系保持在总体稳定状态，就能够保证溇港圩田文化景观的变化处在可控范围，实现有序的变化。

溇港圩田文化景观的变化是多维度、全过程的，使得其保存状态体现了有机演变的特征，切合中华文明尤其是华夏农耕文明传衍至今的特性（陈同滨，2010b）。这些变化集中体现在三个方面：一是自然环境的动态变化。作为大尺度文化景观遗产，溇港圩田所处的自然环境条件始终处于调整变化过程之中。放到更大的时空范围观察，会看到这种变化的长期性以及变化程度的累积效应。例如，位于溇港地区南侧的钱山漾遗址在历史上位于山溪冲积扇上，经过溇港地区先民的不断改造，钱山漾遗址已经从历史上的陆地变为了今天的湖荡之地。再比如，太湖水域范围也一直在变化之中，历史文献记载宋熙宁八年（1075年），遇到太湖大旱，水位线下降之后，湖岸线数里之外，出现了街道枯井。根据历史记载，康熙南巡还就太湖湖面扩大与史书记载出现加大差距，专门垂询地方官员[1]。

---

[1] 清《太湖扈驾恭纪》有载：康熙三十八年（1698年），四月初四日，上幸太湖，淮吴县百姓，奏水东地方，产去粮存。上问扈驾守备牛斗，太湖幅员广狭。对周回八百五里。上云为何具区志上止五百里。对积年风浪冲滩堤岸，故今有八百余里。上问去了许多地，地方官何不奏闻开除。对非但水东一处，即如乌程之胡娄、长兴之白茅嘴、宜兴之东塘、武进之新村、无锡之沙湾、长洲之贡湖、吴江之七里港，处处有之。

今天的测绘数据显示，当前太湖水域面积已经距离历史记载相去甚远。**二是遗产构成数量的动态变化**。在溇港圩田文化景观漫长的演进过程中，其遗产构成是不断变化的，溇港水道不断增加，圩田数量持续增长，村庄聚落数量和规模也不断变化。即使在整个系统进入稳定阶段之后，各类遗产数量也会进行动态调整。以通湖溇港为例，按照历史记载，从29条到26条，到39条、40条、41条，再消减到36条。圩田修筑是与溇港建设同步进行的，随着溇港的延伸，圩田也不断增多，渐次延伸拓展。这种数量上的动态变化反映出不同的历史阶段溇港圩田文化景观的变化过程。各类设施遗存的数量也同样如此，至于知识体系遗存更是随着知识体系不断丰富和积累，而持续发生变化。**三是景观风貌特征的动态变化**。作为一种与农业生产活动密切相关的文化景观亚类型，在一年的不同阶段，农业生产活动、农作物生长的时令特征，降雨的季节性差异造成水域高程和面积调整，都会让溇港圩田呈现出不同的景观风貌特征，随着四季更替而不断变化，丰富了溇港圩田的景观构成。此外，微地形的持续调整也带来景观风貌的不断变化，由于罱泥培基、浚河固岸在溇港圩田地区持续进行了数千年，使得整个地区微地形始终处于变化之中，再加上不同阶段稻桑种植比例的调整带来的田地面积改变，进而造成地形地貌发生了很大变化（王建革，2006）[103]。总之，在系统的整体空间结构保持稳定的基础上，溇港圩田文化景观的生产生活方式伴随时代连续演进，获得了长久的生命力。

3.3.4　循环：桑基鱼塘、桑基稻田为核心的生态农业

溇港圩田系统以桑基鱼塘、桑基稻田为核心，构建了一套传统生态农业模式，催生了稳定的农业生态系统，实现了农业生态平衡。

这种传统生态农业的核心是**构建了农—桑—鱼—畜相结合的生产结构，形成了田畜互养、以桑兴蚕、蚕畜促鱼的循环农业机制**（图3-5～图3-7）。从物质循环的角度看，通过圩埂

图3-5　桑基圩田
（资料来源：作者自摄）

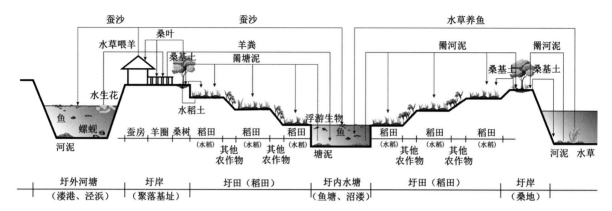

图3-6 溇港圩田生态农业空间剖面
（资料来源：作者自绘）

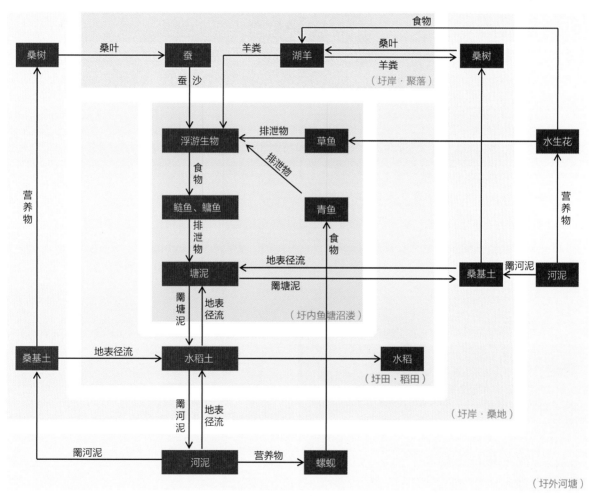

图3-7 溇港圩田生态农业物质循环示意
（资料来源：作者自绘）

农耕文化景观的生态价值与演变机制研究——以南太湖溇港圩田为例

种桑、（嫩）桑叶喂蚕、（枯）桑叶养羊、蚕沙肥田、蚕沙[1]和羊粪增加水塘浮游生物[2]、浮游生物作为鱼食、外塘水花作为湖羊饲料、鱼粪沉塘形成塘泥肥料、罱塘泥肥桑树和稻田的循环方式，实现了物质能量的循环往复，以最小能量输入，得到最大输出，在不大幅增加人力成本的情况下，显著提高了产出比。

　　溇港圩田的生态农业循环过程有两个显著特点，一是由于湖羊参与水陆交互作用，而且桑叶利用更为复杂，生产集约化程度高，生产联系环节多，经济效益更高（钟功甫等，1993）。湖羊好吃桑叶，其一半以上饲料喂桑叶，而且冬季吃枯桑叶，刚好解决青草、糠麸不济[3]。湖羊粪由于含水分少、肥含量浓厚[4]，比牛粪发热量大，在砂质和黏质土上效果均突出（中国农业科学院土肥所，1962），为其他肥料所不及，一头湖羊可解决一亩水田或一亩桑地全年用肥的需要[5]，被视为农桑之本。为了保持需求平衡，饲养湖羊的数量、周期与生产积肥需求、周期保持一致（周晴，2013）。二是生态循环过程中极大地促进了土壤肥力增加，土壤肥力提升与植桑、育蚕、养羊的耦合是一种最优选择，基于桑基鱼塘的农田施肥法，被看作是传统农业时代桑地土壤肥力培育的技术高峰（王建革，2006）[104]，一直到民国时期，包括溇港地区在内的吴兴地区仍旧保持着以豆饼、猪粪、羊粪、蚕沙、草木灰为主的肥料结构（何庆云，熊同龢，1934）。通过这种方式，一方面提高了桑地和稻田土壤的肥力，另一方面由于河泥富有的无机和有机胶体，调节和平衡了营养元素，同时提高了土壤保温能力[6]，还增加了耕作层的厚度（中国农业科学院土肥所，1962），促进了水稻土的形成，破解了区域农业发展的最大瓶颈。

3.4　传统智慧：独特的土地利用方式

　　从东汉之后，南方地区，尤其是长江中下游流域的与水争田的塘浦圩田、畲田等垦田形式，从某种意义上都违反了自然生态规律，因而被逐步淘汰、消亡。但是，溇港圩田是一个例外，由于其多样化、符合地域环境特征的土地利用方式，在大幅度提高土地利用效率和农业种植效益的同时，保持了良好的生态环境，这也是溇港圩田得以长久存在、延传至今的关键保障。

---

① 蚕沙是一种肥效较高的有机肥，由蚕粪、幼蚕脱的皮和桑屑混合物构成，其中蚕粪的有机质含量可以达到78%～88%。蚕沙发酵时候能够产生较高温度，促进氮素挥发。
② 徐光启《农政全书》有载："做羊圈于塘岸上，安羊，每日扫粪于堂中，以饲草鱼，而草鱼的粪又可饲鲢鱼……"
③ 乾隆《湖州府志》有载："吴羊（湖）毛卷尾大无角，岁二、八月剪其毛以为毡……畜之者多食以青草，草枯时食干桑叶，谓之桑叶羊，北人珍焉，其羔儿皮均可做裘。"
④ 根据《中国肥料概论》的计量结果，羊粪有机质含量大约28%，氮含量0.65%，磷含量0.50%，钾含量0.25%，钙含量0.46%，是一种高效的肥料。
⑤《沈氏农书》有载："养湖羊十一只，一雄十雌……每年净得肥壅三百担。"
⑥ 徐光启《农政全书》卷35载："生泥能解水土之寒，能解粪力之热，使实繁而不蠹。"

3.4.1　水陆联动、田水共治

灌溉与农业联系紧密，需要对它们进行统一的管理与设计（冀朝鼎，1934），治水与治田相互结合是中国传统水利农业的圭臬法宝，也是太湖流域历史上公认的农田水利建设最好的吴越国时期的成功经验。在溇港地区建设中一直遵循了这一原则。

溇港圩田地区治水与治田并举的整体模式，突出表现为三个同步：一是圩外河道建设与圩岸桑地成型的同步，是一个塘田一体化的过程。在溇港地区，由于是在沼泽湿地中进行建设，利用天然河道和湿地开挖河道的同时，将多余的土方堆积到河岸两侧形成河道护岸，也就是圩岸。圩岸本身具有多重功能，一方面起到了河堤的作用，同时本身为圩田中海拔高度最高、最干燥的一类用地，承担着主要的桑地职能。所谓内岸既成、外沟亦就、相辅相成、一举两得（汪家伦，1980）[69]，巧妙地解决了沼泽地建设中苦无泥土的难题，实现了土方就近平衡。**二是塍沟沼溇建设与稻田分层整理的同步。**作为整体水网的组成部分，圩田内部沼溇和塍沟的建设，与圩内不同高程的土地整理同步进行。通过一体化的建设之后，实现圩内排水与圩外河道衔接的同时，完成了稻田整理活动。**三是河道清淤与桑基土、水稻土培育的同步。**溇港泾浜容易淤堵而直接影响到区域整体排水效果，清理淤泥成为一项必行的治水要务，溇港地区百姓通过罱泥取污、疏河积肥的方式，创造性地在清除水体底层淤积的同时，实现田地土壤的培育，水利与营田一体运作，达到"田愈美而河愈深"的效果。

历史经验显示，在江南地区营田和治水必须紧密结合，一旦两者各自为政就会造成很大的破坏。宋代江南只管围田，不管治水，造成生态失衡。清代太湖治水治田互不相连，造成河网越搞越乱，这些都是田水分治的结果。溇港圩田通过水陆互动、田水共治，以一种系统运作的方式，将农耕与水利紧密联系起来，是充满智慧的土地利用方式。

3.4.2　地尽其才、物尽其用

相对于土地利用效率较低的塘浦圩田而言（《太湖水利史稿》编写组，1993），土地的集约高效利用是溇港圩田的重要特点。在溇港圩田的建设发展中，通过各种方式挖掘土地利用潜能、延伸物质生产循环链，尽可能提高土地利用效率和农业种植效益，实现了地尽其才、物尽其用的高效土地利用，解决了吴兴地狭民稠、耕地缺乏的现实困境（中国经济统计研究所，1939）[118]。

一是通过隙地种桑、套种春花等方式充分利用每一寸土地资源（图3-8）。

图3-8 隙地种桑与套种春花
（资料来源：作者自摄）

在溇港圩田地区，很少有成片桑园，桑树多散落在屋前屋后[①]、圩岸田埂[②]、田间畦间、空白隙地（周晴，2008）。利用这些零散土地种植桑树，一方面，将零散用地充分利用起来，避免土地浪费，同时也能产生很好的经济效益，一株墙下桑能产叶二百斤左右，喂一筐蚕[③]（周晴，2008）；另一方面，较好地解决了桑树与居住争夺用地空间的矛盾，桑树性恶湿，一旦遭遇水涝，桑根受浸容易死亡，故需要种植在高阜之地，因此溇港居民充分利用房前屋后、圩岸、河堤等高阜之地种植桑树，巧妙化解了生产与生活在用地空间上的矛盾，而且这些位于聚落周边的桑地，便于施肥管理，产量往往更高。套种春花也是提高土地利用的重要方式，在这类地区形成在桑树下套种蔬菜、芋、豆等各种春花植物的习惯，水田冬季实行麦、豆、油换茬轮作，旱地实行麻豆、麻菜轮作（陆建伟，2011）。这种农作习惯不仅仅是因为土地稀缺不得已而为之，还在于长期专业桑园的寿命不长，故间种烟叶和蚕豆[④]为宜（王建革，2006）[104]。实际上，这种生物间的混合种植，能够显著地提高农作物防御病虫害的效果（闵庆文，2010），

---

① 董鑫舟《采桑》中的"侬家有地十亩宽，半在陌头半墙下"生动描绘了桑树的空间分布特征。

② 根据王建革在《技术与圩田土壤环境史：以嘉湖平原为中心》中的研究，在嘉湖地区桑树植种密度达到100株/亩的地叫"专业桑"，50~100株的叫"白花地"（间作各种开花的作物），50株以下的算作白地（旱地）。在吴兴双林镇，圩围上有的往往只是"屋居桑地"两种。圩田中的桑地，往往是孤岛式的土丘或小田埂，两边都是水稻田，这种地叫"埂地"。

③ 根据《补农书》记载："若墙下可以树桑，宜种富阳、望海等种，每株大者可养蚕一筐。"而养一筐蚕需吃叶二百斤，进而推算出一株高大的散桑能产叶二百斤左右。

④ 在民国时期的种植结构中，其他豆类还包括羊眼豆、黄豆等。

同时还能增加地力，是具有科学依据的耕种方法。

二是坚持地物相宜、分类使用，让每一类土地得到最优使用。采取高地种桑、低田育稻，对于圩田内的底洼之地，由于排水不畅，不适宜植桑，种植水稻产量也很低，则干脆开挖成为池塘或者沼漾，用以排蓄之用，兼作养鱼之利。即使在沼漾池塘之中，也会根据其水位高低，因地制宜选择种植内容，阮元的《吴兴杂诗》"深处种菱浅种稻，不深不浅种荷花"，生动地描绘了这种灵活配种的场景。

三是利用生物链组合尽量变废为宝，发挥每一种物产的价值，提高整体农业产出效率。前文论述过，在漾港地区围绕桑基鱼塘、桑基稻田构建了生态农业体系，通过延伸物质循环链条，变废为宝，达到物尽其用的效果。如桑叶使用上，除了供给育蚕之需外，大量的桑叶被储存起来，这种桑叶，俗称羊叶，羊吃了枯桑叶后，周身发热不一，冬季耐寒，出胎率和小羊成活率高[①]，成为湖羊过冬必备之需。

3.4.3 顺应地形、微改为宜

在漾港圩田地区的建设中，充分遵循了顺应自然的生态营建原则，尽可能多地利用核心生态要素和原有地形地貌、尽可能减少人工干预的原则，开展各项建设活动。

首先，充分利用原来的自然漾荡、天然泾浜、自然墩岛，构建漾港水网和圩田体系。漾港圩田地区历史上为太湖滨湖的季节性沼泽地区，随着雨季、旱季的交替，水位出现涨落变化，经过长期的自然演化，在这一区域形成和保留了大量的季节性小河道、天然的湖荡、自然的墩岛等。随着圩田开发向浅水地区推进，原有地貌进一步破碎和固化为小水系和水体（王建革，2012）[82-84]。在漾港圩田的建设过程中，先民充分利用这些地形地貌特征，尽量维持原有自然特征，将生态环境的扰动减小到最低，因势利导、挖掘阻隔、逐一联通、渐次成网，实现了200多平方公里的湖—河—荡的整体互通，使得漾港圩田地区成为顺应自然河湖连通的典范（中国水利水电科学研究院，2015）。在整体水网稳定后，后续的湖荡养鱼，也充分利用了原有自然水荡，加以人工挖掘调整而成（中国经济统计研究所，1939）[17]。因此，在这个漾港地区，除了若干条横塘水系和位于尾闾的入湖漾港之外，其余河道形态上多为短捷而曲折，呈现出强烈的自然水网的特征。这种对于天然水文环境最大程度保留利用的方式，避免了随意改变水道带来的水系紊乱、排水不畅，也不会出现其他地区水不得停蓄、旱不得流注的局面（曹

---

① 羊用枯桑叶后，除了利于耐寒过冬外，还能够起到羊身肥壮、羊毛好、羔皮质地佳以及提高出胎率和小羊成活率的作用。

强，2005）。

其次，在建设过程中特别尊重微地形的特征。在圩田内部的田地整理中，也尽量顺应地形地貌起伏变化，结合排水沟渠设置，略加修整成为田地，配合稻桑以及百花的习性，进行农作物种植。这不仅大大减少了农作的工作量，而且形成层次丰富、起伏多变的地形地貌变化特征（图3-9），成为独特的景观。有研究表明，圩田的微地变化能够起到旱涝调节的作用（汪洁琼等，2017）。

图3-9　自由起伏的地形地貌
（资料来源：作者自摄）

3.4.4　规模适度、分区控制

溇港地区的规模适度表现在两个方面：**一是圩田大小适宜**（图3-10）。由于溇港圩田地区的圩田多以天然圩和自然墩岛为基础发展，整体规模一般不大，多在几十亩至千亩左右（陆鼎言、王旭强，2005）。唐宋时期浙西地区的圩田特点已经开始显现，由众多小圩田连片而成，单个圩田规模较小（何勇强，2003），无法跟唐代吴越时期江南地区面积达到数千亩至万亩的塘浦圩田相比，与宋代江淮地区临江而筑、周长达到百里以上的超级大圩相比更显袖珍。这种百亩级规模的圩田，由于其与小农经济生产方式相匹配，便于生产与自救，更大的好处就在于保持了河网水系的完整性，不阻碍行洪、调蓄功能，具有很强的抗灾应变能力和生命力。**二是田水比例适宜**。溇港圩田的调蓄、灌溉功能的维系，需要保持适宜农田和水域的比例，《吴兴掌故》曾经分析过山区修建陂塘与农田之间的关系，强调要十者留其一，为水

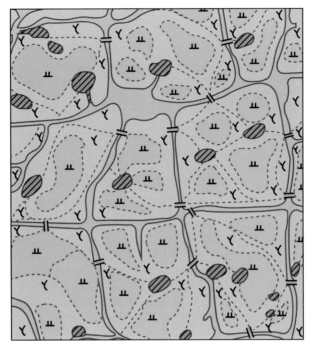

图3-10 溇港地区大钱镇局部圩田形态图（1923年）

（资料来源：作者改绘；原图来源：[日]滨岛敦俊. 关于江南圩田的若干考察[A]//中国历史地理学会专业委员会《历史地理》编辑委员会编. 历史地理（第七辑）[C]. 上海：上海人民出版社，1990：188-200.）

泾浜河道	
桑树林	
稻田	
沼溇 水塘	

塘以保无灾之虞[①]。这里虽然讲的是山区应当保持一定田水比例，但其基本规律在溇港地区也是适用的。此外，合适的田水比例也满足了桑基鱼塘保持高效运转的基塘比例，是维系水—陆生态系统边缘效应的重要基础。

分区控制的主要目的是解决排水的问题。由于溇港地区位于入湖之水的尾闾地区，水潦之害甚重。为了妥善解决这一问题，溇港圩田往往根据地形变化，采取分区筑㙇岸、分级置堰闸，形成高低分治、分区排水的格局，妥善处理了排蓄、涝旱的关系，不仅符合明代何宜《水利策略》提出的200亩左右筑塍岸实施分区控制的原则[②]，其大包围包含小包围的格局，也符合明代耿桔、清代孙峻的圩田模型[③]，跟清代范硕《水利管见》提出"大圩如城垣，小㙇如院落"的分区管控的

---

①《吴兴掌故》有载："若十亩而废一亩以为池，则九亩可以无灾，百亩而废十亩以为池，则九十亩可以无灾。当相视一乡之中，择其最高仰者，割为陂湖，先均其税额于众利之民，次营别业以补失田之户。"

② 明代何宜《水利策略》有载："凡围内有径塍者，遇涝易于车库，是以常年有收；其无径塍者，遇涝难以车库，是以常年无收"，"凡大围有田三、四百亩者，须筑径塍一条；五、六百亩者须筑径塍二条；七、八百亩者，皆如数增筑。"

③ 孙峻的《筑圩图说》提出了中间低、四周高的仰盂圩的空间模型，按照地势高低，将圩田田分为"高塍田""中塍田"和"下塍田"三级，分级筑岸、各自独立、高低分开、分级控制，各级农田又"二十、三十亩一区，或十亩、十五亩作格"，修筑小塍岸，分格控制，以确保行水不乱行的要求。下塍田外围不开缺口，从围内低洼处疏凿楼沼通外河，田内积水由通向洪沼的闸排出，称为"疏消下塍"。中塍田积涝不经下塍区排泄，通过开在上塍区的倒沟排出塍外，称为"倒拔中塍水"；高塍田从外围上的缺口排泄，称为"撤除上塍水"。各区自成系统，达到高水高蓄、高排，低水低蓄、低排，互不扰。

设想高度一致，被事实证明是一种符合低洼沼泽之地实际需求的农田整治方法，能够达到高低皆熟的岁丰稔局面。

3.4.5　树基稳淤、桑柳护岸

　　溇港圩田地区是东西向横塘建设，不断淤塞，逐步进行开垦而形成的。在开垦之初，由于土地尚不稳固，通常就采取植树稳淤的方式培养土壤的紧实程度。在芦苇旁种杨树，等其长大繁茂后，渐灌补土，抓紧筑实（王建革，2013b）[9]。等到地基相对稳定之后，再进行大规模的开垦，进行溇港水道建设，推动溇港圩田不断向北延伸。

　　随着河道的延伸，圩岸也不断增加，圩岸兼做河堤，圩岸不稳关系到圩田安全。圩岸冲刷会造成河道淤塞，溇港入太湖圩岸更是长期受到湖浪冲击，十分不稳定，因此圩岸维护就成为一项重要的任务。溇港地区先民在长期实践中，除了形成了一套人工维护圩岸规程之外，还总结出历史经验，形成了一套"圩岸内外，栽桑种柳，以固岸址的方法"，实现生态固岸（图3-11）。在江南各地，历史上至迟在唐宋时期就有在圩岸上种柳榆，以坚固堤坝、涵养水源的传统（张全明，1999），宋代[①]、元代[②]皆有记载。在溇港地区，由于农业种植结构的特征，固岸的主要植物除了常规的柳树外，更多也选择桑树，"诸老岸处栽桑，柘种茭芦护堤固岸，纤悉备具，此所以无水患也"。植桑固岸渐次成风，除了经济利益原因外，也跟桑树种植习惯密切相关，桑树不需要经年垦殖，更有利于水土的保持（钱克金，2013）[150]。

图3-11　桑柳护岸
（资料来源：作者自摄）

3.5　理念溯源：整体思维模式和人地和谐理念

　　溇港圩田文化景观蕴含着独特的生态智慧，这种独特的土地利用方式是南太湖地域文化

---

① 杨万里《诚斋集·圩田》的诗中就有"古今圩岸护堤防，岸岸行行种绿杨"的描述。
② 元代任仁发《水利集》有载："更令田主从便栽种榆柳桑柘所宜树木，三五年后盘结根窠，岸塍赖以坚固，此诚良久之计。"

的载体，其思想源自中华传统哲学思维方式和认知方法。通过对溇港圩田文化景观的分析，让我们有机会管中窥豹，进一步理解华夏传统农耕文明的文化根源和思想基础。

3.5.1 天人合一、三才一体的有机整体观

天人合一是中国传统哲学的基本命题，提出于西周，定型于两汉，宋代张载明确提出固化的四字表述[①]。张岱年先生认为天人合一是中国文化传统的四项基本精神之一（张岱年，2003），季羡林先生认为天人合一代表中国古典哲学的主要基调思想（季羡林，2008）。虽然，中国古代哲学中对于天的概念有5种不同的理解[②]，从自然之天、神性之天，到命运之天、理念之天和本然之天，但是从认识论上看，其突出价值在于提出了有机整体理念，承认了事物之间的普遍联系，表现了主体、客体的一致性，是辩证性的天人统一观。从狭义的、围绕自然之天的天人合一关系看，更是强调了人与自然万物之间的系统整体特征，认为人与自然是互相依存、密切关联、不可分离的有机统一整体，都由宇宙同一本源所创生，是一种同源同体的关系（方克立，2003）。

三才论是中国传统哲学宇宙模式的一种表达，其将天、地、人看作宇宙三大构成要素，其比之天人合一更接近人与自然关系的当代阐述，是更能反映中国传统有机统一的自然观（李根蟠，2000）。无论哪种出处，三才论[③]提出之后，标志着以整体思维认识天、地、人之间的关系成为中国传统学术的重要认识基点，无论是先秦诸子学说的"三才会通"，还是到后来宋明理学的"万物一源"，各种学说都是在天、地、人三才一体的框架内阐发各自的理论观点。"三才观"是一种富有生命力的生存哲学，其核心认知在于强调人与自然之间的系统联系和整体关系。

整体思维是中国传统哲学的特点（吴良镛，2014），天人合一和三才一体理论是这种传统文化核心精神的代表，呈现出不同于西方一分为二的认识特征，强调了合二为一的综合思维，是东方思维最突出的表现。这一点也十分契合文化景观的整体性来自主客一体创造的特点。其对于整体和局部关系的朴素观点，符合当代系统论"整体不是部分的结果，也不是部分之和，部分必须依赖整体存在"的认知（蔡肖兵、金吾伦，2010），与现代系统思想的整体性、关联性、层次性、统一性的特点相契合（陈高明，2011）。

---

① 北宋张载《正蒙·乾称篇》有载："儒者则因明致诚，因诚致明，故天人合一，致学而可以成圣，得天而未始遗人。"
② 也有一说为三种指代，分别代表广大自然、最高原理和最高主宰。
③ 关于三才之说的起源，有学者认为始于《易传》，主要从卦象推演出，认为只有"兼三才"才能构成一个完整的生存物"成卦"；也有学者认为源自春秋时期《左传·昭公二十五年》："夫礼，天之经也，地之义也，民之行也。"

从人与自然的关系看，天人合一和三才一体都强调了人与自然的相互关联和内在统一，是一种有机统一的自然观，是东方社会相信人和自然界之间存在着天然和谐关系的思想源头（蔡肖兵、金吾伦，2010）。也正是基于传统有机整体的认识观，华夏传统农耕生产中坚持人与自然一体、共生、亲和的理念，认为人、地、天具有共同的价值和作用。采取与西方人类中心主义的不同理念，以一种有机整体、和谐共生、内在统一的方式构建农耕生态文明。

3.5.2　阴阳气动、日月更替的动态平衡观

"阴阳"哲学通常被认为始于道家辩证思想，其溯源是易学的基础概念。"阴阳者，万物之能始也"，阴阳互动被认为是各种事物孕育、发展、成熟、衰退直至消亡的根本动力。"阴阳"并不是真实的物质存在，是运动的状态和物质的关系。在中国传统文化中，阴阳变化被理解为天地万物运动变化的动因和规范，决定着万物的死生终始和无穷变换（刘长林，2006）。

阴阳的哲学观强调变化和平衡的统一，认为平衡也是动态中的平衡，要有辩证的思维（楼宇烈，2006）。"变"即互动与互化，"阴阳互动"是各守其位、互施互变、相谐相和（祝彩云，2005）。阴阳只有在动态变化的过程中，才能实现生生不息与延绵不绝，正所谓"生生之谓易"。"平衡"表述了阴阳之间和谐变化的关系，认为万事万物在变化存在的过程中处在一种平衡状态，"阴阳是为交易，阴交于阳，阳交于阴，周圆反复"，只有平衡的状态方能持久。两者互动过程形成了互藏、消长、交替、循环的关系，体现了自然生长循环的变化规律（林忠军，2002）。

阴阳学说所代表的动态平衡思想，反映了事物发展中对立制约、互根互用、消长平衡、相互转化的关系，是中国传统文化的重要根基，对农业生产影响深远。动态平衡观，在农业生态中的应用主要体现在与农业活动相关的天气阴晴、阳光向背等自然环境现象，将阴阳盛衰与作物生产周期相联系：天地气合—萌动，阴气发泄—生长，阴阳气争—发育，阳气日衰—成熟，气闭成冬—收藏（惠富平，2014）。在封建社会后期，动态平衡思想逐步融入传统农业实践之中，成为传统农学理论体系的重要组成部分。如马一农的《农说》用动态平衡思想解释农业种植原理，用阴阳代表温度、湿度、阳光、地势等作物生长环境因素，阐述水稻生产中耕地深浅与地势高下、施肥与地力、密植与土壤肥瘠等农业生态关系等。

3.5.3　道法自然、五行和谐的生态环境观

道法自然与五行和谐，同样是古代道家哲学的基本思想。"人法地，地法天，天法道，道法自然"，体现了人与世间万物自然而然变化规律的基本生态观念，是正确处理人与自然关系的思想基础。道法自然与中国古代传统农耕文化的本质是高度统一的，是中国传统的农业生产与生活的根本遵循，使得中国传统农业生产生活呈现了高度的生态性。以"道法自然"为本质，从时令、气候、物候的变化规律中寻找农业耕作的最佳时机和最佳行动，形成了农业

生产的指南针。

五行观念的起源来自先民的生活经验及事物粗略分类的意识。春秋时代，五行相生相克的学说体系已初步建立，将构成万物物质元素的"五行"转换成一个万物按五行法则生克流转的时空系统，并利用五行说的"生克制化"理论，揭示出农业生产技术原理及农业生态系统的动态平衡特征，如直接从农业生产角度对五行的相生相克加以解释[①]。水火金木土五种物质元素之间的相生相克以及它们对谷物生产的作用，体现的正是传统意义上的农业生产关系。

中国传统农业生产实践深受五行学说影响，五行学说在农业生态系统中的应用，明确阐述了农业生态系统内部各因子的物质能量循环过程及系统的动态平衡特征，使得中国农业的生态化趋势尤为明显，人们必须根据自然条件和动植物生长发育规律，安排和从事农业生产活动，实现增产目标。

3.6 小结

本章首先提出了溇港圩田的人工湿地属性，认为作为人工湿地的溇港圩田对太湖及区域的生态安全具有突出价值，主要表现在洪水调蓄、气候调节、生物多样性保持、过滤净化水质、补给地下水方面。在这些价值中最为重要的是溇港圩田系统对于流域洪水调蓄功能，其影响范围巨大、作用关键，而且其他生态功能也往往依附在这一功能之上，从一个侧面印证了历史上整个太湖地区对于溇港圩田地区治水高度重视的原因。

从生态系统角度看，**溇港圩田具有鲜明的系统性特征——耦合、交互、活态、循环**。耦合表现为其三大功能系统运行上高度关联、空间上高度叠合，反映了溇港圩田生产、生活、生态功能与空间的融合点。**交互**体现了溇港圩田生态效应作用的机制，通过水—陆两套系统的边缘效应实现高效的物质交换和能量转化与传递。**活态**则总结了溇港圩田在结构稳定下的动态变化属性，其结构稳定是通过水网形态、田水关系、种养结构的保持得以实现的，引导和控制三个维度保持稳定是溇港圩田保护与传承的关键与重点。**循环**突出了生态农业的特色，表现了以桑基鱼塘、桑基稻田为生态农业模式赋予了系统物质高效低耗的循环特征。与现代生态农业"整体、协调、循环、再生"（李文华，2010）的特征高度契合，实现了经济社会生态效益的统一。**上述四个特征是否得到良好存续，可以作为评判溇港圩田文化景观保存状况和延续能力的重要标准。**

独特的土地利用方式是识别文化景观的重要依据。在溇港圩田文化景观的形成过程中，溇港先民创造了土地利用的若干传统智慧方式，探索、归纳了水陆联动、田水共治的系统方法，顺应地形、微改为宜的营建思维，地尽其才、物尽其用的农作模式，规模适度、分区控制的灌排思路，树基稳淤、桑柳护岸的防护思路。这些方式方法具有典型的地域特征，是在潮湿低下、人多地少的太湖南岸地区实现可持续、生态型农耕发展的土地使用经验的结晶。这些独特的土地利用智慧，赋予了溇港圩田文化景观的独

[①] 主要解释是植物燃烧是木生火，烧荒后突然变肥是火生土，从土壤掘出金属矿物是土生金，以金属物凿开岩石取得泉水和井水是金生水，水滋润土壤，植物方能生长是水生木。以来耜松土是木克土，以土筑成堤堰是土克水，以水灭山火是水克火，以火炼制金属工具斧钺是火克金，以青铜斧伐木制工具是金克木。

特创造力，是稻桑农作形成发展的基础，因此古人总结说"湖蚕独甲天下"[①]。由于这些传统理念和智慧，使得核心生态要素在建设活动中都得到最大程度的保留，避免了像长江下游以及江汉平原等圩区由于改变水系河道造成的生态问题（林承坤，1984），这也是溇港圩田地区在江南地区各类圩田中能够延传至今的重要原因。

传统生态文明智慧的形成有两个条件，一是源自地域条件下人与自然长期互动中的探索与总结，二是受到传统文化理念的滋养与熏陶。不同于西方对待万物起源的认知和征服自然万物的态度，中国在很早的时候已经形成将自然看作万物本原的态度，在自然面前更多地呈现出敬畏、呵护姿态（王贵祥，2002）。作为华夏传统农耕文化景观的代表，溇港圩田文化景观的生态价值、智慧与中华传统息息相关，深受传统整体思维模式、人地和谐理念的影响，集中体现中国智慧中的有机整体观、动态平衡观、生态环境观，展现出了一种与西方社会完全不同的文化，值得全世界倾听[②]。

正所谓"欲去明日，问道昨天"，解决当前的生态文明难题，要善于从中国传统文化的宝库中汲取营养（汪光焘，2008），中华传统文化和中国哲学已为此提供了富有启发性的智慧成果（方克立，2003）。当今社会必须把人类继承下来的大自然恩赐保存下来（Macharg I L. 1969），溇港圩田地区的生态理念和生态智慧也能够对当今更大区域的生产生活和人居建设提供借鉴意义。

---

① 清程岱葊的《西吴蚕略》有载："桑蚕随地可兴，而湖独甲天下，不独尽艺养之宜，盖亦治地得起道焉。"
② 国际古迹遗址理事会（ICOMOS）主席Araoz（阿劳兹）2011年9月24日在杭州"首届城市学高层论坛"讨论会上的发言，盛赞东方文化背景下的文化景观"是一种与我们所熟悉的自然观完全不同的文化，它足以让我们睁大眼睛来倾听，难以忘怀"。

第 4 章

景观格局与美学意象

本章的相关空间分析主要以1968年卫星影像数据[①]和1983年《浙江省湖州市地名志》[②]为基础资料,对溇港圩田进行相关分析。

4.1 整体特征

4.1.1 格局:水网支配下的大尺度一体化区域

溇港圩田地区的整体空间格局特征可以概括为水网支配和控制下的大尺度、一体化区域。具体表现为三个方面:

一是棋盘化、高密度的水网格局。溇港地区的水网特征总体呈现为棋盘网格化的特征(图4-1~图4-3),正如清同治《湖州府志》卷四十三所描述的,这一地区的河道"经络绮交,紧相贯注"。根据1968年卫星影像统计分析显示,溇港地区水面面积59.7km²,溇港地区水面率(全部水体面积占整个溇港地区面积的比例)为20.4%,河道(不含漾荡、水塘等)面积占整个溇港地区面积的比例为15.2%,溇港地区整体河网密度(河道长度/范围面积)为3.88km/km²,溇港河道密集地区的河网密度(河道长度/范围面积)为8.09km/km²,水网空间高密度特征显著(图4-4)。

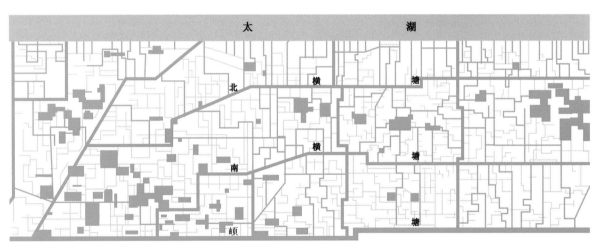

图4-1 1968年溇港地区水网结构
(资料来源:作者自绘)

---

① 由于年代久远,该数据为灰度图片,在ArcGIS软件中经过地理参考设定、目视解译的方法,得到聚落、水系、耕地和林地等土地利用类型。
② 《浙江省湖州市地名志》为1983年出版,由于溇港地区在2000年之前,尤其是1990年之前变化不大,故可以以该书的相关数据进行补充和校核。

农耕文化景观的生态价值与演变机制研究——以南太湖溇港圩田为例

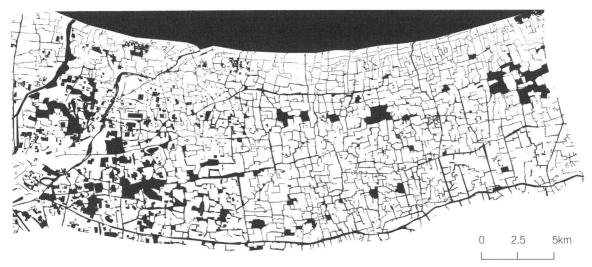

图4-2 1968年溇港地区水网形态
（资料来源：作者自绘）

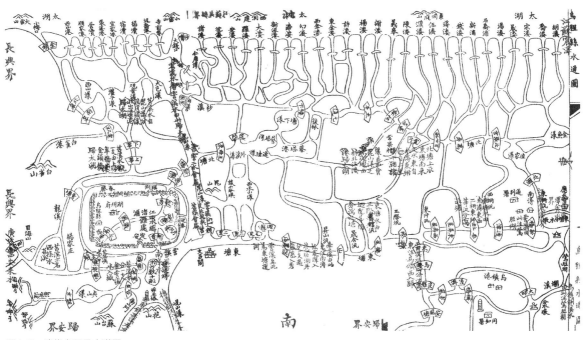

图4-3 清代乌程县水道图
（来源：湖州市地名委员会办公室编. 湖州古旧地图集[M]. 北京：中华书局，2010. 原图出自：[清]王凤生等，浙西水利备考.）

　　二是层级分明、井然有序的河道体系。虽然水网整体肌理呈现均质的特征，但是溇港地河道按照其在水网中的作用大小各异、等级清晰，可以分为四个层级，第一级是頔塘、长兜港、大钱港，为连接区域水网或作为区域入湖排水的主河道存在，是渲泄主流洪峰的关键；第二级是南横塘、北横塘以及小梅港、罗溇、幻溇、濮溇、汤溇等重要入湖的溇港水道，是

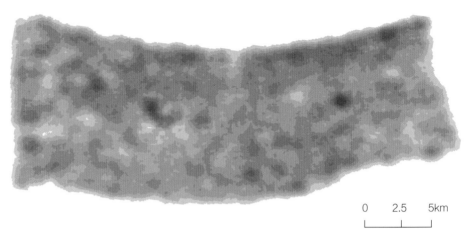

0   2.5   5km

图4-4 1968年河道空间密度示意
（资料来源：作者自绘）

溇港水网的核心骨架，承担着主要的排水任务；第三级是剩余的入湖溇港、少量重要的泾浜河道；第四级是大量存在的、一般性的泾浜河道。

三是空间分布范围宽广的大尺度区域。吴兴溇港地区北濒太湖、西至小梅港、南至顿塘、东到苏浙边界，总面积约285km²，区域常住人口约27万人[①]。关于溇港地区的范围，存在两种认识，尤其是南北范围，一种认为是从太湖到北横塘的区域，一种理解是从太湖到顿塘的区域。前者主要以入湖溇港的长度为依据，多幅历史溇港水道图也为此观点作证。笔者认为溇港圩田空间范围以第二种理解为宜，标准有三：一是区域开展整体开发模式；二是整体水网的功能运行；三是区域生态整体效益。总之，**溇港地区是以棋盘化、密度高的水网为依托，圩田均布在水网之中，乡村散布在圩田之上，形成高密度、分散化、大尺度的一体化空间格局。**

4.1.2 层次：滨湖、绕漾、临顿塘的空间分异和溇港人居单元

溇港地区水网呈现出棋盘化、高密度的一体化特征，但是其在空间形态上还是存在明显的分区差异，从北到南形成三个带状空间，分别为北部滨湖片区、中部绕漾片区以及南部临顿塘片区。

北部片区为太湖以南、北横塘以北的空间范围。**该区域的水网特征主要为存在大量、密集的入湖溇港，河道水网人工化痕迹相对明显**（图4-5），聚落集中分布在临近太湖0.2～1km的空间区域，与农业种植距离相对较远，整体空间特

---

① 由于研究范围不是一个完整的行政区域，根据全国第六次人口普查地区密度分布图（美国橡树岭实验室制作）反算得到，相当于2011年人口数据。

图4-5 北部片区景观格局
（资料来源：湖州市规划局）

征呈现出与南部地区较大的差异，同时该区域产业上也有所不同，除了稻桑农作外，历史
上还形成了蔬菜种植和太湖捕鱼的传统。滨湖片区面积约55km²，占溇港地区总面积的19%
左右。

中部片区的大致空间范围为北横塘以南、南横塘以北的区域。**该区域水网特征是块状的
漾荡+毛细细血管的泾浜河道，**保留了大量的自然湖荡湿地，呈现均质河网叠加面状水体的特
殊空间肌理，聚落总体上在区域均质分布，但是与漾荡的空间关系比较复杂，后文会专门分
析。绕漾片区面积约160km²，占溇港地区总面积的56%左右。

南部片区的大致空间范围为南横塘和顿塘之间、不含在原升山公社的区域。**该区域的水
网特征多为毛细血管的泾浜河道，**呈现均质河网的空间肌理，聚落总体上依托水网均质分
布。临顿塘片区面积约70km²，占溇港地区总面积的25%左右。

南北方向入湖骨干纵溇将溇港地区分割为若干垂直于太湖的空间单元，这些单元在形
态上具有拓扑相似性、组合方式具有内在一致性，包括了几乎所有的空间要素，能够发挥和
承担主要的生产、生态、生活功能，**形成了一个相对独立的人居单元，可以称之为溇港人居
单元**（图4-6）。由三个空间层次到溇港人居单元的存在，再次证明了溇港地区具有结构性
特征。

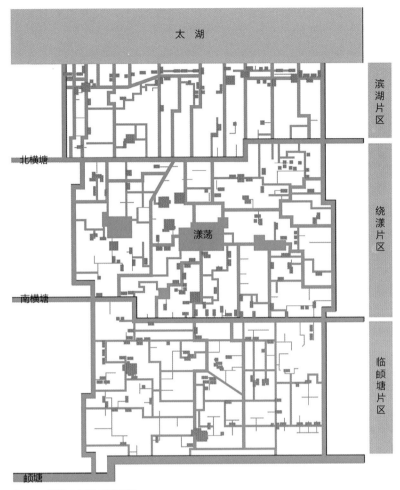

太　湖

滨湖片区

北横塘

漾荡

绕漾片区

南横塘

临颐塘片区

颐塘

图4-6　溇港人居单元示意图
（资料来源：作者自绘）

4.1.3　模块：河—村—田—地—塘构成的"圩空间"

溇港圩田地区是由水网主导下的不同人居单元共同构成的，而人居单元又由大大小小、形态各异的空间模块组合形成，这些最小的空间模块可以称之为"圩空间"（图4-7）。

"圩空间"依托圩田而存在，其空间构成要素包括村、田、地、河、塘五大类。村，指的是村庄，田和地指的是稻田、桑地，河指的是包围圩的溇港和泾浜，塘指的是位于稻田最低处的池塘和沼溇。

"圩空间"是溇港圩田地区最基本的空间单元，其基本布局特征呈现不规则状的圈层结构。第一层是河道，溇港和泾浜包围着田、村、地、塘的圩田空间组合，形成了水行于圩外、田和村成于圩内的格局；第二层是村庄和桑地，两者共同组成了圩岸，是"圩空间"的高地；第三层是稻田和水塘，属于"圩空间"的

农耕文化景观的生态价值与演变机制研究——以南太湖溇港圩田为例

低地。

需要说明的是，位于最外层的河道并不是全贯通的，当自然圩规模过大，或者由于地形变化较大的时候，为了便于生产组织和合理排水，会进行人为的分圩，形成两面或者三面包裹的变形"圩空间"，这些形状的出现为溇港圩田地区丰富多彩的肌理形成提供了条件。

"圩空间"同时也是溇港传统社会中最基本的生产功能单元，符合滨岛敦俊对于江南的"圩"以排水为核心任务的、具有特定围着的地缘性组织的认知（滨岛敦俊，1990）[188-190]。

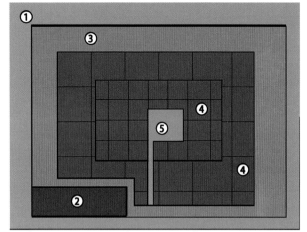

① 河（溇港、泾浜）② 村（村庄）③ 地（桑地）
④ 田（稻田）⑤ 塘（溇沼）

图4-7 "圩空间"的河—村—田—地—塘典型布局
（资料来源：作者自绘）

实际上，"圩"在明清时期不仅是江南地区的田制系统的最基本单元，还在基层社会组织中发挥着重要作用，虽然不属于严格意义上的基层行政单位，但为实际运行的"县—区—（乡）—都—（图）—（里）—圩"基层社会系统中的重要组成部分之一[①]（冯贤亮，2002）[110-116]。

4.2 溇港水系

4.2.1 水地占比：地八水二、比例适宜

溇港圩田系统功能要维持正常运转，必须保留充分的水域面积，水域面积过少，漾荡面积缩小，河道消失，会造成潴水空间减少，排水不畅、调蓄能力降低，对区域乃至更大范围的水利、农业、航运和经济等造成负面影响。如果水域面积过大，也会干扰已经形成的系统平衡，很多生态功能的发挥也会受到影响，保持合理水域与农田比例关系是十分有必要的。关于圩田地区的水域和农田的面积比例，历史上一些水利和农业书籍有过相关记载，总结起来大约在1:9~3:7的水地占比为宜。南宋陈旉的《农书》[②]提出"约十亩田，即损二、三亩以储蓄水"的标准；明代金藻在《三江水利论》中提出"开池一亩，有田一顷，开潭十亩"；明代俞汝为借用农民的话，提出"每十亩之中，用二亩为积水沟，才可救五十日不雨，若十

---

① 据《明清江南地区的环境变动与社会控》一文的研究，明崇祯年间，溇港圩田所在乌程县的基层系统为县—区—都—圩；清雍正年间，乌程县的基层系统为县—路—区—乡—庄—圩，无论哪种形式的变化，圩都成为社会基层治理的最基本单元形态。
② 陈旉（1076—1156年）的《农书》是我国第一部总结南方农业生产经验的农书，全面总结了江南水稻栽培经验，对我国农业的发展作出了重要贡献。

分全旱年份，尚不免于枯竭，况一亩乎飞"①。

1968年的卫星影像分析表明，整个溇港圩田地区的水域与陆地比例关系约为
2∶8，水域与田地（桑地农田以及其农林业用地，不含村镇建设用地）的比例关
系为2.2∶7.8。在北部滨湖片区，水域与陆地的比例关系为1.2∶8.8，在中部绕漾
片区，水域与陆地的比例关系为2.4∶7.6，在南部临顿塘片区，水域与陆地的比例
关系为1.5∶8.5，不同片区之间的水田比例的差异跟溇港地区地形地貌特征高度
吻合。

4.2.2 溇港泾浜：横塘纵溇、泾浜密织

溇港地区的河道形态，可以概括为"横塘纵溇、泾浜密织"。

横塘水道的特征有三，一是贯穿东西，顿塘、南横塘、北横塘等都是东西方
向贯通性河道，起到了沟通整个溇港地区水网的骨干作用，为调剂水量、舟楫往
来、互通水系提供了支撑和保障。二是衔接湖荡，南横塘和北横塘将溇港地区分
为了三个层次，中间部分为湖荡密集分布区域，两个横塘将这些漾荡串联起来，
形成一个互联互通的水柜群体，促进了溇港水系的整体调蓄功能的发挥。三是**河
宽曲长**，北横塘平均宽度②63.1m、南横塘平均宽度93.4m，中间还保留大量的湖汊，
相对于纵向溇港和泾浜河道而言，河道宽度优势十分明显；此外，由于南、北横塘
利用自然泾浜为基础，经过人工改造而成，而且为了串联漾荡，其走线上没有刻意
的裁弯取直，而是顺应地形，兼顾漾荡，形成自然变化、分段曲折的形态。

纵溇水道的特点有四，一是纵横南北，长兜港、大钱港、小梅港、罗溇、幻
溇、濮溇、汤溇等主要溇港北抵太湖、南衔顿塘，将整个溇港水网与北部太湖、
南部顿塘衔接起来。二是**流短网密**，入湖30多条溇港中除了上述南北贯通的外，
剩余的都在1095.0～3120.4m之间，平均长度为1823.5m，中位数为1636.4m，入湖
溇港之间的间距③为304.7～1098.3m，在间距比较大的入湖溇港之间还分布有小泾
浜。三是**水浅坡缓**，河道的深度都不是很深，以入湖溇港为例，根据历史记录，
清末时期，除了个别重要骨干排水溇港外，溇港深度多在3～5清尺之间④（见附
录A 清末入溇港一览表、附录B 清末入湖溇港形势图），纵坡一般也都很平缓，
一些河段的坡降为零，主要是为了便于旱季从太湖引水反哺（陆鼎言、王旭强，
2005）。四是**河窄流直**，这些入湖溇港线型都很笔直，反映了这一尾闾地区的水
网高度人工化的特征（图4-8）；同时河道一般都不是很宽，最宽为30.6m，最窄为

---

① 转引自汪家伦《古代太湖地区治理水网圩田的若干经验教训》一文。
② 计算方法为河道面积除以长度。
③ 测距为两条入湖溇港与横向水系相交点的欧式距离。
④ 如小梅港达到1丈4尺。1清尺=0.32米。

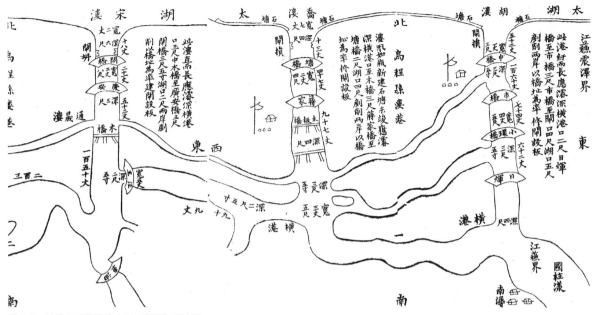

图4-8　清代入湖纵溇（宋溇—湖溇）形势图

（资料来源：[清]王凤生. 乌程长兴二邑溇港说.）

13.0m，平均宽度为15.74m，中位数为15.0m。

泾浜水道的特点：一是形态自由，自然曲折，没有明确的方向指向，跟横塘纵溇相比，泾浜水道虽然也多以南北为主，但是在很多地方，更多沿着地势走向汇水而行，如大钱港两侧的泾浜河道都比较明显，一些漾荡周边地区周围的泾浜也比较明显。**二是长度较短，河宽较窄**，绝大部分泾浜河道的长度不超过1500m。泾浜水道的形态特征充分反映了其以自然河道为主、较少人工干预的形成特点。**三是分布密集**，泾浜水道空间密度（泾浜水域面积/溇港地区总面积）达到14.7%，泾浜占河道比例（泾浜河道长度/溇港地区总河道长度）达到89.1%，如此高的空间分布密度，具有结构上的意义，能够显著提升整体水网的生态作用，一方面增加了整体水网的调蓄能力[①]，另一方面极大地增加了水体和陆地交界面的长度，为水陆边缘效应的发生提供了基础。**四是桥的数量众多**，溇港地区绝大部分桥梁位于泾浜河道之上。

4.2.3　漾荡溇沼：大小各异、勾连相通

根据1968年卫星影像分析，溇港地区漾荡沼溇的总面积为2767.2hm²，占到全部水体面积的46.3%。其中，最大的漾荡为陆家漾，面积为96.0hm²；面积大于10hm²的漾荡一共有68个，平均面积为29.4hm²；面积大于20hm²的漾荡一共有32个，平均面积为46.2hm²。漾荡主要分布在

---

① 《发挥河网调蓄功能　消减城市雨洪灾害——基于传统生态智慧的思考》一文研究表明，河网调蓄能力受到水面数量和水系结构的共同影响，河网调蓄能力与末端低等级河流的数量和长度密切相关。通常从高等级河流到低等级河流，其可调蓄容量与槽蓄容量的比值，呈现逐级递增的变化特征，即河流等级越低，可调蓄容量所占的比重越大，反映出中小河流潜在的调蓄能力更强。

北横塘南侧地区，与太湖保持一定的距离，绝大部分位于太湖以南2.5～3km之外的区域（图4-9）。

图4-9　1968年溇港地区20hm²以上的漾荡分布
（资料来源：作者自绘）

沼溇与漾荡作用不同，漾荡更多的是对天然水域的保存利用，沼溇主要是通过人工手段对于溇港水系的完善，源于提升圩田耕种条件和排洪能力的需要，是江南地区圩田建设的重要经验。通过沼溇设置，能够及时排水，避免成为"实心田"，去除"旱涝俱病"。此外，通过沼溇设置还可营造出便于停船、休憩的环境，方便交通、农作之需，事实上在宋代太湖区域已经有了建设溇沼的传统，杨万里描述为"河畔多凿小沼，与河相通，架屋其上，藏船其中"[①]。

4.3　稻田桑地

4.3.1　圩田大小：中位数200亩、均数300亩

根据1968年的卫星影像选取326块典型地块分析[②]（图4-10、图4-11），溇港圩田地区的单个自然圩的大小最大为69hm²（1035亩），最小为2.1hm²（31.5亩），中位数为15.5hm²（232.5亩），平均数为20.3hm²（304.5亩）。其中400亩以上的比例为29.4%，400～300亩比例为12.9%，300～200亩比例为12.9%，200～100亩比例为15.5%，其余为小于100亩的零散圩田。

从统计分析来看，溇港地区的圩田规模跟历史记载相一致，规模普遍不是

---

① 转引自王建革. 宋元时期嘉湖地区的水土环境与桑基农业[J]. 社会科学研究. 2013（04）: 163-172.
② 由于1968年卫星影像识别的限制，部分圩田之间无法清晰分割；此外，东部地块受到城市发展影响，出现一些超大尺度地块。为了提高研究的准确性，以西侧地区作为典型研究地区，并剔除了单个面积70万平方米以上的地块，选取了326块代表性的地块进行分析。

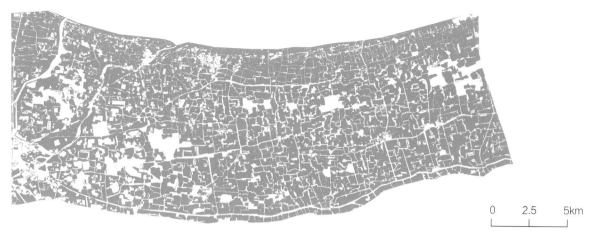

图4-10 1968年溇港地区圩田分布情况

（资料来源：作者自绘）

图4-11 326块典型圩田分布

（资料来源：作者自绘）

很大，跟周边苏州地区的圩田规模接近甚至更小。明清时期，杭嘉湖平原一圩规模一般在300～500亩（蒋兆成，1992），紧邻的吴江地区在清末的单个圩田大小均值为400亩，苏州地区在新中国成立后单圩面积为300多亩，溇港圩田规模偏小的特点符合南太湖平原低田地区由犬牙交错小圩交织而成的形态特征。进一步分析可以得到，部分圩田规模增大的原因，主要在于在新中国成立后，尤其是经过1950～1990年大规模的联圩并圩（吴兴区水利局，2013）[20-21]，本数据分析的基础卫星影像抓取年份为1968年，应该已经经历过一定的联圩并圩，所以部分圩田的面积会比周边有所增加。

4.3.2　田地比例：稻田与桑地比例[①]从3：1～6：1

借助1983年出版的《浙江省湖州市地名志》的数据，研究范围内共有11个公社，列入统计的10个公社[②]的稻田面积（水田面积）合计189610亩，桑地面积37034亩，稻田与桑地面积比例约为5.1：1。其中，环渚公社的稻田与桑地面积比例最低，为6.7：1，比例最高的为太湖公社的3.1：1。分区来看，北部滨湖片区，包括太湖、漾西两个公社，稻田面积合计26903亩，桑地面积合计7850亩，比例3.4：1；中部绕漾片区，包括白雀、环渚、滨湖戴山、升山、织里、塘甸6个公社，稻田面积（塘甸公社不列入计算）合计100010亩，桑地面积合计17904亩，比例5.6：1；南部顿塘片区，包括晟舍、轧村、东迁3个公社，稻田面积合计62247亩，桑地面积合计11280亩，比例5.5：1。在北中南三个片区中各选取一个最具形态代表性的公社进行计算，得到北部太湖公社稻桑面积比例为3.1：1，中部织里公社比例为5.8：1，南部晟舍公社比例为6.1：1，与整体趋势保持一致（图4-12）。

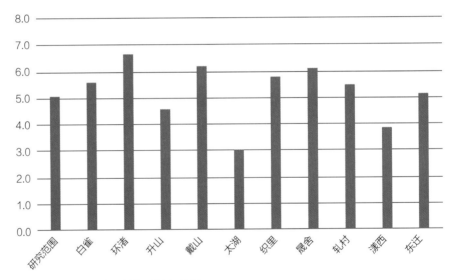

图4-12　研究范围及各公社的稻桑面积比例
（资料来源：作者自绘）

上述统计表明，北部滨湖片区的稻桑面积比明显低于中、南部片区，即滨太湖地区的桑树种植比例更高，稻田耕地比例则较低。形成这种结果的主要原因在于北部片区太湖沿岸高密度、大面积的桑树种植。这种种植结构符合该地区处于溇港高地的地貌特征和湖松土的土壤特征。

---

① 受到1968年卫星影像识别限制，基于原图的稻田和桑地识别存在困难，故本部分以《浙江省湖州市地名志》相关数据统计分析为主，探讨两者之间的比例关系。

② 由于其中塘甸公社的桑地面积缺少记载，暂不将其列入计算。

　农耕文化景观的生态价值与演变机制研究——以南太湖溇港圩田为例

根据1939年出版的《吴兴农村经济》记载，民国时期吴兴地区的农田构成关系为每户的稻田桑地[1]比例为2.32：1。相比较之下，新中国成立后溇港地区的稻田数量大幅度增加，而桑地的比例则相应有所减少，推测主要原因还是受到丝绸产业衰败的影响，农业种植产业结构发生了调整。

4.3.3 供养能力：从一夫十亩到户均六亩

对于明清江南农业的供养能力，李伯重先生在《江南农业的发展（1620—1850）》中，从农业经济角度进行过详细的分析，提出这一时期按照生产力水平，一户（夫）的农田种植规模约10亩。张履祥《补农书》也明确记载有"吾里地田，上农夫一人能治十亩"。

按照《吴兴农村经济》的统计，民国时期在吴兴地区，大约每户有田地将近10亩，桑地即占有其三四，每户平均种植稻田6.6亩，种植桑地2.84亩，合计约9.44亩，但是家庭所具有的土地绝大部集中在15亩以内，10亩以上的占到73%，与李伯重先生提出的一户10亩的论述基本相符。

用《湖州农业经济志》[2]的相关数据进行校核，可以得到在土地改革前（1950年之前），吴兴农村中农阶层的户均土地为9.2亩，贫农阶层户均土地为5.1亩，中农和贫农总体户均土地为6.6亩。相对于地主、半地主式富农、富农、贫农和雇农，中农的生产生活更接近于传统生态农业的生产组织，户均9.2亩与上述一夫十亩的规律比较接近。由于中农、贫农占农村阶层比例达到34%、59%，两项合计阶层比例占到93%，这两者户均比例反映了总体特征，表明在新中国成立前，户均农田数量已经降到6.6亩左右。

根据《浙江省湖州市地名志》相关数据进行校核，得到1980年左右整个溇港区域的人口数为200179人，以户平均人口5人计算[3]，整个溇港地区约40036户，折算下来，每户供养的农田规模为0.44hm²，合计6.63亩。依据同样的思路，选取太湖、织里和晟舍三个公社作为抽样数据，分别反映北部、中部、南部片区的情况，每户供养的农田规模分别为5.7亩、6.4亩、7.8亩。总体来看，溇港地区户均农田数量呈现下降趋势，这与江南地区、太湖流域的人地数量关系紧张趋势保持一致，主要原因应该是出生人口持续增加，使得户均田地数量不断降低。

4.3.4 农作距离：800m以内10分钟左右

合理的农作距离对农业生产效率和效能的发挥具有重要影响，聚落和农田之间的距离

---

① 按照《吴兴农村经济》的记载，民国时期吴兴每户平均稻田数量6.6亩、桑地数量2.84亩，折合比例为2.32：1。

② 根据《湖州农业经济志》的统计，溇港所在的吴兴地区，在新中国成立后的土改前地主阶层共2118户，在农村阶层比例为1.53%，土地118659亩，占农村土地比例为11.59%，户均56亩；半地主式富农316户，在农村阶层比例为0.23%，土地8190亩，占农村土地比例为0.8%，户均25.9亩；富农2157户，在农村阶层比例为1.56%，土地44711亩，占农村土地比例为4.37%，户均20.7亩；中农47073户，在农村阶层比例为34.04%，土地433429亩，占农村土地比例为42.32%，户均9.2亩；贫农81673户，在农村阶层比例为59.06%，土地413722亩，占农村土地比例为40.39%，户均5.1亩；雇农4957户，在农村阶层比例为3.58%，土地5523亩，占农村土地比例为0.54%，户均1.11亩。

③ 根据《吴兴农村经济》统计，民国时期，吴兴农村的家庭人口多在3～6口之间，平均人口4.99人。由于产业特殊性，造成其人口构成介于农村与城市之间。

与农田产出之间存在负相关联系。聚落与耕地关系反映在耕作半径（角媛梅，2009），也就是农作距离上。有研究表明，在溇港地区，随着与聚落距离的增加，农田的土壤肥效和地力呈现显著下滑趋势[1]。因此，保持合理的农作距离，对于维系溇港圩田文化景观的生态农业稳定性具有重要意义。

在研究方法上，本研究采用成本距离分析，利用费用距离模型进行抽象化处理。首先，从选定的节点出发，按照道路权重计算从起点到周围8个网格所花费的路径时间。然后，计算节点到周围所有相邻栅格所需花费的时间，将这些时间数据放到队列中，按从小到大排列，取出时间最短的网格，以这个网格为起点，再计算其与周围8个网格的路径时间，以此类推，就得到从区域的节点i到任何一个网格所需花费的最短时间以及所经过的路径。在多个节点的情况下，一旦区域中任一个网格到节点i的最短路径较到节点j的最短路径时间短，则该网格被划入节点i的腹地范围。这个腹地就是本研究中的耕作范围。

具体步骤如下：步骤一，生成交通费用栅格。首先要赋予不同的空间以不同的通行能力数值。为了提高计算精度，本文选定图层栅格化的单位为5m×5m，设置时间成本数值的参考为平均出行1km所需要的分钟数，公式为：Cost=60/V。其中：圩内部、水域基本不具备通行能力，故取值为1km/h，聚落内部取4km/h，圩边缘取10km/h。故圩边缘的时间成本为6min/km，聚落取15min/km，其他空间为60min/km（图4-13）。步骤二，在ArcMap中运行Cost allocation 命令，于Cost图

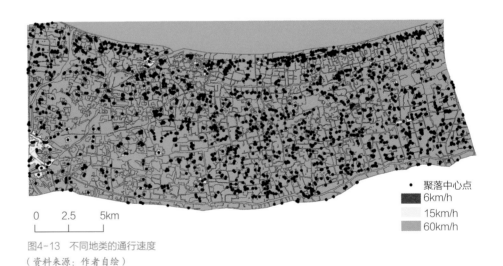

图4-13　不同地类的通行速度
（资料来源：作者自绘）

图例：
- 聚落中心点
- 6km/h
- 15km/h
- 60km/h

0　2.5　5km

---

[1]《技术与圩田土壤环境史：以嘉湖平原为中心》一文中进行了深入分析，提出由于耕作距离所引起的精耕细作程度的差距，从土壤肥力特征而言离村愈远的土壤肥力水平越低。并且列举了溇港地区的太湖公社的例子进行论证，根据1959年4月的《吴兴县太湖人民公社土壤鉴定土地规划报告》，村旁的土统称为灰土，其中有鳝血土、青紫泥和灰白土，离村庄中等距离的土壤是白土，远离村庄的是死鳝血土和死白土。从村边到远处，肥力依次从好到差，产量从高到低，颜色由深到浅，土壤由"活"变"死"，耕作方式从精耕细作到粗放经营。

图4-14　农作距离分析
（资料来源：作者自绘）

层上计算出所有聚落中心点的成本加权距离，从而划分出每个聚落中心点的腹地范围。步骤三，经过观察，腹地范围多为矩形，故耕作半径取理想的矩形，计算公式为：周长/2。故最终的耕作半径为：1553.5/2=776.8m。按照步行速度5000m/h计算，平均农作出行时间在10分钟以内（图4-14）。

4.4　聚落空间

太湖溇港区域的聚落空间整体形态呈现均质、网络化的特色。聚落形态多为小规模簇团状，单体多为团块状或带状，村与村之间分散化镶嵌在高密度组织化的太湖溇港水系网络中，其选址和尺度均受到水利安全性和农作经济性的共同影响与制约，与溇港圩田具有很强的形态相关性，生产、生活、生态高度融合的聚落模式。

4.4.1　选址原则：逐高临田、择宽岸处居之

溇港地区的聚落选址遵循的主要原则是"逐高临田、择宽岸处居之"。这种选址方式的主要原因有两个：一是保持居住空间与生产空间的紧密联系，方便生产生活。溇港地区的生态农业模式和精耕细作农作传统的维持和延续，都需要生产空间与居住空间高度紧密联系，因此聚落必须选在圩空间内部。二是对于平均高度较低、经常面临洪涝危险的溇港地区而言，聚落选址必须选择在区域地势最高处、工程地质条件最好的地方。从圩空间的结构上可以发现，圩田的地势最高处是圩岸，其中圩岸最宽的地方，往往地质条件优良，同时还具有较充裕的建设空间，即清代孙峻撰写的《筑圩图说》中所提到的"太平基址"。溇港先民利用这种空间特点，多选择圩岸宽阔之地，开辟平整的土地来建造村落居住建筑，形成聚落，聚落顺应圩岸和水系的方向线性拓展（图4-15）。

依据"逐高临田、择宽岸处居之"的聚落选址基本原则，形成了溇港地区聚落空间总体

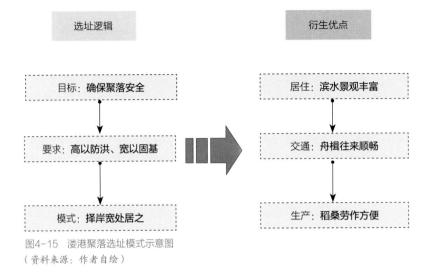

图4-15 溇港聚落选址模式示意图
（资料来源：作者自绘）

格局。但是，由于北部、中部、南部的地形地貌的差异，三个片区之间的聚落选址存在一定的变化，丰富了溇港地区聚落的选址模式。南部临顿塘片区由于水网均衡，聚落选址严格遵循上述原则，聚落分布上相对均质化。中部绕漾片区，地势较低，在聚落选址上缺乏安全性的优势，漾荡周边分布聚落较少，村庄多沿河港圩岸进行布局。北部滨湖片区，由于滨湖沉积带的存在，相对中部、南部地区而言，安全问题更有保障，更为重要的是到太湖捕鱼是滨湖居民经济收入的重要来源，为了更好地兼顾出湖捕鱼的需要，北部聚落多在太湖沉积带上沿横塘东西向布局，横塘成为聚落线性形态最为重要的脊柱，每条通向太湖的纵溇都是居民捕鱼的水运通道，聚落会毗邻这些密集的溇港建立，构成了鱼骨状的聚落结构[1]。

4.4.2　形态特征：散村主导、带状拓展下的六种布局模式

鲁西奇先生提出中国传统乡村聚落可以划分为集村和散村两种类型，该标准立足于乡村聚落与周围环境关系，不以人口数量和占地规模为主要判别因素，关键通过民居与生产生活相关的田地、山林、水体等要素之间聚集或离散的趋势进行识别（鲁西奇，2014）。由于溇港地区聚落"逐高临田、择宽岸处居之"的选址特征，根据上述标准，溇港聚落的形态呈现典型的散村特征。

对溇港地区而言，圩田内自然和人工形成的地形地势以及溇港水系对村落的规划布局、道路走向、建筑的组合布置、村落的轮廓形态起到了重要影响，"逐高

---

① 由于毗邻太湖，较之南部的聚落，滨湖地区的渔业更为发达，耕种之外，捕鱼成为重要的收入来源，通过经验的积累，居民得以判断出在保证聚落不被洪涝威胁的前提下，距离太湖多远的范围内安宅落户可以得到最高的渔业经济效益，因此这些聚落普遍分布在距离太湖南岸一定范围的东西沿线上。新中国成立后，湖薛公路的修建更加强了这一地区聚落的集聚性。在这些因素的共同作用下，滨湖聚落的分布特征便得以凸显。

临田、择宽岸处居之"的选址原则决定了圩溇区域的聚落空间形态及其形成演进过程与水系密不可分，在这一认识基础上，根据聚落与水系组成的不同形态关系，可以从形态学的角度将圩田单元内的聚落组成分为六种模式（图4-16、图4-17）：

尽端式：这类聚落往往在圩田内部灌溉河渠的尽端形成团块状的"水兜"，既满足村庄交通、水源要求，又具有一定的防卫性，许多自然村的名称中至今依然保持了"兜"的称谓；

滨河式：沿圩岸单侧生长，随着人口的增长，聚落往往顺应圩岸的方向延伸，并在可建设用地的承载能力范围内向圩田内部进行一定的扩张，整体平行于圩岸呈带状；

内河式：滨河式聚落跨河发展，形成坐落于同一水系两侧圩岸上的两处聚落，将水系夹于聚落之间成为内河，往往通过架桥将聚落联系起来；

转角式：沿水系转角处布局，呈L形；

丁字式：在水系相交形成的丁字口布局，多呈T形或π形；

复合式：逐渐演化而来的具有两种或两种以上形态模式的更为复杂的组合模式。

在这六种模式中，除了尽端式的聚落呈团块状外，其余类型均具备相似的形态原型，即沿河溇和圩岸呈带状拓展的单边带状。其垂直于河溇方向的拓展空间受到圩岸上可建设用地规模的制约，平行于河溇方向则需要考虑聚落边缘到聚落中心的距离，即聚落社会组织的有效性和可控性。同时，农业生产的便利性和经济性也是影响聚落形态的重要因素，自给自足的传统经济模式造就了聚落内向封闭的空间格局，"靠地吃饭"的产业结构模式、小农经济的自给自足和相互协作等因素形成了一种相对紧凑的村落布局（范霄鹏、张姣慧，2013）。

组成村庄的聚落并不局限在一个圩田单元中，多来源于同一个聚落的逐渐分支演化（如滨河型演化为内河型）或地理位置上的相近关系，因此，村落中心往往围绕主干河渠进行组织。

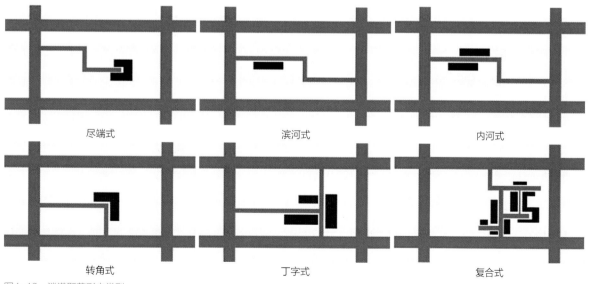

尽端式　　　　　　　　滨河式　　　　　　　　内河式

转角式　　　　　　　　丁字式　　　　　　　　复合式

图4-16　溇港聚落形态类型
（资料来源：作者自绘）

图4-17 聚落形态与水系关系

（资料来源：作者自绘）

4.4.3 规模[①]密度：单个1公顷多、每平方公里5个左右

根据1968年卫星影像图分析，得到研究范围聚落建设用地面积合计1913.6hm²，除去研究范围的湖州城建设用地218.3hm²，村镇建设用地1695.3hm²，占溇港地区总面积的5.95%。共有聚落斑块1507个，斑块平均面积为1.12hm²，聚落斑块空间密度为5.3个/km²；其中面积大于0.2公顷的斑块1372个，斑块平均面积1.21hm²，0.2hm²以上的聚落斑块密度为4.8个/km²。

根据1983年的《浙江省湖州市地名志》，11个公社的聚落总面积为1451hm²，11个公社用地总面积为30909hm²，即聚落面积占总用地面积的4.7%。其中，北部滨湖区域的聚落面积规模占比5.5%，中部绕漾区域的聚落面积规模占比4.8%，南部顿塘区域的聚落面积规模占比3.9%。可以看出，即使北中南三部分片区的聚落空间分布和聚集形态不同，但聚落的空间密度差异较小。抽取各部分的典型公社为代表进一步计算，得出北部太湖公社聚落面积规模占比6.5%，中部织里公社占比4.6%，南部晟舍公社占比2.8%，北部片区的聚落空间密度最高，中部次之，南部最低。

以1983年的《浙江省湖州市地名志》记载的相关数据为依据，得到整个溇港区域的人口数为200179人，聚落总面积为1451hm²[②]，得出溇港区域的聚落空间人口

---

① 关于历史上单个溇港聚落的人口规模没有详细数据，但是根据民国时期相关统计，可以推算出20世纪30年代，吴兴农村单个村庄的人口规模，大的村庄在2500~3000人，小的在150~200人。具体推算如下，按照1935《吴兴农村状况》的统计，民国时期吴兴地区自然村大的约五六百户，小的约三四十户。结合1939《吴兴农村经济》的统计数据，民国时期吴兴地区农村家庭人口规模的算术平均数4.99人、中位数5.27人、众数4.48人，户均约5人。据此，可以大致得到民国时期，吴兴大的村庄聚落人口在2500~3000人，小的在150~200人。

② 1968年为卫星影像识别，1983年为数据汇总统计，由于统计口径不一样，1968年与1983年数据不一致，不具备可比性。

密度为138人/hm²。其中，北部滨湖区域的聚落人口密度为142人/hm²，中部绕漾区域的人口密度为126人/hm²，南部顿塘区域的人口密度为171人/hm²。由此可见，溇港地区的聚落和人口主要沿河道分布，聚落人口密度高，各部分人口密度差异较小，呈均质分布。在研究范围内的11个公社中，聚落人口密度最高的为晟舍公社的225人/公顷，密度最低的为白雀公社的96人/公顷，其他聚落的密度在此范围内分布。

同样，根据1983年的《浙江省湖州市地名志》可以得到11个公社的总面积为317.8km²，区域的人口分布平均密度为630人/km²[①]，比对民国时期的536人/km²和2006年的879人/km²[②]，可以看出，民国至今，太湖溇港地区一直保持着较高的人口增长率，高密度的人口正逐渐给该地区带来巨大的人口压力。

4.4.4 公共空间：宗教建筑与临水空间主导

溇港地区传统聚落空间由自然环境、建筑群组成的"面状空间"，由街巷、水系等组成的"线状空间"，以及由广场、码头、村口、桥头、水口、街巷节点等"点状空间"共同构成。其中公共建筑、"线状空间"和"点状空间"是村落公共活动发生的场所，即村落的公共空间。这些公共空间不仅是村民生活方式和日常需求的载体，也是村民的生活习俗和建筑文化的沉淀和体现，同时作为村落空间中最灵活多变的构成要素，还丰富了村庄空间形态，是每个村落不同于周边其他村落的特质所在。溇港聚落的公共空间有两个显著特征：

一是宗教建筑的地位突出。明清时期以佛教为核心的多种信仰并存的神灵体系在江南地区的社会生活中发挥着重要作用（冯贤亮，2002）[403-416]，太湖流域相当数量的市镇兴起与寺院宗教活动有关（魏嵩山，1993）。社庙、土地庙、佛寺等宗教建筑在溇港地区的社会生活组织中发挥了重要作用，寺庙供奉诸神，受到全村的祭拜和监督，全村的生老病死、重要习俗节庆都跟寺庙密切相关，如人去世之后要建立阴册。由于与溇港社会生活的高度关联性，寺庙建筑往往位于村庄入口、村落中心等位置，通过共同的信仰和民间仪式行为塑造集体的空间领域感，并进一步加强居民对村庄文化的认同，巩固群体凝聚力和社群关系。同时，男性外出劳作的时间里，寺庙也成为村中妇女的重要社交场所，最终逐渐发展成为最重要的公共空间节点。民国时期，吴兴境内寺庙庵刹随处可见，民国24年（1935年）寺庙达到800余所（国民党政府经济建设委员会经济调查所，1935）[114]。调研发现，即使在今天，寺庙在大部分的溇港聚落空间组织和社会生活中仍发挥重要作用（图4-18）。在溇港地区各入湖溇港的口门和村镇附近，至今仍保留一溇一寺（庙）的格局（湖州市人民政府，2015）。

二是临水空间的支配作用。由于历史上溇港地区的日常交通出行主要依靠船，再加上聚落选址都位于圩岸宽阔之处，河道及河道单侧或者两侧的街道自然在溇港聚落公共空间中发

---

① 同期，根据《湖州市志》的数据，1982年吴兴区的区域人口密度为630人/km²。

② 数据来源：马严，刘慧.太湖溇港地区人类生态系统异质演化特征[J].湖州师范学院学报，2006（01）：77-82.

挥骨架组织作用，即成为公共空间的组成部分，又是各种空间相互联系发生关系的媒介。码头、桥头、水口等因水而生，重要的公共建筑和点状公共空间也多临水布置，水系转角、交叉处则多结合桥梁布置广场等重要空间节点。对于部分管控着堰闸的聚落，这些对于聚落极为重要的水利设施会逐渐与庙宇及公共空间结合在一起，成为聚落布局的中心（图4-19、图4-20）。

明清以降，溇港地区的人文环境开始发生较大变化，茶馆逐步成为规模较大的村庄或者镇的重要公共空间类型。尤其是在桑蚕业旺盛时期，茶馆成为溇港成年男性的主要休闲空间[①]。这些茶馆除了充当休闲娱乐之地外，还是城乡间重要的信息传递桥梁和商品教育场所（冯贤亮，2008）。

图4-18　聚落中的宗教建筑
（资料来源：作者自摄）

图4-19　伍浦村公共建筑分布和公共空间形态示意
（资料来源：湖州市城市规划设计研究院. 伍浦美丽宜居示范村村庄规划[R]，2016.）

---

① 由于圩田中的季节性农耕，在赋闲时期，茶馆成为他们重要的活动交流场所，根据民国时期《吴兴农村经济》记载，"较大乡村，多有小茶馆之设。在茶馆每人茶资七十文。乡间男子除了在农忙及养蚕时期外，每日生活大约须耗费其半日光阴于此"，得以窥见当时茶馆作为社会空间对于日常生活的重要性。

　　　农耕文化景观的生态价值与演变机制研究——以南太湖溇港圩田为例

图4-20　聚落的临水空间

（资料来源：作者自摄）

4.5　美学意象

不同于西方审美中艺术审美的支配地位，中国传统审美是在艺术、工艺、生活、自然等多维度下整体均衡发展的（薛富兴，2009）。湖州南太湖溇港区域的自然风景品质自古以来便为人所称颂，横塘纵浦的水乡空间布局形态、多样的植被环境、人工建筑与自然环境的巧妙结合、趣味盎然的生活场景，传达出了层次丰富的美学意象，寄托着人们的文化理想和信仰，成为给予人以终极关怀的文化与精神家园。

4.5.1　水网棋布、圩圩相承的大地景观格局

吴兴区境内的太湖沿岸是一个半径为29.6km、长68.93km的平滑大圆弧，也是沿太湖最圆滑平顺的一段，号称"天下第一弧"。在这段圆弧的南侧便分布着水网棋布、河湖相间的溇港圩田人文景观，溇港圩田均质密集的网格化景观与大跨度的圆弧岸线形成鲜明对比的同时，又巧妙融为一体，共同组成了塘浦圩田区域整体性极强的大地景观格局。

从平面构图上看，湖州溇港圩田形成的大地景观蕴含着中国独特的审美和思维方式，强调人与自然和谐相处，共同发展，与以荷兰为代表的几何化、高度结构化构图的西方圩田大为不同。早期的溇港河道受到的人为干预较小，更加贴近由天然潮沟形成的自然景观，因此形态较为散乱、自然。随着太湖岸线的不断外移以及河道与圩田的逐渐分化，越向北侧太湖

沿岸靠近，溇港圩田在形态上的人工雕琢痕迹越发明显，表现为河渠加密，线条逐渐延伸并趋近于直线。随着后期人口的增加和人工介入程度的加深，至唐末五代时期，圩田真正形成了四通八达、体系完善的水网格局和棋布纵横、圩圩相承的圩田格局。同时，精耕细作的农业传统、农耕和鱼耕并行的基塘循环耕作模式，也造就了其鱼塘、稻田、桑地等密布的地块面积小、斑块类型多样的大地景观艺术和文化地理单元。

从地形地貌上看，由于泄洪防灾和居住安全的需要，溇港圩田中的河道与田地分布的错落有致，圩田中以外围高、中间低的单元形式居多；同时，圩田内高低不平的地形变化满足了不同作物与植被的生长需求，而这种多样化的耕作模式在趋于稳定后则进一步巩固并加强了圩田内的微地形变化。

为了使桑地"高平"，农户每隔两到三年就会把稻田的部分肥土和河塘中挖掘的河泥、塘泥堆叠到桑园地，使得桑园越堆越高，稻田和池塘越挖越低。基塘的交错变化能带来强烈的视觉美感（乐锐锋，2015）。经过长年累月的人工改造，就在一个地段内形成了田—地—池—港凹凸错综、地形变化起伏有致的微型地貌景观，使得溇港地区的整体大地景观格局中蕴含了细节丰富的多样变化。

4.5.2　戽田采桑、男耕女织的农作场景趣味

美即是生活，中国崇尚追求生活中的审美品质（吴良镛，2012）。漫长的农耕文明对中国审美产生了极大的影响，可以说，中国古典美学是一种奠基于农业并从农业出发的美学，这在诗歌创作上得以体现。早期中国诗歌以农事诗为主，后来逐渐发展出山水田园诗，表达对乡村景观的整体感受。在这种情况下，人们对于参与农事的农作场景的感知和关注便完成了从实用性过渡到实用性与审美并存的转变，使得其审美价值得到进一步的认可。"宜于耕读之乐"成为中国传统环境审美的重要思想（程相占，2009），农业文化景观是人与自然互动的产物，其本质上体现的是人与自然的相处方式，传达出丰富的生活信息和生活意义。

与静态的纯艺术性审美不同，溇港地区的农忙景观极具动感，这种景观不止局限在任何一种单一的感觉，而是视觉、听觉、嗅觉等多重感受的叠加，是声音和劳作交织出的具有动态美感的场景。"纤纤女儿手，抽丝疾如风。但闻缫丝声，远接村西东。"从不同的感官角度描述了蚕月①里吴兴女子养蚕织丝的蚕忙景象，而此时村中的男性则忙于在稻田中汲水灌田，秧苗挖泥。"下田戽水出江流，高垄翻江逆上沟。地势不齐人力尽，丁男长在踏车头。"形成了男解耕田女丝桑的人文景观意象和特色鲜明的农业劳动风格。同时，独特的农业种植体系也造就了收麦与收茧并

---

① 多指农历三月。

行，麦黄、桑绿、稻青同存的场景，正如王安石所写："缲成白雪桑重绿，割尽黄云稻正青。"

与其他圩田区域有所不同的是，由于毗邻太湖，发达的渔业景观也成为溇港圩田区域农业景观的重要部分，江宽水平的太湖带来了"水面排罾网，船头簇绮罗"的繁忙捕鱼景象，以及"江村亥日长为市，落帆度桥来浦里"的水乡市集之景。

总之，溇港圩田农业景观的美学价值并不完全体现为外在的形式美，水网棋布的形式是其真实功能性的外在表现，体现出人们为了在有限的自然条件下创造美好生活而付出的智慧与辛勤。因此，在这种情况下人们所呈现出怡然自得的农耕场景，更彰显出溇港居民热爱生活、勤奋乐观的美好品质（图4-21），更具有被赞美和欣赏的价值。同时，乡村农业生活具有很强的人情味和家庭味，邻里之间关系亲密，人际关系和谐，由于家庭集生活单位和劳动单位于一体，温馨感自然就更强。

图4-21　溇港地区农耕、渔作场景
（资料来源：作者自摄）

4.5.3　桑稻广布、菰蕻丛生的乡村田园风光

河道和圩田的逐渐分化形成了溇港地区整体性较强的网络化大地景观，在此基础上，水面渔业的开发、多样植被的种植和乡村聚落的产生则为这一区域的景观增添了更多的人文气息，构成了溇港圩田地区独特的乡村田园风光。早期圩田内多于低地种植水稻，而后随着田地开垦，大量的休耕旱地为小麦的种植提供了机会，干旱的时有发生也促使稻农开始种植麦类作物，形成了层次分明、稻麦交错的作物景观。与此同时，稻麦的一年二熟也对江南的农田风光产生了较大的影响。

溇港圩田地区的土地利用极为高效集约，达到了一无旷土的程度，除稻麦等农作物外，由于树木强大的固土功能和植桑养蚕的丰厚利润，溇港区域在圩岸种植桑树上也有着悠久的传统。人们逐渐发现，柳树除固土作用显著外，景观美化作用较之桑树更强，加之官方提倡种植桑柳以维护圩田环境[①]，使得当时的士大夫之间又形成了从其他地区大量引种柳树的风

---

① 《三吴水考》卷13载："高乡河港临水二三丈间，不许人耕种，以致浮土下河，止许栽种桑树水杨。"

图4-22 溇港田园风光
（资料来源：作者自摄）

潮，带来了高地环庐栽柳，植桑养蚕，桑柳成荫的树木景观。而圩岸上种植的桑树柳树与麦稻相配合，形成了林粮间作的独特耕作制度，"绕麦穿桑野径斜""落日青山都好在，桑间荞麦满芳州"成为江南地区一种代表性的景观意象。

溇港区域水生植物和草类植被的种类也十分丰富。棋网密布的河道为菰、莲、菱、芡等水生植物提供了良好的生长环境，漂浮植物及浮叶植物的搭配形成了视觉效果丰富的水体景观。南宋项世安就曾写道"处处通渠种芰莲"，明代张履祥也在《书改田碑后》提及，"其荡（塘），上者种鱼，次者菱、芡之属，利犹愈于田。"而随着低地稻田的开发，芦苇、莎草等杂生植被也遍布其中。元代著名书画家赵孟頫在其传世之作《吴兴赋》中写道："蒹葭孤卢，鸿头荷华，菱苕凫茨，萑蒲轩于，四望弗极，乌可胜数！"描述了吴兴圩田丰富多样的植被环境。

独特的种植制度和生态多样性为溇港地区带来了四季不同的景色，众多文人和诗人在游历江南时都对吴兴的农田景观进行了讴歌。春天有"夹岸濒河种迟桑，春风吹出万条长"的大片成林桑园景观；初夏时节可以欣赏"桑叶露枝蚕向老，菜花成英蝶飞来"的岸上桑树与田中菜花；深秋时节的"时时风折芦花乱，处处霜摧稻穗低"[1]别有一番韵味；也能看到"枫汀尚忆逢人别，麦垅唯凭欠雉眠"

---

① 张贲《奉和袭美题褚家林亭》：疏野林亭震泽西，朗吟闲步喜相携。时时风折芦花乱，处处霜摧稻穗低。百本败荷鱼不动，一枝寒菊蝶空迷。今朝偶得高阳伴，从放山翁醉似泥。

　　　　　农耕文化景观的生态价值与演变机制研究——以南太湖溇港圩田为例

的冬日雪后之景。加之圩岸高地上散布的村庄聚落，形成了"长干斜路北，近浦是儿家""风月万家河两岸，笙歌一曲郡西楼"的河道与集市相互穿插的村镇景色。这种高地桑荫、低田稻浪、层叠交替的别致野生风貌和立体化的乡村田园景观，形成了后世对于溇港风光的经典印象（图4–22）。

4.5.4　溇港圩垸、湾埭桥坝的地名特色文化

溇港地区地名文化特色鲜明，内涵丰富。其主要特点如下：

一是水乡特色浓郁。一方面，溇港地区村庄聚落名称往往能体现其滨水而居的环境特性。例如，部分聚落依靠着管理水坝、闸堰等而发展起来，这些以水利设施为布局中心的村落往往以坝、塘、埭[1]、堰[2]等为名。根据统计，溇港地区以坝为名的村落共31处，以埭为名的共19处，以堰为名的3处，以塘为名的26处。另一方面，随着溇港地区社会经济的发展，人工建筑逐渐增多，并与自然良好地融为一体，形成了遍布流水、石桥、古寺、楼阁、水车、码头、驳岸、市集的地域文化景观，造就了独特的"渔灯帆影、顿塘船桨、曲港迷舟"的溇港风光带，明清时期"顿塘帆影"被选为"吴兴十景"之一。许多聚落也因此以桥、港、坞[3]等与水系息息相关的人工建筑设施为名，据统计，以桥为名的村落共104处，以港为名的57处，以坞为名的1处。此外，一些聚落的名称能够准确地反映其所处环境与水系的空间关系或水系的空间形态，这些聚落多以滩、兜、湾、圩等为名。还有许多聚落的名称也体现了与水环境的密切关系，如以坽[4]、潭、荡、漾、浜、浒[5]、河为名等。根据《浙江省湖州市地名志》进行的统计（图4–23、图4–24），名称与水环境相关的村落共占据了溇港全部村落的70%左右（见附录C溇港地区20世纪80年代初地名统计），造就了独具特色的地名文化。

二是溇港命名内涵丰富。吴兴溇港名称历史上多来源于姓氏，如胡溇为北宋教育家胡瑗的居住地；谢溇与谢安后裔、明朝都指挥使谢贵世居于此相关，义皋溇则因西汉元始二年（2年），吴人皋伯通筑塘而得名。此外，还有金溇、濮溇、陈溇、潘溇、杨溇、许溇、沈溇、罗溇、诸溇、宋溇、乔溇、汤溇、钱溇、蒋溇等，虽确凿证据已因年代久远、居民外迁而难以考据，但以常理推断，其名称应该也来源于姓氏。除以姓氏冠名外，也曾有通过将溇港更名来祈求五谷丰登、平安吉祥的。南宋绍兴二年（1132年），由于溇港淤堵、坍损之事时有发生，在疏浚溇港的过程中曾将吴兴境内的27条溇港更名，自西向东，从"丰登稔熟、康宁安乐、瑞庆福禧、和裕阜通、惠泽吉利、泰兴富足，固益济"中取一字，前面冠以"常"字为名，"欲其常有是美也"。

---

① 土坝之意。
② 拦河蓄水大坝。
③ 水边建筑的停船或修造船只的地方。
④ 一种特殊的圩。
⑤ 离水稍远的岸上平地。

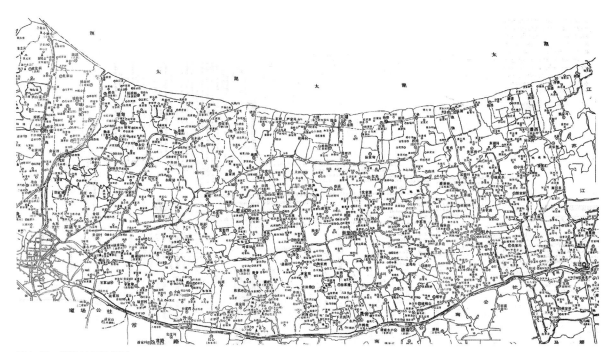

图4-23 溇港地区地名图
（资料来源：作者拼合绘制；原图来自：湖州市地名办公室. 浙江省湖州市地名志[S.l.]，1983.）

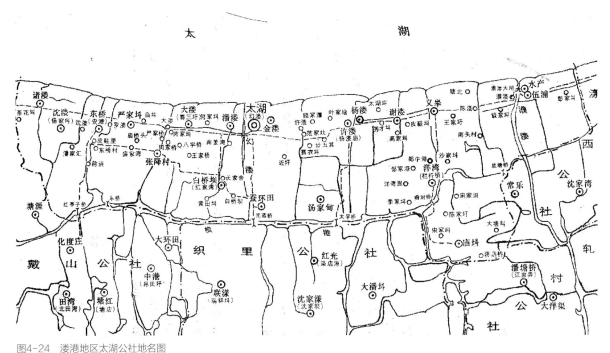

图4-24 溇港地区太湖公社地名图
（资料来源：湖州市地名办公室. 浙江省湖州市地名志[S.l.]，1983.）

4.6 小结

本章主要讨论了溇港圩田文化景观的空间形态特征和美学特点。其中空间形态主要讨论整体的空间结构特征、溇港水系的形态特征、农作田地的形态特征以及聚落空间的形态特征。

溇港圩田的空间结构呈现出三个特点，**一是其格局呈现溇港水网控制下的大尺度一体化的特征**，突出表现为棋盘化、高密度水网形态；**二是空间层次具有明显的分异特征，从北向南，呈现滨湖、绕漾、临顿塘的片区差异**，这些空间差异的出现是因为受自然地形地貌、水网体系营建以及农业结构变化的影响。以贯穿南北的骨干纵溇为边界，形成了若干个相对独立的溇港人居单元；**三是具有最小的空间模块"圩空间"，其由河、村、田、地、塘五大空间要素构成**，按照同心圆规律进行空间组合，是溇港地区多样空间肌理特征的构建基础，需要注意的是"圩空间"也是溇港圩田地区的生产组织基本单元，其与聚落空间或者行政概念的村之间存在显著差异。

关于溇港水系的形态特征，本章首先讨论了水域的空间占比关系，合理的水域比例关系关系到整个溇港圩田生态功能的正常运转，不同空间层次的水域空间占比也是反映片区差异的重要指标。通过数据分析，得到**溇港圩田地区的水土比例为地八水二**，与历史上相关记载基本吻合。对于水道形态，本文研究提出，在溇港地区的线性水体中，**横塘具有贯穿东西、串联湖荡、河宽曲长的形态特点**，在自然基础上进行了一定人工化的处理；**纵溇具有纵横南北、流短网密、水浅坡缓、河窄流直、入口东折的形态特点**，人工化特征相对明显；**泾浜水道则呈现出形态自由、自然曲折、流短河窄的特征**，相对于横塘、纵溇，保持了最为完整的自然形态。

关于稻田桑地的形态，本章从圩田大小、稻田和桑地比例关系、一个家庭的基本供养能力、农作半径角度进行了讨论。研究得出，**溇港地区圩田规模处于200～300亩的范围**，证实了历史上关于溇港地区圩田单个规模小、数量多的记载；**溇港地区的稻田和桑地关系为3：1～6：1的比例**；溇港地区一户的传统种养的农田规模在民国时期为10亩左右，与历史上江南地区小农经济的供养能力保持一致，新中国成立后，随着人口规模的增加，户均供养能力降到了6亩左右；通过成本距离分析，利用费用距离模型的方法，得到**农业耕种半径距离在800米以内，10分钟以内可以到达农田**。

对于聚落空间形态，本章首先提出其选址原则不是通常对于江南水乡印象的逐水而居的理念，**其第一原则是满足安全性的需要，选址在圩岸的宽阔之处**，兼顾了生产农作和交通运输的需求。以此为基础，就比较容易分析和理解溇港圩田地区聚落的形态特征及其形成机制，本章提出溇港地区聚落形态有6种典型空间模式，其中最为基本的是单边带状，其他空间模式都是在圩岸用地条件以及溇港泾浜水道形态共同作用下的衍生和变形；对于聚落空间的规模密度，研究得到**溇港地区村庄规模在1hm²左右，空间密度在每平方公里5个左右，聚落空间人口密度在140人/hm²左右**；对于公共特征，研究提出宗教建筑和临水空间在溇港地区公共空间组织中发挥着支配性作用。

对于美学意象，研究提出溇港地区具有规模宏大、呈现分形美学的特征，具有鲜明的大地景观特征；溇港地区是毗邻太湖的乡村地带，大规模的农业植物和点缀其间的野生植物，共同构建了其乡村田园的风光；作为江南农业的代表性地区，富有地域特色的农作场景，赋予了溇港地区特殊的生活气息。本章对历史地名进行了全面统计分析，认为大量存在的与溇港圩田相关的地名，增加了溇港地域文化特色，体现了溇港地区人文与自然交融的景观意境。

第 5 章

生态环境效应分析

人类活动和下垫面的变化、建筑群的布局差异等，都会对局地气象环境产生不同程度的影响。相关研究表明城市大型绿地可显著降低地表温度，其内部温度较周围地区平均可降低1~2℃，绿地能够起到加大风速作用，促使其周边尤其是下风方向地区的温度降低，3km范围内都能够受到影响（佟华等，2005）。整个长三角地区温度增加明显，部分地区每10年增温率达0.69℃，大城市地面风速每10年减小了0.17m/s，自从20世纪80年代后城市地区降水约增加16%~20%（廖镜彪，2014）。溇港圩田景观是传统人类活动对下垫面改造的结果，随着溇港地区城市化进程的加快，圩田景观格局发生明显变化，分析其气象环境效益是挖掘该景观生态价值的重要内容。本章通过气象资料观测分析和气象数值模拟技术，对溇港圩田景观格局的气候效应进行研究。

5.1　技术路线与方法

5.1.1　研究内容

通过基于气象观测资料的统计分析及气象数值模拟，对溇港地区气候环境特征进行研究，分析溇港圩田文化景观的气候生态效应。其中，气象观测资料的统计分析，主要是利用景观所在地浙江省湖州市国家级气象观测站代表年份全年逐日气象观测数据，对气温、风速、降水、日照等气候生态要素进行统计计算，分析年、季节和各月气候生态特征，并开展人居环境气候舒适度评价和主要农作物的气象适宜性评价；气象数值模拟研究，则是选取典型溇港地区作为重点研究单元，利用其代表年份土地利用及高度数据处理输入相应的气象数值模式，并设定相应的气象初始场，对溇港圩田文化景观土地利用及高度布局产生的气象场进行模拟，研究景观格局下的气候环境空间分布特征。

5.1.2　技术路线

技术路线设计上（图5-1），首先利用气象观测站长时间序列的气候观测资料，对气温、风速、湿润程度、日照等基本气候特征进行分析，通过计算温湿指数和风效指数对人居环境气候舒适度进行评估，并通过对地区主要农作物水稻的早稻和晚稻生育期气象条件进行分析，评价地区农业气象适宜性；其次，利用遥感反演和GIS技术提取溇港圩田文化景观格局的下垫面属性和下垫面高度资料，输入特定的气象数值模式，设置合适的模式参数和模式试验方案，开展春、夏、秋、冬四个季节不同高度层气温和风场的数值模拟，得到不同高度的气象场分布；最终结合气候观测资料分析和气象数值模拟结果，对溇港圩田文化景观的气候生

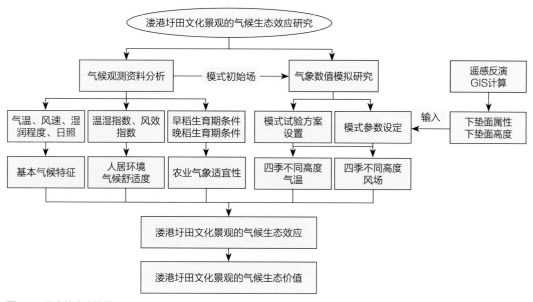

图5-1 研究技术路线图
（资料来源：作者自绘）

态效应进行评估，分析其生态气候价值。

研究所用基础数据包括气象站基本气象要素日值数据、气候标准月值数据，下垫面类型数据和高度数据四大类（表5-1）。其中，气象站基本气象要素日值数据主要用于气候生态效应观测事实分析，其他三类为气候生态效应数值模拟研究初始场和模式下垫面输入所用。

娄港地区气候生态效应研究所用基础数据　　表5-1

资料类型	资料说明	来源	用途
气象站基本气象要素日值数据	湖州国家级气象观测站1968年和2017年，全年本站气压、气温、降水量、相对湿度、风向风速、日照时数逐日观测数据	中国气象局"中国国家级地面气象站基本气象要素日值数据集（V3.0）"	气候生态效应观测事实分析
气象站气候标准月值数据	湖州国家级气象观测站1981—2010年间，气压、气温、风速风向、相对湿度气候标准月值数据	中国气象局"中国地面气候标准值数据集（1981—2010年）"	区域基本气候特征分析、气候生态效应数值模拟研究气象模式初始场输入
下垫面类型数据	娄港地区1968年和2017年下垫面类型数据，包括混凝土、水体、农田和林地四大类型，水平空间分辨率10m	由娄港地区1968年和2017年土地利用类型提取	输入气象模式进行气候生态效应数值模拟研究
下垫面高度数据	娄港地区1968年和2017年下垫面高度数据，水平空间分辨率10m	由娄港地区1968年和2017年土地利用类型提取	输入气象模式进行气候生态效应数值模拟研究

（资料来源：作者自绘）

5.1.3 典型单元选取

本文选取典型圩田单元开展生态效应模拟研究（图5-2）。

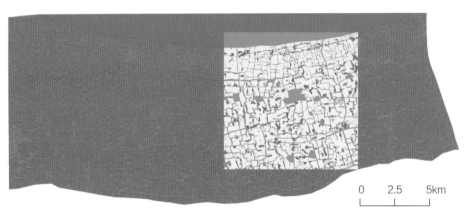

图5-2 典型单元在娄港地区区位示意
（资料来源：作者自绘）

5.2 娄港地区整体气候生态效应观测分析

5.2.1 基本气候特征

1. 气温

1968年，娄港地区年平均气温为15.9℃，春、夏、秋、冬四季平均气温分别为14.7℃、26.3℃、17.8℃和4.8℃，夏季日平均气温未超过30℃，冬季日平均气温高于0℃，气温情况总体较为适宜（图5-3）。

1968年，娄港地区年平均日最高气温为20.3℃，春、夏、秋、冬四季平均日最高气温分别为19.4℃、30.4℃、22.7℃和8.7℃，夏季平均日最高气温未达到35℃高温[①]（图5-4）。分月看，1968年娄港地区各月平均气温均在2.0℃以上，表现出明显的夏高冬低特征，6~7月平均气温均在20.0℃以上，但气温最高的7月和8月平均气温未超过28.0℃（图5-5）。1968年各月平均日最高气温均在5.0℃以上，气温最高的7月和8月平均气温达到30.0℃以上，但未达到35.0℃高温天气（图5-6）。

综合分析可知，娄港地区1968年年平均气温为15.9℃，冬季月平均气温在0.0℃以上，夏季日最高气温未超过35.0℃的高温标准。圩田景观区域气温总体较为适宜。

---

① 中国气象学上日最高气温达到35.0℃以上即高温天气。

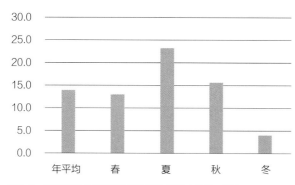

图5-3　溇港地区1968年年均及季均气温（单位：℃）
（资料来源：作者自绘）

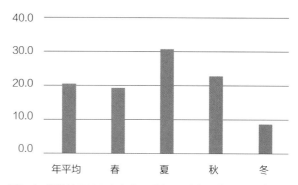

图5-4　溇港地区1968年年度及季均日最高气温（单位：℃）
（资料来源：作者自绘）

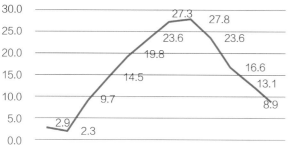

1月 2月 3月 4月 5月 6月 7月 8月 9月 10月 11月 12月

图5-5　溇港地区1968年月均气温（单位：℃）
（资料来源：作者自绘）

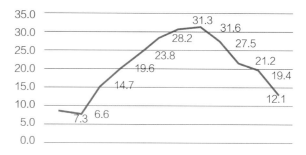

1月 2月 3月 4月 5月 6月 7月 8月 9月 10月 11月 12月

图5-6　溇港地区1968年月均日最高气温（单位：℃）
（资料来源：作者自绘）

2. 风速

风速大小影响着大气污染物的水平扩散传输，风速越大，污染物扩散速度越快，相关研究表明，风速在2.5m/s以下不利于污染扩散。1968年，溇港地区全年平均风速为3.0m/s，春夏秋冬四季平均风速分别为3.5m/s、2.8m/s、2.5m/s和3.2m/s，不低于2.5m/s（图5-7）。1968年各月均风速较大，特别是冬季、初春和初夏（1~6月），各月平均风速也均大于或接近2.5m/s，利于局地通风，有利于提高秋冬空气质量和缓解夏季高温（图5-8）。

3. 湿润程度

1968年溇港地区年降水量为1001.8mm，春季降水全年最多为401.9mm。相对湿度统计结果表明，1968年溇港地区相对湿度全年和各季节均达到75%以上，较为湿润（图5-9~图5-12）。

4. 日照

1968年溇港地区年均日照时数为6.3h，夏季日照时数最长为8.3h，冬季最短为4.2h，春秋两季日照时数分别为6.0h和6.6h（图5-13）。从月平均日照时数图上可以看出，1968年大部分月份日照时数超过或接近6h，若简单按白昼时长12h估算（图5-14），大部分月份日照时数占白昼时间一半，日照时数相对较长，且全年各月日照时数较为平稳。

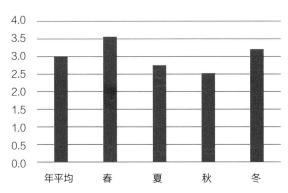

图5-7　溇港地区1968年年均和季均风速（单位：m/s）
（资料来源：作者自绘）

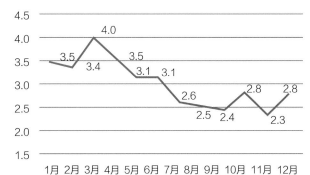

图5-8　溇港地区1968年月均风速观测结果（单位：m/s）
（资料来源：作者自绘）

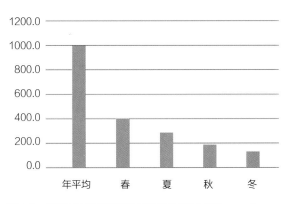

图5-9　溇港地区1968年年均和季均降水量（单位：mm）
（资料来源：作者自绘）

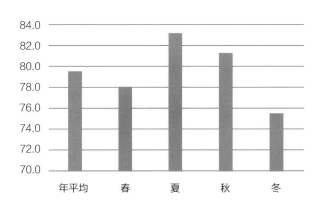

图5-10　溇港地区1968年年均和季均相对湿度（单位：%）
（资料来源：作者自绘）

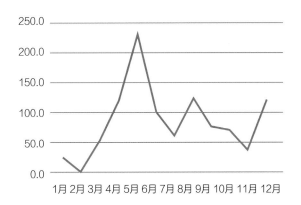

图5-11　溇港地区1968年月均降水量（单位：mm）
（资料来源：作者自绘）

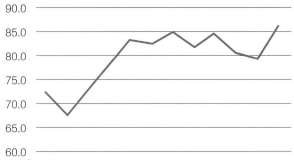

图5-12　溇港地区1968年月均相对湿度（单位：%）
（资料来源：作者自绘）

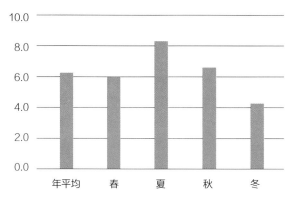

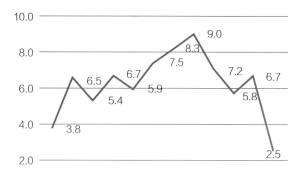

图5-13 溇港地区1968年年均和季均日照时数（单位：h）
（资料来源：作者自绘）

图5-14 溇港地区1968年月均日照时数量（单位：h）
（资料来源：作者自绘）

5.2.2 人居环境气候舒适度评价

1. 评价方法

参照GB/T 27963—2011人居环境气候舒适度评价（表5-2），利用湖州国家级气象观测站1968年气温、相对湿度、风速、日照时数逐日观测数据，计算逐日温湿指数和风效指数，并划分人居环境气候舒适度评价等级，进而分析全年、分季节和各月的气候舒适状况（见附录D 溇港地区1968年气候舒适度逐日评价结果）。

人居环境舒适度等级划分   表5-2

等级	感觉程度	温湿指数	风效指数	健康人群感觉的描述
1	寒冷	<14.0	<-400	感觉很冷，不舒服
2	冷	14.0 ~ 16.9	-400 ~ -300	偏冷，较不舒服
3	舒适	17.0 ~ 25.4	-299 ~ -100	感觉舒适
4	热	25.5 ~ 27.5	-99 ~ -10	有热感，较不舒服
5	闷热	>27.5	>-10	闷热难受，不舒服

（资料来源：中华人民共和国国家质量监督检验检疫总局，中国国家标准化管理委员会. GB/T 27963—2011人居环境气候舒适度评价 [S]. 北京：中国标准出版社，2011.）

其中，温湿指数和风效指数评价指标的计算方法如下。

温湿指数I计算公式为$I=T-0.55\times(1-RH)\times(T-14.4)$。式中：$I$——温湿指数，保留1位小数；$T$——某一评价时段平均温度，单位为摄氏度；$RH$——某一评价时段平均空气相对湿，单位为%。

风效指数K计算公式为$K=-(10\sqrt{v}+10.45-V)(33-T)+8.55S$。式中：$K$——风效指数，取整数；$T$——某一评价时段平均温度，单位为℃；$V$——某一评价时段平均风速，单位为m/s；$S$——某一评价时段平均日照时数，单位为h/d。

2. 总体特征

舒适度评价结果表明（表5-3），1968年溇港地区全年人体感觉舒适的时段占比为28.4%，约占全年1/3，感觉偏冷的时候占比达到56%，其中寒冷和冷的时间占比分别为40.7%和15.3%，15.5%的时间会有热感，4.6%的时间感觉闷热。

溇港地区1968年气候舒适度评价等级统计 表5-3

等级	感觉程度	1968年	占比（%）
1	寒冷	149	40.7
2	冷	56	15.3
3	舒适	104	28.4
4	热	40	10.9
5	闷热	17	4.6

（资料来源：作者自绘）

3. 季节特征

分季节看，1968年溇港地区夏季和秋季舒适度等级为3级，人体感觉舒适，秋冬两季节的舒适度评价结果为2级，人体总体感觉冷，全年未出现感觉炎热的季节（图5-15、图5-16）。

4. 月特征

1968年溇港地区全年各月舒适度等级评价结果分布差异明显，全年不同月份人体对气候环境舒适程度的感觉不一。其中，5月、6月、9月舒适度评价等级为3级，感觉舒适，4月和10月舒适度等级为2级，人体感觉冷，冬季12月、1月和2月，初春3月和深秋11月，这5个冬半年的月份舒适度等级为1级，感觉寒冷，而夏季7月和8月舒适度等级为4级，感觉热。

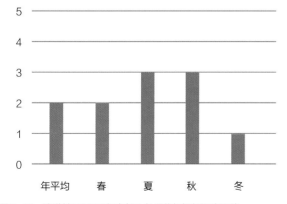

图5-15　溇港地区1968年全年及各季节气候舒适度评价
（资料来源：作者自绘）

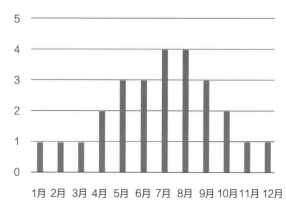

图5-16　溇港地区1968年各月气候舒适度评价等级
（资料来源：作者自绘）

5.2.3　农业气象适宜性评价

娄港地区所在的湖州地区属于江南双季稻种植区，全年分早稻和晚稻开展水稻种植活动。水稻的生育期分为播种育秧期、移栽返青期、分蘖期、孕穗抽穗期、熟乳期、成熟期6个主要阶段。早稻和晚稻的6个生育期阶段各对应于全年中某段时间，统计计算1968年间水稻各生育期对应时段内的气温、日照、降水等气象条件，和江南地区早、晚稻种植的有利气象条件对比，以水稻种植为代表，分析娄港圩田地区农业气象的适宜性。

1. 早稻种植

江南地区早稻种植时间为3月下旬至7月下旬，统计各生育期阶段内的气象条件同其有利气象条件进行对比。由表可知（表5-4），1968年3月下旬至4月中旬期间，日平均气温为12.3℃，且平均日照时数为4.8h，总体可认为是晴到多云，有利于早稻的播种育秧；4月下旬至5月上旬，平均气温为16.4℃，达到15℃以上的移栽返青期的有利气温条件，且降水为141.0mm，日照时数为6.4h，符合适当的阴天、雨天、弱日照的有利天气条件；5月中旬至下旬，日平均气温为21℃，未达分蘖期25～30℃的有利气温范围，但日照时数达到7.2h，光照条件符合光照充足的有利气象条件；6月上旬至下旬，日平均气温为21.0℃，接近25～30℃的有利气温范围，且风速为3.1m/s，日照时数为7.5h，满足晴暖微风、光照充足的有利气象条件；7月上旬的熟乳期，平均气温为23.7℃，平均日照时数为7.1h，均达到了熟乳期的有利气象条件要求；而7月中旬至下旬的早稻成熟期，需要晴好天气，1968年，该期间娄港圩田地区降水量仅为3.6mm，日照则长达11.1h，天气晴好。综合分析可知，1968年总体气候条件对于早稻的生长较为适宜。

娄港地区1968年早稻种植气象条件统计　　　　　　　　　表5-4

早稻物候历	早稻物候	有利气象条件[①]	平均气温（℃）	平均风速（m/s）	平均相对湿度（%）	降水量（mm）	日照时数（h）	平均日照时数占白天比（%）
下/3～中/4	播种育秧期	（1）日平均气温升至8℃以上时，薄膜秧播种；12℃以上露地秧播种；（2）晴到多云天气	12.3	3.7	77.9	82.5	4.8	39.71
下/4～上/5	移栽返青期	（1）日平均气温在15℃以上，最适温度20～25℃；（2）适当的阴天、雨天、弱日照	16.4	3.0	79.0	141.0	6.4	53.71
中/5～下/5	分蘖期	（1）日平均气温25～30℃；（2）光照充足	21.0	3.3	82.7	99.8	7.2	60.08
上/6～下/6	孕穗抽穗期	（1）日平均气温25～30℃；（2）空气相对湿度70%～80%；（3）晴暖微风，光照充足	24.4	3.1	82.4	96.5	7.5	62.50
上/7	熟乳期	（1）日平均气温21～25℃；（2）光照充足	23.7	3.1	83.0	96.5	7.1	59.53
中/7～下/7	成熟期	晴好天气	28.6	2.8	81.8	3.6	11.1	92.34

（资料来源：作者自绘）

---

① 标准出处：毛留喜，魏丽.大宗作物气象服务手册[M]. 北京：气象出版社，2015.

2. 晚稻种植

江南地区晚稻种植时间为6月中旬至10月下旬，统计各生育期阶段内的气象条件同其有利气象条件进行对比。由表5-5可知，1968年6月中旬至7月上旬期间，日平均气温为23.9℃，且平均日照时数为4.8小时，总体接近平均气温25～30℃、适当的低气温弱日照，有利于晚稻的播种育秧；7月中旬至下旬，平均气温为28.6℃，达到日平均气温25～30℃的移栽返青期的有利气温条件；8月上旬至中旬，日平均气温为28℃，达分蘖期24～30℃的有利气温范围，日照时数达到9.0h，光照条件符合光照充足的有利气象条件；8月下旬至9月下旬，日平均气温为24.7℃，接近25～30℃的有利气温范围，且风速为2.4m/s，日照时数为7.7h，满足晴暖微风、光照充足的有利气象条件；10月上旬至中旬的晚稻熟乳期，平均气温为18.0℃，达到了熟乳期的有利气温条件；而10月下旬的晚稻成熟期，需要晴好天气，1968年，该期间溇港地区降水量仅为0.0mm，日照长达9.8h，天气晴好。综合分析可知，1968年总体气候条件对于晚稻的生长也较为适宜。

溇港地区1968年晚稻种植气象条件统计分析　　　　　　　　　　表5-5

晚稻物候历	晚稻物候	有利气象条件[①]	平均气温（℃）	平均风速（m/s）	平均相对湿度（%）	降水量（mm）	日照时数（h）	平均日照时数占白天比（%）
中/6～上/7	播种育秧期	（1）日平均气温25～30℃；（2）适当的低气温弱日照	23.9	2.9	87.4	141.2	4.8	40.14
中/7～下/7	移栽返青期	（1）日平均气温25～30℃；（2）适当的低气温，弱日照	28.6	2.8	81.8	3.6	11.1	92.34
上/8～中/8	分蘖期	（1）日平均气温24～30℃；（2）光照充足	28.0	2.6	81.9	117.3	9.0	74.92
下/8～下/9	孕穗抽穗期	（1）日平均气温25～30℃；（2）空气相对湿度70%～80%；（3）晴暖微风，光照充足	24.7	2.4	83.6	78.0	7.7	64.33
上10/～中/10	熟乳期	（1）日平均气温18℃以上，适宜21～25℃；（2）光照充足	18.0	2.6	85.2	69.2	3.6	29.88
下/10	成熟期	晴好天气	14.0	3.1	71.5	0.0	9.8	81.67

（资料来源：作者自绘）

---

① 标准出处：毛留喜，魏丽.大宗作物气象服务手册[M]. 北京：气象出版社，2015.

5.2.4　观测分析小结

1. 基本气候条件良好

综合分析可知，1968年溇港地区基本气候条件良好，年平均气温为15.9℃，冬季月平均气温在0.0℃以上，夏季日最高气温未超过35.0℃的高温标准，气温情况总体较为适宜；全年平均风速为3.0m/s，春、夏、秋、冬平均风速分别为3.5m/s、2.8m/s、2.5m/s和3.2m/s，均处于2.5m/s以上，利于局地通风、大气污染扩散和缓解夏季高温；全年和各季节相对湿度均达到75%以上，较为湿润；大部分月份日照时数超过或接近6小时，占白昼时间一半，日照时数相对较长，且全年各月日照时数较为平稳。

2. 人居环境较为舒适

舒适度评价结果表明，1968年溇港地区全年人体感觉舒适的时段占比为28.4%，约占全年1/3，仅有4.6%时间感觉闷热，但感觉寒冷和冷的时间占比分别为40.7%和15.3%。四季中有两个季节（夏、秋）人体感觉舒适，另外两个季节（冬、春）人体总体感觉冷，全年未出现感觉炎热的季节，但全年不同月份人体对气候环境舒适程度的感觉不一。

3. 气候条件适宜水稻种植

1968年溇港地区在播种育秧期、移栽返青期、分蘖期、孕穗抽穗期、熟乳期、成熟期6个主要阶段内的气象条件，均符合江南早稻和晚稻生育期的有利气象条件，适宜开展早稻和晚稻的种植。

5.3　典型单元片区的气候生态效应数值模拟

5.3.1　气象数值模式

1. 模式简介

采用小区尺度数值模式，对典型单元片区1968年土地利用情景下的气候环境进行模拟，研究溇港圩田景观及其改变后的气候生态效应。小区尺度数值模式采用非静力处理，控制方程组由7个方程组成[①]，采用k-ε闭合方案，即在上述方程中加入湍能和耗散率传输方程。该模式将典型地区气候、土地利用类型和高程进行分开输入处理，一方面可实现将区域内绿地、水体、混凝土等用地类型的参数化输入，另一方面能专门对区域内高度进行专门处理，网格化输入，相对真实地将用地类型和高度信息输入开展模拟，保证了研究小范围尺度景观格局气候效应的科学性。模式针对下垫面属性分为水体、林地、绿地和混凝土等，分别设置对应的气象环境影响参数。该模式对不同下垫面情景下的温度变化具有较好的模拟能力

---

① 包括连续方程、动量方程、状态方程、热力学方程和浓度方程等。

（苗世光，2002）。

2. 模式设置

结合典型单元片区尺度，对开展模拟试验的小区尺度数值模式进行设置。其中，水平方向网格分辨率为10m，东西、南北方向网格数分别为300和319个网格，即3.0km和3.19km，覆盖重点研究单元。模式垂直方向分为25层，分别为0m、1.5m、2m、4m、5m、8m、10m、15m、20m、25m、30m、35m、40m、45m、50m、60m、70m、80m、90m、100m、150m、200m、300m、400m、900m，主要考虑研究近地面气象场，越靠近地面分层越密集。

3. 试验方案设置

具体模拟试验设置如下：将1968年典型单元片区内的下垫面属性资料以及下垫面高度资料进行网格化处理，处理成水平分辨率10m的网格化资料，与小区尺度模式水平网格分辨率一致。将网格化的下垫面属性资料和高度资料，利用程序转化为小区尺度模式输入所需的二进制格式，输入模式。

为分析典型单元片区下垫面的气候效应以及圩田景观变迁后的下垫面气候环境变化，排除不同下垫面情景年份的气候条件造成的不确定影响，采取不同下垫面情景设置相同气象初始场的方式设置小区尺度模式模拟试验方案。气象初始场的设置，考虑具有气候尺度的长时间代表性原则，并非选取某一年的气候要素作为输入要素，而是利用可代表地区气候平均态特征的长时间序列气候要素为输入要素，排除初始气象条件差异对下垫面气候效应及变迁效应模拟的影响。采用中国气象局"中国地面气候标准值数据集（1981~2010年）"中国家级气象观测站湖州站气候标准值数据，作为1968年情景下的小区尺度模式模拟输入初始场，代表该地区气候平均态特征的初始场，包括气压、气温、风速、风向、相对湿度气候标准值（表5-6）。

小区尺度模式下输入气象初始场设置　　　　表5-6

时段	累年月平均气压（hPa）	累年月平均气温（℃）	累年月平均相对湿度（%）	累年主导风向	累年主导风向频率（%）	累年主导风向风速（m/s）
春	1014.9	15.4	75.3	ESE	16.3	3.0
夏	1005.0	27.0	80.7	ESE	15.7	2.9
秋	1018.1	17.9	80.0	WNW	11.0	3.3
冬	1025.5	5.1	77.0	WNW	13.7	3.8

（资料来源：作者自绘）

5.3.2 气温模拟结果

1. 春季气温

某一高度层气象要素模拟结果分布图上的白色区域，为高度高于该高度层的下垫面地物。春季气温模拟结果表明，典型单元片区春季近地面2m高度层气温分布较为均匀，大部分地区气温低于输入的春季长时间序列气候平均态气温的15.4℃，农田地区气温为13.5～14.0℃，而水体气温较低，集中在13.0～13.5℃，较农田低约0.5℃。不同高度层气温差异明显，村镇建筑高度为8m，其采用的混凝土开始对10m高度层气温产生影响，表现为大面积的建筑上方及周边气温为15～15.5℃，明显高于农田和水体，越靠近建筑物周边的气温越高，热岛强度（城镇与郊区农田地区温差）约为1.5℃，农田和水体气温接近，均为13.5～14.0℃，较村镇区域气温低1.5℃。水体和农田较村镇用地气温较低的效应至20m高度层仍存在，到50m高度层后开始减弱（图5-17）。

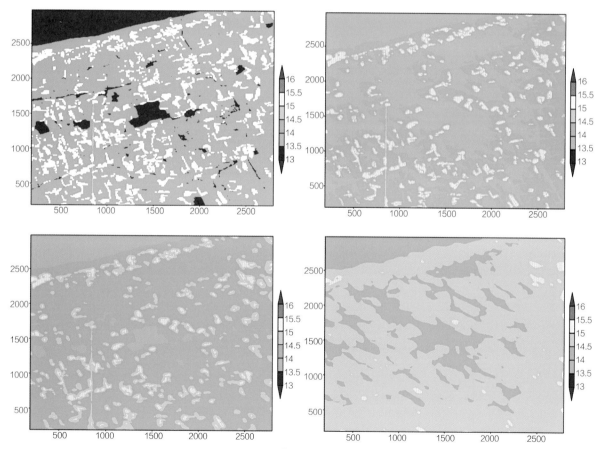

图5-17　典型单元1968年春季情景下不同高度层气温模拟结果[①]（单位：℃）

（资料来源：作者自绘）

---

① 左上图：2m高度，右上图：10m高度，左下图：20m高度，右下图：50m高度。

2. 夏季气温

夏季典型单元片区近地面2m高度层气温分布也较为均匀，大部分地区气温低于输入的夏季长时间序列气候平均态气温的27.0℃，农田地区气温为25.0～25.5℃，水体气温较低，集中在24.5～25.0℃，较农田低约0.5℃。10m高度层气温受村镇建筑影响，大面积的建筑上方及周边气温为26.5～27.0℃，明显高于农田的25.0～25.5℃和水体的24.5～25.0℃，热岛强度约为1.5℃，但热岛区域较为分散，呈现零星分布。水体和农田较村镇用地气温较低的效应至20m高度层仍存在，到50m高度层后开始减弱（图5-18）。

3. 秋季气温

秋季典型单元片区近地面2m高度层气温分布极为均匀，大部分地区气温为

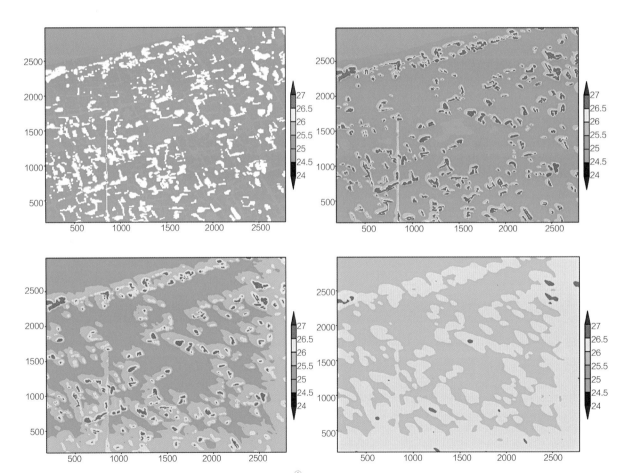

图5-18　典型单元1968年夏季情景下不同高度层气温模拟结果[①]（单位：℃）
（资料来源：作者自绘）

---

① 左上图：2m高度，右上图：10m高度，左下图：20m高度，右下图：50m高度。

16~16.5℃，农田和水体地区气温接近。10m高度层气温受村镇建筑影响，大面积的建筑上方及周边气温为17.0~18.0℃，明显高于农田和水体的16.0~16.5℃，热岛强度为1.0~1.5℃，热岛区域较为分散，呈现零星分布。水体和农田较村镇用地气温较低的效应至20m高度层仍存在，特别是水体上方气温最低，到50m高度层后开始减弱（图5-19）。

4. 冬季气温

典型单元片区冬季近地面2m高度层气温分布也十分均匀，且不同地区气温差异较小，绝大部分地区气温为3.5~4.0℃，在0.0℃以上。10m高度层气温受村镇建筑影响，大面积的建筑上方及周边气温为4.5~5.0℃，明显高于农田和水体的3.5~4.0℃，热岛强度约为1.0℃，热岛区域较为分散，呈现零星分布。水体和农田较村镇用地气温较低的效应至20m高度层仍存在，特别是水体上方气温最低，到50m高度层后开始减弱（图5-20）。

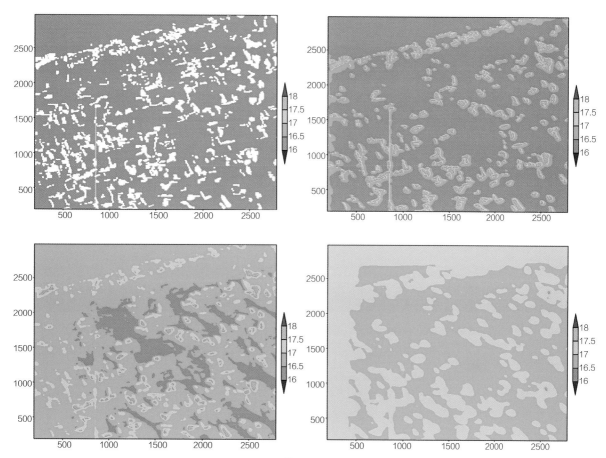

图5-19　典型单元1968年秋季情景下不同高度层气温模拟结果[①]（单位：℃）
（资料来源：作者自绘）

_____

① 左上图：2m高度，右上图：10m高度，左下图：20m高度，右下图：50m高度。

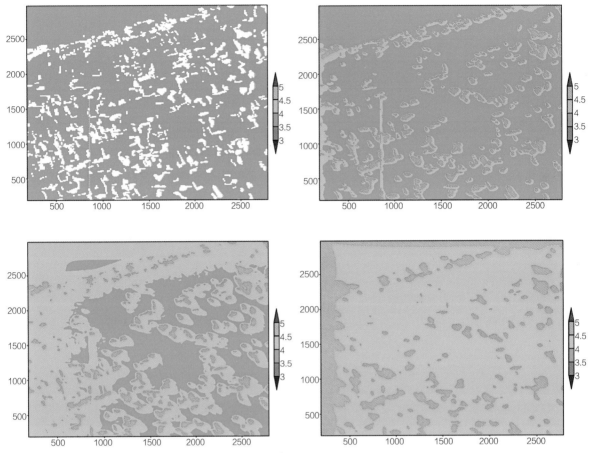

图5-20　典型单元1968年冬季情景下不同高度层气温模拟结果[1]（单位：℃）
（资料来源：作者自绘）

5. 模拟结论

对1968年情景下四季不同高度层气温模拟结果分析综合表明，典型单元片区四季近地面2m高度层气温分布均较为均匀，村镇建筑采用的混凝土对10m高度层气温产生影响，表现出一定的热岛效应，热岛强度（城镇与郊区农田地区温差）为1.0～1.5℃，春夏热岛较强，秋冬较弱，但热岛空间上呈现零星分布，未出现连片发展，局地热环境总体良好。水体和农田较村镇用地气温较低的效应至20m高度层仍存在，到50m高度层后开始减弱。

---

① 左上图：2m高度，右上图：10m高度，左下图：20m高度，右下图：50m高度。

5.3.3 风场模拟结果

1. 春季风场

对典型单元片区1968年情景下春季风场模拟结果表明，虽然近地面风速不大但分布较为均匀，风向受地面建筑影响出现一定的扰乱，但总体仍为东南风向，太湖湖面和水面风速最大，农田地区风速普遍大于村镇地区0.5m/s，表现在模拟结果图上为风向箭头较长。随着高度增加，模拟单元区域内平均风速也有所增大，风场的一致性更为明显，特别是到了50m高度层风场较为平直（图5-21）。

2. 夏季风场

1968年情景下典型单元片区夏季风场表现为和春季相似的空间分布特征，站点观测到的

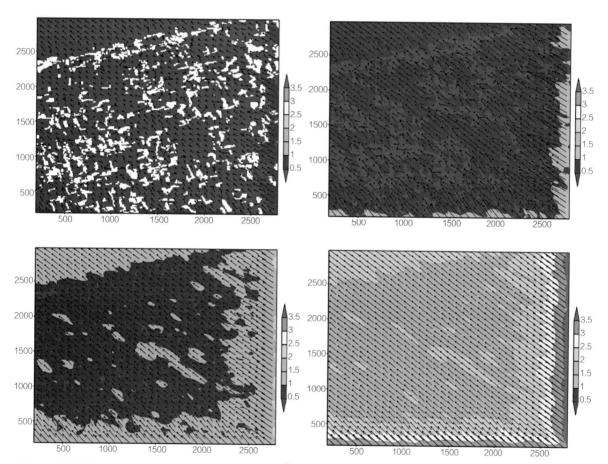

图5-21　典型单元1968年春季情景下不同高度层风场模拟结果[1]（单位：m/s）
（资料来源：作者自绘）

---

[1] 左上图：2m高度，右上图：10m高度，左下图：20m高度，右下图：50m高度。

该地区夏季和春季累年主导风向和其对应风速大小也相近，虽然近地面风速不大但分布较为均匀，地面建筑对风场出现阻挡效应，但总体为东南风，水面风速最大，农田地区风速普遍大于村镇地区0.5m/s。随着高度增加，模拟单元区域内平均风速也有所增大，风场的一致性更为明显，特别是到了50m高度层风场较为平直（图5-22）。

3. 秋季风场

秋季风场模拟结果和春夏表现出一定的差异，风向以西北风为主，风速不大但分布较为均匀，风向受地面建筑影响出现一定的扰乱，太湖湖面和水面风速最大，农田地区风速普遍大于村镇地区0.5m/s，表现在模拟结果图上为风向箭头较

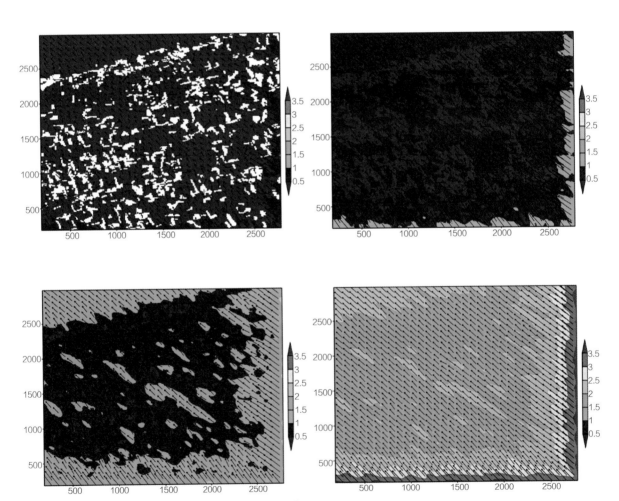

图5-22　典型单元1968年夏季情景下不同高度层风场模拟结果[①]（单位：m/s）

（资料来源：作者自绘）

---

① 左上图：2m高度，右上图：10m高度，左下图：20m高度，右下图：50m高度。

长。随着高度增加，模拟单元区域内平均风速也有所增大，风场的一致性更为明显，特别是到了50m高度层风场较为平直（图5-23）。

4. 冬季风场

1968年情景下冬季风场表现为和秋季相似的空间分布特征，站点观测到的该地区冬季和秋季累年主导风向和其对应风速大小也相近，虽然近地面风速不大但分布较为均匀，地面建筑对风场出现阻挡效应，但总体为西北风，水面风速最大，农田地区风速普遍大于村镇地区0.5m/s。随着高度增加，模拟单元区域内20m高度层平均风速有所增大，风场的一致性更为明显，特别是到了50m高度层风场较为平直（图5-24）。

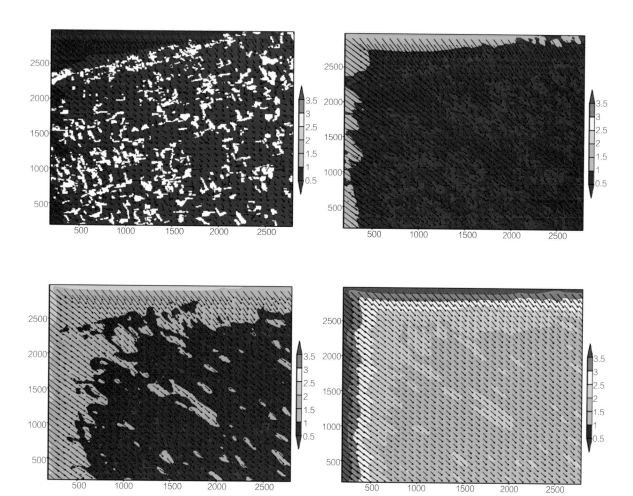

图5-23 典型单元1968年秋季情景下不同高度层风场模拟结果[①]（单位：m/s）
（资料来源：作者自绘）

[①] 左上图：2m高度，右上图：10m高度，左下图：20m高度，右下图：50m高度。

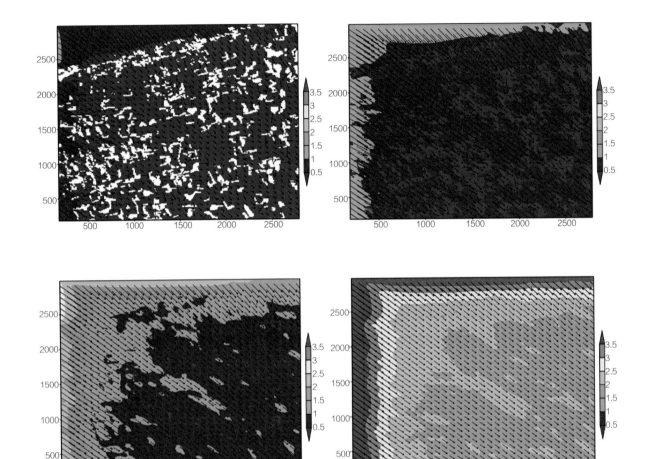

图5-24　典型单元1968年冬季情景下不同高度层风场模拟结果[①]（单位：m/s）

（资料来源：作者自绘）

5.3.4 模拟结论

1. 气温分布均匀，热岛效应较弱

对典型单元片区1968年情景下的四个季节地面不同高度气温模拟研究表明，该地区近地面气温分布较为均匀，但热岛强度（城镇与郊区农田地区温差）为1.0～1.5℃，夏季热岛更为严重，但地区热岛效应仍较弱，分布也十分零散，未出现大面积热岛。

2. 风速分布均匀，风向一致性较好

对典型单元片区1968年情景下的四个季节地面不同高度风速模拟研究表明，

---

① 左上图：2m高度，右上图：10m高度，左下图：20m高度，右下图：50m高度。

春季和夏季风场特征相近，冬季和秋季风场特征相近，与站点观测到的该地区累年风场特征一致。该地区10m高度层风速分布较为均匀，风向一致性较好，利于局地空气流通和大气污染物扩散，20m高度层平均风速有所增大，风场的一致性更为明显，特别是到了50m高度层风场较为平直，流动性较好。

3. 下垫面性质对气候条件具有影响

数值模拟研究表明，典型单元片区内的村镇建设用地对近地面气温产生影响，其上方及周边气温明显高于农田和水体，且越靠近建筑物周边的气温越高，地面建筑对风场也出现阻挡效应。水体和农田较村镇用地气温较低，至20m高度层仍存在该效应，到50m高度层后开始减弱。

5.4 小结

本章选取1968年作为代表性年份，基于气象观测资料的统计计算及气象数值模拟研究，分析了溇港圩田文化景观的气候生态效应。结果表明，**传统溇港圩田文化景观在对局地气候环境调节、主要农作物种植和人体舒适性等方面，均有良好的气候生态价值**，主要表现为：

一是区域内基本气候条件良好。冬季月平均气温在0.0℃以上，夏季日最高气温未超过35.0℃的高温标准；全年平均风速达到3.0m/s，四季平均风速也均处于有利于大气污染扩散的2.5m/s以上；全年和各季节相对湿度均达到75%以上，较为湿润；大部分月份日照时数占白昼时间一半，且较为平稳。

二是人居环境较为舒适。全年人体感觉舒适的时段约占1/3，仅有4.6%时间感觉闷热，但感觉偏冷的时候较多。四季中夏、秋两季人体感觉舒适，冬、春两季人体感觉冷，全年未出现总体感觉炎热的季节。

三是气候条件适宜水稻种植。1968年溇港地区在水稻的6个主要生育期内的气象条件，均符合江南早稻和晚稻生育期的有利气象条件，适宜开展早稻和晚稻种植活动。

四是气温和风速分布均匀，热岛效应较弱，风向一致性较好。近地面气温和风速分布均匀，热岛强度较弱，为1.0～1.5℃，分布也十分零散，未出现大面积热岛，风向一致性较好，利于局地空气流通和大气污染物扩散。

五是存在大量对局地气候有益的农田与水体。传统溇港圩田文化景观有大面积的农田和水体，这些地物夏季气温较低，有利于缓解热岛效应，而其上方和周边风速也更大，有利于提升地区的整体通风性。

第 6 章

生成演化与驱动因子

6.1 演化过程：孕育、草创、稳定、分化

对于溇港圩田的研究屈指可数，关于其演化过程的研究几乎处于空白，唯一一篇涉及溇港圩田发展过程分析的文献是《湖州入湖溇港和塘浦（溇港）圩田系统的研究》，但是文中将溇港圩田混在太湖塘浦圩田系统发展历程中进行论述，只是提出溇港圩田在元明清时期进入到持续快速发展[①]，显然这种演进划分无法清晰解释作为独立对象和文化景观整体溇港圩田的形成发展过程和不同阶段特征。

对于演进阶段的划分要以溇港圩田文化景观整体作为对象，要从水利建设变化、农业生产变化、聚落营建变化、生态景观变化等维度进行综合考察（见附录E溇港圩田发展相关事件一览表），不能简单地以单个系统的发展特征作为阶段判别标准，应围绕溇港圩田系统的结构性变化和生态功能调整变化，对其过程进行阶段划分和特征识别。此外，应坚持两个基本态度，一是要有区域整体发展的宏观视野，应从太湖流域乃至江南地区的发展中分析和归纳溇港圩田文化景观发展的规律，一旦脱开其区域水利、农业聚落发展，很难把握溇港圩田的趋势脉络；二是要善于关注到溇港圩田与区域内其他圩田系统的内在差异性，辨析其在演进时间上的滞后性，以及生态效应上的特殊性，从细节中把握溇港圩田的独特特征。

6.1.1 孕育铺垫：史前文明至三国

新石器时代，溇港圩田地区已经有人类活动的痕迹，在研究范围及其周边地区分布有属于马家浜文化、崧泽文化和马桥文化的邱城文化遗址和钱山漾遗址。其中，钱山漾遗址出土了大量珍贵文物，有几件值得特别关注，一是石犁和破土器，这两件器具比之前的石耜更为先进，标志着农业生产从耜耕文化走向犁耕文化，耕作技术实现了重大跨越；二是粳稻，游昌林教授指出，由于粳稻是从籼稻发展而来，粳稻的出现证实了南太湖地区水稻栽培的历史久远；三是木千篰，其被认为是溇港地区罱河泥工具"千篰"的原型[②]；四是丝织，包括绢片、丝带和丝线，研究确定为长丝产品，表明钱山漾人已经掌握了家蚕养殖技能，并具有相当高超的丝绸织造技术[③]（周匡明，1980）。这些出土文物表明，在史前文明时期，溇港圩田文化景观得以形成发展的重要支撑——稻作技术、养蚕技艺和丝绸

[①]《湖州入湖溇港和塘浦（溇港）圩田系统的研究》一文分析了太湖流域塘浦（溇港）圩田系统的发展过程，提出其大致经历了6个阶段，即：春秋战国至唐前期为圩田萌生起步时期；唐中后期至五代为塘浦圩田快速发展时期；宋代以后为大圩古制解体及水利转型时期；元明清为溇港圩田、桑基圩田快速持续发展时期；新中国成立至20世纪90年代为圩区调整和联圩并圩时期；20世纪90年代中期至今为中小圩区和现代化圩区建设发展时期。

[②] 以独木刳制而成的器具，形态为长方形，口与地下平齐，近口部有一段卷杀，类似过去农村地区在罱河泥的工具——"千篰"。

[③]《中国纺织科学技术史》指出钱山漾遗址下层中出土的丝织品有绢片、丝带和丝线，经过鉴定为家蚕的长丝产品，经纬向丝线至少由20个茧缫制而成，而没有加捻，技术水平十分高超。

工艺都已经有了坚实基础。同时，2004年溇港地区发现的"昆山大沟"遗址表明在沼泽湿地和软质淤泥基础上开沟挖渠技术的初步形成，标志着溇港圩田文化景观形成重大技术难题的突破。

春秋战国时期，太湖流域先后属于吴国、越国、楚国，太湖地区成为军事争夺的前沿重地，吴王阖闾沿着太湖南岸地区先后建成了"三城三圻"①。水陆城寨遥相呼应，尤其是胥塘、蠡塘的修建，极大地推动了西南太湖沿岸的建设。虽然在这一时期，有组织建设已经零星开展，但总体来看至少到秦汉时期，包括溇港在内的整个湖州境内都还是地广人稀、水草丰美、河湖漾荡、野生动物四处游荡的状态（钱克金，2013）²³，滨湖沼泽的溇港地区更是人烟稀少的自然之境。

秦代，陵水道的建设进一步推动了太湖南岸区域的整体开发。到了汉代，太湖地区已出现了从丘陵高地向滨水低地开发的趋势，溇港地区所在的乌程县先后在西部修荆塘、在西北筑皋塘，使溇港地区脱离点状跳跃式开发模式，这一时期修筑塘路和沿湖沼泽滩地的探索性围垦建设，为后来溇港地区的建设发展积累了丰富经验。从圩田发展角度看，从春秋末期对太湖流域浅沼洼地垦种开始，经过战国、秦汉之后，到汉朝末年，初级形式的围田已经在太湖呈现星火燎原之势，并推动了稻作的进一步发展（郑肇经，1987），成为圩田体系的滥觞②（黄锡之，1992）¹⁰²⁻¹⁰³。

三国时期，吴景帝在太湖西南修建青塘③，进一步推动了太湖西南部的发展。随着孙权时期屯田制度的推广④，以及其后北方旱田作物和农作方法的传入⑤，太湖南岸整体开发建设速度加快，但是溇港地区这一时期还处于以滩涂为主的状态，尚未进行大规模的建设活动。

总体看来，从史前文明到三国时期，作为人迹罕至的下下之地，太湖地区逐步被开垦建设，但是这一时期整个流域尚未得到全面开发，农业生产还是相对落后，国家农业和经济倚重之地还是在关中和中原地区。这一时期溇港地区还处于滨湖滩地的状态，以零星式开发建设为主。但是区域开发建设推动了地区整体基础设施水平的提升，并积累了低下沼泽之地开发建设、稻作和桑蚕养种的技术经验，为下一阶段溇港地区的整体开发建设奠定了重要基础。

---

① 《读史方舆纪要》卷19载："三城三圻在县东北旁，太湖为春秋时，吴王屯戍之地。"分别为吴城（今长兴夹浦镇）、斯圻连（今长兴香山）、彭城（今长兴新塘乡）、石圻连（今长兴弁山）、邱城（今吴兴白雀乡）和芦圻连。
② 关于圩田的起源时间，有两种观点，一是起源于春秋时期，持这种观点的主要有郑肇经、汪家伦、张芳等，另一种认为起源于唐代，主要代表性人物是姚汉源教授。姚汉源教授在《北宋江南圩田及浙西围田》一文中提出："圩田、塘浦的起源可以远溯至先秦，但急剧发展是从唐、五代开始，至两宋规模已形成。两宋至元明见于这类水利工程有圩田、湖田、塘浦、围田等不同名称。它们的实质大同小异，可是在发展中由于地区的差异及时代的不同也确有很大的区别。"
③ 永安年间（258—263年），吴景帝孙休发民3000人在乌程城北3里筑青塘，自迎禧门外至长城（今雉城镇），长数十里。
④ 从建安八年（203年）开始，孙权开始在治下全面推广屯田，分为民屯和军屯两种，范围一直从吴郡到夷陵，绵延几千公里，重点在太湖地区。
⑤ 孙吴以后，北方的旱田作物和旱作法逐渐传入，如粪田法，改农田休闲制为年年耕作，致力扩大粮食耕种面积，极大地改变了太湖地区的农业生产方式。

6.1.2 草创初成：晋至五代

东晋咸和年间（326—334年），扬州都督郗鉴开漕渎、官渎，接西苕溪之水通霅水；永和年间（345—356年），吴兴太守殷康组织开凿了长达125里（62.5km）的荻塘，形成了环南太湖湖岸，这条湖堤建成后，溇港圩田地区的水文环境开始发生了重大变化，季节性变化的湖滩之地进一步淤积，湖面逐步破碎为小水面，渐次成为不稳定河道，湖滩不断淤涨外伸，为后续溇港开挖和圩田形成提供了自然条件。这一时期，溇港地区还处于以自然滨湖生境为主的状态，即使在碛塘沿线也呈现芦荻丛生的野生环境。到了南齐时期，太守李安人又开一泾，泄水入湖，被认为是太湖南岸溇港开凿的肇始之作①（钱克金，2013）[48]，标志着溇港地区进入到有组织、整体性的开发阶段。随着湖滩不断淤涨外伸，滨湖的垦田也逐渐扩展，溇港也随着渐次加长加密，溇港地区的水网和农田格局开始逐步形成。

隋唐时期是太湖流域开发建设的关键时期，中央政府在这一地区继续实施屯田制度，并开凿江南运河、修建江浙海塘，尤其是兴筑环太湖吴江塘路，构建湖堤系统，南太湖平原建设方式进入到整体开发的高级阶段，太湖流域塘浦圩田体系开始形成雏形。由于吴江塘路的形成，太湖向东南方的泄水受到约束，促进太湖湖东和南岸溇港地区的淤淀（黄锡之，1992）[103]。唐中期以后人口增加，太湖南岸相继开挖了一批通湖小溇港，有"山水入湖，侵地成沟，湖滩造田，沿沟为溇"的说法，最晚到唐末，太湖南缘溇港系统的大致框架已经形成②，同时溇港地区北侧滨湖隆起带开始塑造形成（周晴，2010）[48]。这一时期，太湖流域的农业技术得到了长足进步，龙骨水车、江东犁开始广泛使用，水稻连作制和麦稻两熟制开始推广，延续千年的火耕水耨粗放耕种向精耕细作农业方式转变，生产效率有了较大的提升。到唐朝末年，湖州已经成为全国重要的农业区、粮食生产基地以及蚕丝的重要产区。溇港地区所在的乌程县，从唐初的"紧县"，到唐末升为"望县"③（沈慧，2005），充分证明了这一点。这一时期，溇港地区总体景观的自然化特征还比较明显，但是稻桑相间的景观意向在溇港地区已经开始显现。在唐代，溇港地区人居建设有了一定发展，唐光启年间（885—888年）建造了寂照寺、光化年间（898—900年）建造了本觉院，能够从侧面反映出这一时期溇港地区人居

---

① 关于溇港开始开凿的时间，有不同的说法，尚未形成定论。清代主持溇港疏浚的王凤生认为太湖南岸的溇港和堤岸形成于吴越时期，缪启愉先生认为应该在吴越之前的南北朝晋、宋时期时就已经出现。江苏省水利厅组织编写的《太湖水利稿》认为溇港在晋时已经存在。《湖州农业史》一书认为在晋朝修筑荻塘的同时，就开始开挖太湖溇港。

② 对于溇港圩田系统初步形成的时间，也有不同的观点。在《太湖水利技术史》中郑肇经教授提出太湖西南缘的溇港圩田系统真正形成规模的时间在中唐之后。《吴兴溇港文化史》提出五代吴越时期，逐步形成了横塘纵溇格局，溇港圩田初具雏形。

③ 唐代基本采用州县二级制，以州县据地的美、恶、远、近，险要轻重，土地广狭，人口疏密，将州分辅、雄、望、紧、上、中、下七级，县分赤、畿、望、紧、上、中、中下、下八等。

建设情况。

五代时期，太湖流域归吴越国管辖，由于吴越王钱镠高度重视水利农田建设，通过建设排灌体系、设置撩浅军、加强河网治理，在太湖流域全面建立了"五里七里一纵浦，七里十里一横塘"的塘浦圩田体系，总结出了筑堤、浚河、建闸的田水共治重要经验。根据《浙江通志》卷五五《水利四·湖州府》"旧传有72港，吴越钱氏时，沿湖有堤港，各有闸"的记载，可以推断最晚不过五代时期，南太湖地区（吴兴、长兴）沿湖溇港形态应基本形成。根据《嘉泰吴兴志》的相关记载，吴越钱氏时在溇港地区已经建设了诸如布经院（观音院）、宝林院、法忍院（兴善院）等一批公共建筑，表明至晚到这一时期，溇港地区已经具备了一定的人口规模。

总体来看，西晋到五代时期，是溇港圩田文化景观的草创时期。由于颐塘的建设直接推动了溇港地区水文环境的改变，为人工化的改造创造了条件。而唐代江浙海塘和吴江塘路的兴建，为太湖流域的低下之地开发建设提供了重要保障。随着唐中后期中原人口不断迁入到太湖地区，人力资源的补充和先进农作技术的引入极大地推动了农业生产，桑蚕业开始兴盛起来，溇港圩田文化景观的稻桑文化得以快速发展。到吴越时期，伴随太湖塘浦圩田系统的建立，溇港圩田地区水网格局初步形成，并在区域水网中开始发挥重要作用[①]。同时，主要农作物结构已经固定，地区人口大幅增加，一批公共建筑得以建成，溇港圩田文化景观初步形成。

6.1.3 稳定成熟：北宋到清初

宋元时期，溇港圩田文化景观的格局基本稳定下来，作为溇港北部边界的滨湖隆起带完全形成[②]。从北宋初年开始，太湖流域塘浦圩田大圩制度逐步隳坏解体[③]，规模宏大的塘浦圩田被分解成为以泾浜为边界的小圩，小圩开始成为太湖流域圩田建设的主流形态，溇港圩田建设模式跟这一趋势高度一致。进入南宋后，上游天目山植被遭到破坏，来水泥沙逐年增加，再加上围湖造田，很多湖泊被废弃、围垦，生态平衡被打破，一些圩田退回到沼泽状态[④]（黄锡之，1992）[105]。这一阶段，溇港圩田的建设以整治溇港为主，南宋乾道至绍熙二年（1165—

[①] 清《光绪乌程县志》有载："历考往迹以相印证……五代吴越以后无不以导水入湖，保卫农田为圣。导之者，浚之使深，疏之使散，庶旱有所蓄，潦有委也，而其入湖要道，则全属乌程矣。"据此分析，太湖南岸溇港在吴越国之后已成为苕溪与杭嘉湖平原北排入太湖的主要通道。

[②]《太湖综合调查初步报告》一书和《太湖形成演变与现代沉积作用》一文对于太湖南岸隆起带的形成时期进行过科学分析，根据C$_{14}$鉴定，滨湖隆起高地的形成时间为1165年（±236年），大约在南宋末年，最晚不迟于明朝初年。

[③] 宋初，水利方针的转变从保农田变为利漕运，为便利漕运，将有障舟楫转漕的堤岸堰闸都毁去，使水网失去控制。农业生产关系由屯田大生产组织向小农个体经济转变，五代之前农业生产以屯田等大生产经营的方式为主，由于土地的买卖受到限制，庄园制又盛行，农民人身依附关系较强，是大圩制维持和发展的基础。进入宋代以后，小农个体经济发展，自耕农、半自耕农占到主户中的90%以上，由集中经营的方式变为佃农分散经营的方式，大圩制的经济基础不复存在。

[④] 盲目围田始于北宋中期，至南宋愈演愈烈，从山区陂塘延伸到平原湖泊。由于这一时期，农田中的大量生态用地，诸如湖荡、洼地、低田被开垦为农田，造成区域排水的紊乱，打破了原有水系的基本格局，多水时节水不得流注，在较低的陆地形成水域，很多湖、漾、溪等在这一时期形成，造成了区域自然环境发生很大变化。

1191年），20多年间4次浚疏太湖溇港，并设置溇港的入湖口闸和加筑横塘水道[1]，通过加强横塘纵溇的配合，增强向太湖的排水能力，溇港地区仍旧保持了较好的生态平衡。至少在南宋嘉泰年间（1201—1204年），溇港地区还保留着芦苇丛生、水面较多的状态[2]，溇港乡村景观成为吴兴"山清水远"[3]意象的重要组成内容。这一时期溇港地区聚落数量仍然不是很多，人口数量也十分有限（周晴，2010）[54]，但是大钱已经成为颇具规模的市镇。宋元时期，江南地区增量拓展的开垦方式基本结束，土地开发模式从扩大耕地规模的外延式转变到了提高单位面积产量的内涵式，与溇港圩田农业功能密切相关的几项技术取得了突破性进展。如稻麦二熟制的形成和稻作技术的提高，形成了"稼则刈麦种禾，一岁再熟"的固定农作制度；对于溇港圩田生态循环具有重要价值的湖羊也是在宋代时期被培育出来，苏东坡有言"剪毛湖羊大如马"；桑蚕技术也有了大幅提高[4]，著名的拳桑培育技术已经形成，这一时期高大桑树向低矮桑树转变，溇港地区的景观也随之发生变化，溇港地区生态农业的核心支撑——桑基农业基本形成（王建革，2013a）[163]。同期，浙北地区市镇聚落发育有了加速（陈雄、桑广书，2005），溇港地区人居建设也取得长足发展，但是聚落类型上以村庄为主体，城镇发育相对缓慢[5]。需要注意的是，在宋代太湖治水成为显学的背景下[6]，由于溇港水利的重要性，各种疏浚修筑溇港的奏折和记述数量众多，胡瑗在湖州主持州学时期，"在湖学特设水利一斋，以教士子"。

明代及清初时期，溇港圩田文化景观不断完善，趋近成熟稳定。明代，继续延续了宋以来圩田日益小型化的趋势[7]，通过开凿沟渠分圩或者修筑径塍法降低单个圩田规模，这些做法至今在溇港圩田地区还都能见到一些痕迹。这一时期，太

---

① 南宋乾道年间（1169年前后），乌程县主簿高子润发民疏浚32溇达太湖，恢复了东晋和南朝溇港旧迹，从而通畅水势，减轻水患。南宋淳熙十五年（1188年），湖州知州事赵思奏言湖州濒太湖，以堤为限，又列21浦溇引水。造斗门用以蓄泄，据旱涝随时开闭。次年，由浙西提举詹体仁发起开湖置斗门（闸门）。绍熙二年（1191年），湖州知州事王回又发起修浚太湖溇港，并修改乌程境27溇溇名。

② 戴表元的"张帆出东郭，沽酒问南浔。画屋芦花净，红堤柳树深。渔艘齐泊岸，橘树尽成林"，描述了泛舟顿塘，从吴兴城至南浔一路的情景。

③ 北宋时期，苏东坡在《墨妙亭记》中描述称："吴兴自东晋为善地，号为山水清远。其民足于鱼稻蒲莲之利，寡求而不争。宾客非特有事于其他者不至焉。故凡郡守者，率以风流啸咏、投壶饮酒为事。"故而，山清水远成为宋代吴兴地区山水环境特征的代称。

④ 宋代湖州形成了一套完整的栽桑、养蚕、缫丝、制造、成衣的生产工艺，其中育蚕养桑的突出技术表现在，一是在北宋中晚期较早地采用了桑树嫁接和整枝技术，二是初步掌握了蚕病防治技术，出现了朱砂温水浴法，三是形成了科学的培桑方法。

⑤ 据《湖州府城镇经济史料类纂》统计，史料记载中明代建国后湖州城镇数量大为增加，但是溇港圩田所在地区仅有大钱一个镇。

⑥ 宋代，太湖治水学说的蓬勃发展，南宋政府迁移到杭州以后，为了征集财赋军粮，朝廷对太湖溇港的疏凿也日益重视，并出现了一批至今仍闪烁光彩的治水专著，著名的有沈括的《圩田五说》、范仲淹的《条陈江南·浙西水利》、郑直的《治田利害七论》、单锷的《吴中水利书》、元代任仁发的《浙西水利议答录》、周文英的《论三吴水利》和明代金藻的《论治水六事》等，有关疏浚修筑溇港的奏折和记述更是不计其数，治理太湖流域成为显学，溇港也成为其中的重要议题。

⑦ 根据日本滨岛敦俊《关于江南圩田的若干考察太湖流域》一文的研究，明代江南地区的圩田治理的一项重要任务就是分圩，甚至出现低地300亩、其他之地500亩为基准的分圩说。

湖流域圩田技术上创造了分区和分片控制办法，圩田水利技术的发展达到了高峰，专业性筑圩著作也集中涌现，新的技术在溇港地区得以广泛运用。明朝开国后，溇港圩田的治理得到了高度重视，明洪武二年（1369年）设置了大钱巡检司专事太湖溇港，之后有一系列的修筑圩田活动[1]，设立了专门的溇港管理制度，虽然后期水利开始荒废，溇港屡有淤塞，但是由于每隔一段时期就实施疏浚工程[2]，总体上保障了溇港圩田的可持续发展。明代开始，在丝绸贸易推动下，嘉湖地区桑蚕产业稳步发展[3]，丝织业加速发展，开始出现了市镇走廊，在市镇经济和丝织业的推动下，桑基圩田和桑基鱼塘农业不断发展，微地形持续发生着变化，桑基堆叠土以及圩田水稻土都继续向良性转化（王建革，2013b）[5]，溇港圩田地区基本上也延续这一发展趋势。虽然这一时期以稻桑为主体的种植结构已经固化下来，但是由桑蚕棉麻经济作物共同构成商品化种植业突破了宋代以来单一的粮食生产格局，循环经济和生态农业的良性循环链条得到丰富和拓展[4]，溇港地区生态系统效能反而在一定程度上得以加强。农业技术上，深耕细作的农耕技术达到了新的高度，尤其土壤肥力提升方面，通过罱河泥、塘泥以及羊粪、豆饼等的混合施肥方式，不断保持着地力常新。在各种合力作用下，农业生产效能达到顶峰，如水稻、蚕桑都在这一阶段实现了产量的大幅提升。这一时期江南地区农业知识开始了系统化[5]，《沈氏农书》和《补农书》两本专业农书对溇港及周边地区农业生产进行了总结，标志着溇港地区农业生产知识体系的建立。

总之，从宋元到清初，溇港圩田文化景观不断调整、日趋稳定，水利、农耕、居住功能基本完善，水网系统主要是细微调整，圩田系统也是以优化为主，人口和聚落持续增加，各个系统相互之间的关系日趋协调，生态整体功能逐渐达到最优状态。在这一时期，对于溇港圩田文化景观发展至关重要的关键技术、技能已经完备成型，如农业生产中稻麦二熟、拳桑培育技艺、湖羊驯化繁殖等，水利水工中的圩田筑造技艺开始体系化归纳总结，相关知识体系开始形成，溇港圩田文化景观进入成熟状态。

----

[1] 洪武十年（1377年），乌程县主簿王福沿太湖浚三十六溇，并设溇制，每溇配役夫10人守御，每年拨1000户开挖淤泥。永乐九年（1411年）置水利官，立塘长管理水利，前后8次疏浚太湖溇港。成化十年至嘉靖四十二年（1474—1563年）90年中，先后疏浚太湖溇港6次。

[2] 明弘治年间工部侍郎徐贯曾主持疏浚溇港，但是到了明嘉靖年间，淤塞过半。乾隆《乌程县志》载范硕《水利管见》说："支河水流干涸，沙砾填积。"又载严遂曾《水利条议注》说："入湖之处芦滩雍阻，河道浅狭，南水不来，北水反上，亟宜开浚以通上流。"至清康熙年间，御史沈恺曾（湖州归安县人）上奏《请疏太湖疏》，要求开浚溇港，并著《东南水利议》。地方绅士童国泰上奏《水利条议》，也要求开浚溇港。康熙四十七年（1780年），疏浚杭、嘉、湖三府淤浅溇港，建闸六十四座。乾隆五年（1740年），修浚湖州府分流各支河，并将钮家桥等地及附郭壕堑逐段开通，"以资蓄泄，灌溉民田"。乾隆二十八年（1763年），又开浚湖州府溇港。清康熙十年至光绪元年（1671—1875年），浚治溇港13次。其中，康熙四十六年（1707年），除浚诸溇，将昔北宋时所建斗门除大钱、小梅通舟外，余每溇港各建小闸1座，共64座，随时启闭，以备旱涝。

[3] 明代郭子章《蚕论》有载："今天下蚕事疏阔矣。东南之机三吴、越闽最多，取给于湖茧。西北之机潞最工，取给于阆茧。予道湖阆，女桑夷矣，参差墙下，未尝不羡二郡女红之廑而病四远之情也。"充分说明了这一时期，湖州已经成为全国的桑蚕、丝绸的原料供应基地。

[4] 这一时期，循环经济得到进一步发展，以家庭为单位的"田畜互养"的良性循环模式开始形成，"栈养"肥育技术广泛运用，形成"江南寸土无闲，一羊一牧，一猪一圈，喂牛马之家，罱刍豆而饲焉"的格局。

[5] 从区域来看，南宋之后，溇港圩田所在的太湖地区农业生产技术已经领先全国，成为全国桑蚕和丝织业最发达的地区，精耕细作的农作传统开始逐步形成，已经有了"浙人之田，比蜀中尤精"的评论，陈旉《农书》和楼俦《耕织图》等众多专业书籍的出现标志着农业生产精耕细作的知识体系开始建立。

6.1.4 衰退分化：清中期以降

清代中期以后，溇港水道维护又有所懈怠，多为亡羊补牢，少有未雨绸缪。按照徐有珂的说法，太平天国之后溇港多已淤塞，难通舟楫[①]。据王凤生《浙西水利备考》[②]记载，道光初年北塘河壅塞淤浅，入湖溇港绝大部分淤涩不畅，门闸多无法启闭，亟待疏浚修缮，圩田也处在圩岸低薄、田功不修的状态[③]。虽然道光五年（1825年）全面疏浚了乌程溇港，修筑了塘闸桥坝，并开始将溇港作用上升到与海塘相提并论的高度[④]，但是此后溇港修缮仍旧处于小修小补的状态。清同治年间（1862—1874年），虽然吴云[⑤]会同徐有珂等人在陈溇村创办"五湖书院"，并专设农田水利课，但是由于江南地区被太平天国占据，溇港地区总体呈现荒废情况。民国时期，溇港水利维护没有得到有效加强，抗战时期还被人为地加以破坏，到新中国成立前溇港多淤塞不通[⑥]。

从明末开始，由于丝绸价格日益高企，为了追求更高收入，太湖流域农田和桑地关系开始发生变化[⑦]。到了清代中后期，种（稻）田与种（桑）地的投入产出差距进一步拉大。从1880年开始，湖丝出口进入全盛期，出口数量和出口价格在这一时期达到顶峰（樊树志，1990）。在这一背景下，大量稻田改作桑地，粮食种植结构发生显著变化，桑树广植，"傍水之地，无一旷土"，再加上人口急剧膨胀，人均耕地面积大幅减少，出现了外调稻米补给情形[⑧]，粮食生产在经济格局中退出了核心地位。究其主因，还是桑蚕丝织获利过丰[⑨]，以至于地方长官对于养蚕

---

① 清徐有珂《重浚三十六溇港议》有载："自寇乱后已多淤塞，丛生杂草，小民贪利，成赔为地，或放芦墩，故陈溇以东至胡溇，各溇难通舟楫。"

② 在道光三年（1823年），杭嘉湖平原遭受大水患之后，朝廷选派王凤生勘察、整饬太湖上游水利，王凤生勘查之后完成了详细的勘查报告《浙西水利备考》，吴兴地方学者凌介禧也参加此次水利勘查，撰写了《东南水利略》一书。

③ 王凤生在《浙西水利备考》的《杭嘉湖三府水道总说》一文中，对当时的状态描述为"北塘为溇港之源，今多壅塞淤浅，几成平陆，程邑三十九溇港，系杭、湖之水由此泄入太湖，今除大钱、小梅、杨渎三港外，余皆侵狭淤涩，弗克畅流，土闸亦残损无板，不能因时启闭，亟应疏浚修筑，分别施功，因势利导焉，则湖郡亦治矣……至于圩岸低薄，田功不修，非隶在山乡，各县比比皆然，秀水、嘉善、德清、乌程为尤甚，嘉兴、归安次之，宜就近深浚河港，即以其土培厚加高，为一举两得之计。"

④ 《大清会典事例》有载："浙西水利，在浙东则有海塘，在浙西则海塘而外又有溇港。湖州府属乌程县境有三十六溇，长兴县境有三十四溇。"

⑤ 吴云曾任镇江、苏州知府，清同治三年（1864年）迁居吴兴织里钱溇村。

⑥ 民国37年（1948年）6月，冯千乘在《湖报》上刊登《兴修浙西水利管见》，文中描述"在抗日战争中的民国廿八年（1939年）和廿九年（1940年），陆军第六十二师驻浙西，为实施游击战术，阻止敌人汽艇兵舰行驶，在吴兴、德清、崇德、桐乡、嘉兴各县，发动千百万民伕，打椿运泥筑坝，阻塞各处河流，以遏止敌人流窜，工程之浩大，工事之普遍，实为浙西抗战史上一大事迹"，太湖溇港"近各闸已年久失修，抗战后水闸破坏尤多，各溇港亦多淤塞不通"。

⑦ 《以农业景观为主体的太湖流域水网平原区域景观研究》一文研究指出，湖州府从明末到乾隆年间，水田减少7900亩，而旱地增加2800亩。

⑧ 《湖州府志》卷三二《舆地略·物产上》有载："本地所出之米，纳粮外，不足供本地之食，必赖客米接济。"

⑨ 《吴兴掌故集》卷十三《物产类》有载："桑蚕之利，莫盛于湖。"

甚为注意，而于稻麦则未暇提倡（何庆云、熊同龢，1934）。溇港地区由于比邻丝绸交易重镇南浔，稻桑争地情况尤为突出。以前稻桑协调的种植关系受到严重破坏，桑蚕事业成为主要经济收入，另外人们习于懒惰，不勤劳作，对于其他春花，如小麦、蚕豆、芸苔、绿肥等农作物，多不重视，地虽肥美，每年禾稻仅一熟而已（中国经济统计研究所，1939）[15]。不仅传统种植结构发生变化，而且稻作习惯都已发生改变，毁田植桑的情况频频发生。为了养桑，平时不惜将稻田的泥土随时随地移动到桑地上去，造就了田地高低不齐的景观（吴晓晨，1935）。此外，农户将粮食生产全部改为养蚕种桑的情况也开始出现（范虹珏，2012），而这种做法造成水田耕作层变浅、养分丢失，使得水稻亩产进一步降低。此情形一直延续到1930年，此后由于国际经济危机、日本低价丝绸倾销以及人造丝绸的影响，国际丝绸贸易发生变化，丝绸价格暴跌近三分之一（彭南生、余涛，2012），整个溇港地区开始出现了大面积弃桑的情况，到1935年时，农村经济濒临破产（国民党政府经济建设委员会经济调查所，1935）。从这一时期开始，桑农在桑地间种大麦、小麦，一直延续到1955年，对桑林破坏严重（陈恒力，1958）。同时，在民国时期溇港水工维护也不受重视，虽然进行过7次小面积疏浚，但是效果不佳，至新中国成立前夕，大多数溇港淤塞、溇闸坍塌，闸板丢失（吴兴区水利局，2013）[119]，近岸湖区多淤塞，亟待修浚。此外，这一时期，传统的生态农业循环也开始被打破，河泥已经不被作为主要的肥料列入统计，被现代化学肥料"肥田粉"所替代[①]。

这一阶段由于桑蚕业及其延伸行业的发展，不仅继续推动村庄的扩张，同时也促进市镇的发展，承担南太湖地区物资交换的集镇系统开始形成。例如在乾隆年间，溇港地区还仅有大钱镇，到了光绪年间，除了大钱之外，杨渎桥市、陈楼市等一批市镇相聚兴起（陈学文，1989），到民国时期，织里、轧村也都兴盛起来，聚落体系开始出现了分化。这些主要市镇成为新中国成立后乡村地区村镇发展的基础，市场网络中心地大量兴起和发展，迅速形成了桥东、塘甸、幻溇、义皋、漾西等多处市镇，成为本地区物资交换和社会服务的主要节点。

总之，从清中期以后，由于丝绸商贸发达，溇港地区跟整个湖州地区一样，出现了大量的毁田种桑的情况，**溇港圩田生态平衡已经被打破，种植结构出现了结构性变化**。此后，受到民国时期丝绸价格暴涨暴跌的影响，桑蚕生产处于动荡之中，溇港圩田整体进入到衰退分化的状态。新中国成立后，虽然溇港地区整体保持乡村状态，但是受到联圩并圩的影响，没有显著复兴，尤其是进入2000年之后，受到农业结构调整、乡村工业侵袭、城乡建设蔓延等因素影响，出现了系统结构失稳、空间形态变异、生态功能退化的恶化趋势[②]，亟待开展抢救性保护。

---

① 民国时期《吴兴稻麦事业之调查》调查显示，1934年前后吴兴稻田肥料种类主要为豆饼、猪粪、羊粪、蚕沙、草木灰、肥田粉等。

② 关于破坏变化趋势的分析，本书第8章将进行详细分析。

6.2 基础支撑：自然环境的内在驱动

6.2.1 地理格局：山湖之间的水利咽喉

娄港地区位于杭嘉湖平原之上，处于天目山山系与太湖之间，具有襟山临水的形胜格局特征（图6-1）。湖州总体地形地势为西南向东北倾斜，西南部分为天目山余脉，娄港地区属于水网平原地区。娄港地区主要水源为苕溪，苕溪发源于天目山的南、北两麓，分为东、西苕溪，苕溪、荆溪和长兴（合溪）水系共同构成了太湖三大源流。东苕溪主要支流有中苕溪（临安）、北苕溪（余杭）、湘溪、余英溪、阜溪（以上为德清）、埭溪、妙西港（以上为吴兴），源头到娄港地区入湖口的总长为165km，全段分为山溪和平原河道两种类型，其中从余杭以下至湖口为典型的平原河道，河道宽度30～60m，河底高程为负半米左右，河道纵坡约0.005%。西苕溪流域面积2267.5km²，其中山区段河长139.1km，河道比降0.2%；平原流段总长151.4km，平均比降0.51%；西苕溪尾闾段长兜港流域面积43.8km²，河长6.4km，河道平均比降<0.001%。以前，东、西苕溪在娄港地区的湖州城东毗山附近汇合，经过大钱港入太湖。实施分流入湖工程后，西苕溪改由机坊港、长兜港入太湖；东苕溪改由环城河、长兜港入太湖。《乌程长兴二邑娄港说》有论述，"查湖属七县水道，由东塘至南浔分洩于秀水、吴江者，仅十分之三；由娄港洩入太湖者，计十分之七"，所谓"山从天目成群出，水傍太湖分港流"，生动描绘了娄港的地理格局特征。

地理格局带来的第一个影响是在娄港地区水网形态形成中发挥了决定性作用。由于这种娄港位于太湖入湖尾闾之处，苕溪来水从比降很陡的山区很快变成几近平地的地区，大量积水短时间蜂拥到娄港地区，形成"咽喉抑塞不通，则肠

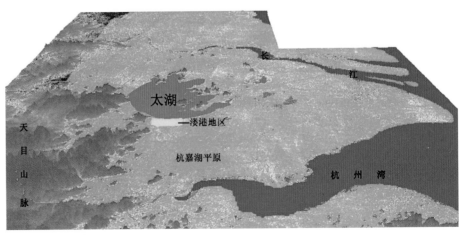

图6-1 区域地理格局图
（资料来源：作者自绘）

农耕文化景观的生态价值与演变机制研究——以南太湖娄港圩田为例

胃四肢均受其害"的局面，而太湖下游多数时期处于排水不畅的状态，溇港地区对于防洪的重要性愈发突出。但是，由于太湖洪水具有水位幅度变化小、下降慢的特点（中国农业科学院、南京农业大学中国农业遗产研究室太湖地区农业史研究课题组，1990），溇港地区不仅要为客水入湖提供尽可能的疏散条件，同时自身还必须具有足够的蓄洪潴水的能力，能够争取尽可能多的时间消纳洪水。正是顺应这种地理格局特征，历史上不仅在临湖端头人工开挖了密集的入湖溇港，提升排泄能力，还要尽可能保留原有的自然漾荡和泾浜，构建了一个网络海绵体，提供巨大储水容量还兼具排水能力，通过整体水网调蓄、消纳洪峰，达到激流缓受的目的。正是水利咽喉的特殊地理格局，造就了溇港地区特有的水网形态。

地理格局带来的第二个影响是对溇港清淤的日益重视。由于溇港水多为苕溪来水，而自从宋元时期，随着苕溪上游开发加剧，苕溪水流逐步开始由清变浊（王建革，2013a）[169]。有研究表明苕溪是太湖泥沙沉积的主要来源，苕溪之水通过溇港地区的过程中留下大量沉淀，造成溇港泾浜水道大量淤积[①]。要维持溇港水系功能，就必须进行经常性的疏浚维护，明清时期入湖溇港清淤已经成为一项日益重要的公共事业，溇港水利技术和维护制度得到不断发展、完善。

地理格局带来的第三个影响是对溇港地区北缘形态的影响。在西南来水的倾斜流和自然风向流的共同作用下，太湖容易形成反时针常年流向，形成了不断侵蚀西南湖岸的水动力环境（图6-2、图6-3）。此外，由于太湖湖底盆地处于西升东降掀斜运动的转折带，加上地质断裂构造的影响，经过太湖水动力和湖岸物质的相互作用，最终形成太湖岸线在南缘和西南缘的超级平滑圆弧（吴小根，1992），造就了独特的大地景观特色。

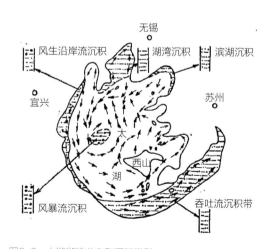

图6-2 太湖湖流分布和沉积类型
（资料来源：孙顺才，伍焰范. 太湖形成演变与现代沉积作用[J]. 中国科学 化学：中国科学，1987，17（12）：1329-1339.）

图6-3 1960年太湖湖流动力图
（资料来源：水利部太湖流域管理局，中国科学院南京地理与湖泊研究所. 太湖生态环境地图集[M]. 北京：科学出版社，2000.）

①《太湖东山连岛沙坝形成的探讨》一文计算得到，东苕溪侵蚀模数为46.7t/km²，西苕溪侵蚀模数为94.2t/km²。

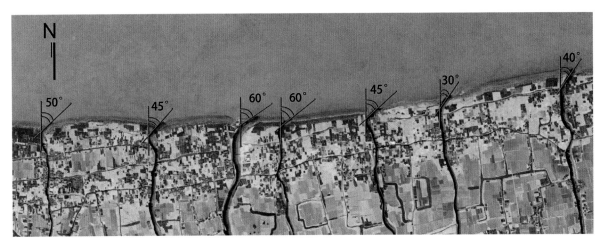

图6-4　溇港入湖口方向分析

（资料来源：作者自绘）

地理格局带来的第四个影响是对入湖溇港方向的影响。太湖水流多从西北向东南运动，太湖常年风向也多以西北方向为主，全年5.5m/s的四级偏北风频率达到22%，冬季可达30%以上，冬季逆流扬沙回淤效应显著[1]（周鸣浩，1991）。为了避免大风带动湖水倒灌造成淤积，溇港入口统一设置为朝向东北30°～60°范围（图6-4）。

6.2.2　地形地貌：北高南低的低洼泽地

从地形地貌看，溇港地区有以下两大特点：一是整体处于低洼沼泽。湖州地区的地貌分为三类，分别为低山丘陵地带、山麓沟谷地带和平原地带，溇港圩田地区属于湖荡水网平原区，该区域水网密布，地势低洼，绝大部分位于海拔3m以下，河底、漾荡湖底海拔高程在0.5～1.0m。这一地形地貌特点，再加上太湖洪水水位高差变化小、一般不超过1.2m的变化幅度，使得溇港地区圩田规模能够更小，圩岸高度能够修筑更低。二是溇港地区南北地形变化差异明显。虽然溇港地区整体处于低洼水网地区，但是还存在清晰的地势层级变化，地势图清晰反映出溇港地区地势大概分为四个等级：①顿塘沿线，为最低洼之地，海拔高程在2m以下；②在顿塘北侧、北横塘以南（织里镇区以东部分）和南横塘以南（织里镇区以西部分），海拔高程在2～2.5m；③太湖南缘的滨湖隆起带，海拔高程在2.5～3m

---

[1]《湖州市太湖溇港泥沙成因分析和防治意见》一文，通过模型分析得到，太湖泥沙的扬动流速平均在0.3m/s左右，具有易受水流扰动悬浮的特性，沿湖水深一般在1.2～1.8m，湖床易受风成波的影响。根据B.T.安德烈雅诺夫经验公式计算，太湖沿岸风力大于5.5m/s时，波长约为4m，即可形成浅水波，对湖底泥沙影响明显，对湖岸冲刷同时加强。每遇湖区偏北风力大于5.5m/s时，沿湖壅高超过0.3m，溇港逆流速大于0.3m/s，逆流携带大量泥沙进入溇港。据测算，10m宽入湖溇港，在开启水闸状态下，一次历时24h西北风能产生沿溇港口门1km范围5～10cm的淤积厚度。

（太湖自然堤可以达到3.5～5.5m①）；④在织里镇西邻地区存在一块3～3.5m的高地，形成了丰富的地形变化（图6-5）。

上述地形特征对溇港圩田文化景观的空间范围、格局以及不同片区聚落形态、种植结构的选择都产生了重要影响。首先，地形地貌决定了主要横塘水道的位置选线，最早开挖的頔塘选择了整个区域海拔最低的2m以下地区穿过，南横塘、北横塘的线位大部分也位于不同高程地块的交接地带，这种选线减少了人工开挖的工程量，同时尊重地形地貌，实现了最大范围的自然汇水，减少了日常维护投入。同时，对于北部临湖地区，受到滨湖隆起带的高地形态、堆积土壤特征的影响，其农作物与南部地区存在一定差异，在这一区域桑地比例相对较高，蔬菜、百合、萝卜种植和产量也相对较高。总之，溇港地区形成了一个特殊的适宜蔬菜种植的农作区（中国城市规划设计研究院，2017）。

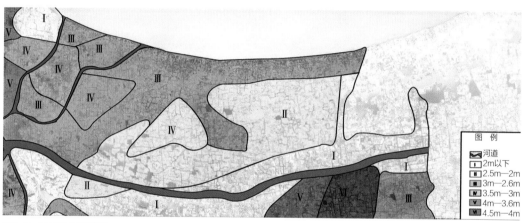

图6-5　溇港地区地势图

（资料来源：作者改绘；原图名为［原］湖州市地势略图，出自［原］湖州市土壤普查力办公室．［原］湖州市土壤志（初稿/油印本）[S.l.]，1984.）

6.2.3　气候条件：水足光沛的农业良区

湖州市地处北亚热带季风气候区，其季风显著，四季分明，雨热同季，降水充沛，光温同步，日照较少，气候温和，空气湿润。全市年平均气温12.2～17.6℃，最冷月为1月，平均气温-0.4～6.4℃，最热月为7月，平均气温24.4～31.1℃，无霜期224～246d，0～20℃期间天数为200～236d，0～20℃期间活动积温3800～5130°，年日照时数1613～2430h，年太阳辐射总量102～111kcal/cm²，年降水量761～1780mm，年降水日数116～156d，年平均相对湿度约为80%。风向季节变化明显，冬半年盛行西北风，夏半年盛行东南风，3月和9月是季风转换的过渡时期，一般以东北和东风为主，年平均风速1.7～3.2m/s。总体来说，雨量充足，阳光充沛，光热和水分条件配合得宜，适于多种物种生长，有利于多种农作制度的发展。

①《浙江湖州及邻区地貌与环境地质问题分析》一文研究提出，沿湖有宽100～700m、高3.5～5.5m的太湖天然堤，沉积物以亚砂土为主，系太湖边岸堆积物，该亚区宽2000～5000m。

溇港地区由于濒临太湖地区，受太湖水体的调节，和同纬度的其他地区相比较，夏季的温度相对稍低，冬季相对稍高，更加适宜农业生产和人类居住。根据调查数据，溇港地区常年5～9月平均气温在20～30℃，符合南方水（晚）稻的全生育期的最适宜温度25～30℃[1]（杨文钰、屠乃美，2011），也十分契合桑蚕生产的适宜温度20～30℃、桑树生产的适宜温度25～30℃（乐锐锋，2015）。这种气温条件十分适宜水稻的生长发育，利于桑树的同化作用，同时促进桑蚕生长，往往产量很高。

　　从灌溉用水条件看，溇港地区具有十分优越的先天条件。在江南地区，历来就有灌溉用水选择上湖水优于江水的认识[2]，明代耿桔提出灌溉用水宜以湖水优先，湖水比江水稳定、清澈，"取湖水无穷之利"，江水渗害苗心，且潮涨潮落，不是稳定水源。苕溪来水，进入到溇港地区水网之后，经过稳定、沉淀，形成了清澈、可靠的水源，是溇港地区稻作生产的重要保障[3]。溇港地区的水网格局，使得其具备独特的生态优势，也使得溇港所在的太湖南岸地区成为全流域水质最好的地区（周晴，2010）[55]，这里的水满足缫丝"清、软、活"的最好用水标准[4]，煮茧缫丝，则色泽洁白，非普通水所能及，为溇港地区及周边地区的丝绸业发展提供高质量、稳定的水源保障，推动溇港地区丝绸、桑蚕业发展，是太湖南岸发展成为全国乃至全球的蚕桑业翘楚之地的重要条件。另外，这种平缓、清澈的水文条件十分有利于养鱼、种荷等，是溇港地区稻桑广布、菰葭丛生的乡村田园风光形成的物质基础。

6.2.4　土壤能力：物性合宜的稻土桑地

　　太湖流域气候、温度、湿度等条件都适宜稻桑农作的发展和人居环境建设，但是也存在短板，唯一的制约因素就是土壤条件。千百年来，在水利技术、农作方式等多种因素的共同作用下，土壤条件持续向良性方向转化，最终培育成为适宜水稻生长的水稻土、符合桑树习性的桑基土，为溇港圩田农业发展提供了坚实支撑（图6-6）。

1. 水稻土

　　水稻土，是在特定条件下，受到人为水耕熟化的强烈影响，土壤内的矿物质

---

① 其中播种之拔节期为26～30℃、拔节—抽穗期为25～30℃、抽穗至成熟期为21～25℃的适宜温度范畴。
② 清顾士琏《水利五论》中专门撰有《湖水灌田论》。
③ 据《太湖溇港申报世界灌溉工程遗产报告》的说法，水稻对水浆管理和干湿的需求特别严苛，烤田时，要求田水迅速落干，复水时，又应及时补足，每亩水田的年耗水量高达500～600m³，其耗水量巨大。
④ 清代高铨《吴兴蚕书》提出缫丝最宜用"清、软、活"之水，具体而言就是要水质清澈、少钙镁离子、流动活水。

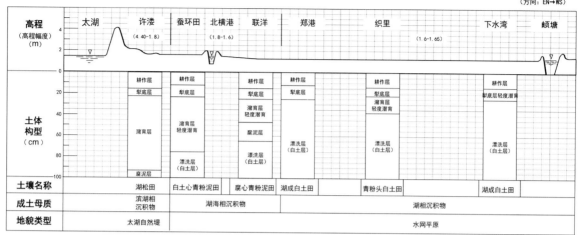

图6-6 溇港地区土壤类型示意图
（资料来源：作者重绘；原图来自湖州市土壤普查办公室. 湖州市土壤志（初稿/油印本）[S.l.], 1984.）

发生独特变化和移动而形成的土壤类型（湖州市土壤普查办公室，1984），其结构一般包括有备耕层、犁底层、渗渍层、斑状潜育淀积层，具有土体构型好、耕层深厚、养分丰富和均衡的特点，适合稻麦生产，稳产稳高（熊毅等，1980）。按照《太湖地区农业史稿》的说法，在整个太湖流域，除了山地和海滨还保持着若干自然土壤外，大部分地区经过人工改造变成了水稻土和旱作土壤，其中水稻土占绝对的主导地位，在平原地区水稻土比例更是高达90%。溇港地区的土壤母质大体属于长江三角洲沉积物，以滨湖新近沉积物为主，具有土层深厚、多次沉积的特点。按照《湖州市土壤志》的调查，溇港地区东北到西南的土壤取样分析，溇港地区成土母质包括滨湖相沉积物、湖海相沉积物、湖相沉积物三类，土壤大部分为水稻土，均属于潴育型水稻土，由湖松田、白土心青粉泥田、腐心青粉泥田、湖成白土田、青粉头白土田构成。

水稻土的形成支撑了封建社会江南地区的农业发展，是形成"苏湖熟、天下足"生产格局的重要保障之一，也是溇港地区生态农业生产发展的最重要基础。水稻土有机含量、潜在养分含量高，是优质的稻作土壤，例如溇港地区的白土心青粉泥田的有机质含量高达4%~4.5%，腐心青粉泥田的耕作层水解氮含量为137PPM，青粉头白土田的有机质含量为2.5%、耕作层水解氮为114PPM、速效磷为三级、速效钾为五级，均属于肥力较高的土壤（湖州市土壤普查办公室，1984）。

水稻土的形成过程，是人为和自然共同作用下，土壤从潜育化向潴育化过程发展，也就是脱沼泽化的过程。在水稻土的形成过程中，水利农耕技术和土壤环境变化是水稻土形成的关键条件，核心是创造出干湿交替环境，触发土壤氧化还原过程。唐代时，江东犁的出现以及耕耙耖耕作技术的发展，使得土壤扰动加剧，配合冬沤过程，加剧了有机养分在无氧环境下的分解，耕作层和犁底层逐步形成。宋元是水稻土形成的重要时期，稻麦两熟技术成熟，开塍作沟、烤田技术的发明，与耕、耙、耖、耘等技术相结合，实现了土壤湿、旱轮作交替，有利于耕作面改善、积水排干和土壤理化性能改善，进一步推动了水稻土的氧化还原，铁锰氧化物的迁移、淀积都是在这一时期发生的[1]。进入明清之后，随着精耕细作技术的进一步发展，罱河泥成为重要施肥传统，增加了供氮能力，同步调高了土壤的黏粒水平，加厚耕作层，持续改善圩田土壤结构，促进土壤的良性转换（王建革，2006）[104-106]。

2. 桑基土

桑基土，多指潮土，是旱地土壤，主要为壤质堆叠土。桑基土的土壤基础为旱地青紫泥，虽然土层厚重、黏性大、蓄水能力强，种植其他植物不太理想，但是十分利于桑树的生长，尤其是后期生长迅速。在此种土地上生长的桑树，枝条长，树干粗大，不空心，寿命可达三十年之久（王建革，2013b）[9]。桑基土的有机质含量高，在湖州地区可以达到2.32%（湖州市土壤普查办公室，1984）。在娄港地区桑基土除了部分用于种植杂粮和蔬菜外，全部用于种植桑树。

桑基土的土壤性能提升，主要依靠长年累月、经久不断的罱河泥行为[2]。这种操作，一方面不断增加耕作层的厚度，避免了高地下水位对桑树生长的负面影响[3]，满足了桑树喜欢干爽的习性；另一方面，使得桑基土处于松软状态，避免了板结汀硬，保持了耕作层的干燥松软。从营养物质看，河泥的氮素营养投入可达到6斤/亩（俞荣梁，1985），长期的罱河泥能够保持和提升土壤营养能力；更为重要的是，河泥富含无机和有机胶体，培植桑基之后，不仅能够实现平衡营养元素，还能起到保护土壤温度的作用（中国农业科学院土肥所，1962）。

值得一提的是在娄港北部滨湖片区，其主要土壤为湖松土，由于湖松土多为湖水泛滥时带来的疏松沉积物，所以土质很肥沃，而且不黏，干时一捏就散。施肥上力快，省肥，是湖松土最大的优点，其适应性强，除了适合桑树，能够使桑树根扎得深，长得快，产量高，还适合大多数旱作物的种植，最适宜种植萝卜、蔬菜、百合、山药、马铃薯等，以地下块茎作物最好（中国城市规划设计研究院，2015），瓜果蔬菜多产于此（国民党政府经济建设委员会经济调查所，1935）[29]。这是娄港北湖滨湖片区农作物产丰富、类型众多的物质基础。

---

① 转引自《宋元时期吴淞江流域的稻作生态与水稻土形成》一文。据该文论述，吴克宁在《土地生态史与土壤历史档案记录和文化遗产功能》（复旦大学历史地理研究中心主办"区域生态史研究学术讨论会"论文集中收录论文，未刊稿）一文中表明，宋代是水稻土形成的重要时期，宋代形成的现代水稻土的有效态养分均大于史前水稻土剖面上铁锰氧化物的迁移、淀积，都是宋元时期大规模发生的。

② 《沈氏农书》有载："家不兴，少心齐；桑不兴，少河泥。""每年春秋各罱一番。"

③ 据《湖州市土壤志》数据，娄港地区地下水位高，吴兴区平均地下水位为70cm左右，娄港地区普遍在40cm以上。

6.3 核心动力：多元复杂社会经济因素的外部影响

6.3.1 人口增长：持续的机械迁徙和自然增长

人口跨区域的持续迁徙使得太湖地区人口数量持续增加，在不同历史时期对溇港圩田文化景观演变起到了正面或者负面影响，是溇港圩田文化景观形成演化的重要社会基础。

早期大量的跨区域人口迁入提供了溇港地区开发所需要的基本人力保障。如前文所述，在先秦时期，溇港所在的江南区域属于土地贫瘠、人口稀少的下下之地，人口数量不足制约了土地开发。秦始皇统一中国之后，从浙东地区迁徙越人到乌程等地①，是溇港地区人口迁入的滥觞。进入西汉大一统格局之后，溇港所在的会稽郡属于人口重要迁入地，仅汉武帝年间区域的迁入人口就达到14.5万人，其中入湖州人口达到万人以上。东汉末年，为了逃避黄淮地区战乱，大量中原及江淮人士避难到江南②，迁入湖州人口达到5万（湖州市地方志编纂委员会，1993）。三国孙权统治时期，为了加强对居住在山区的越人的控制，实施"强者为兵，羸者补户"的政策，强制性将山越人迁徙到三角洲平原地区，至湖州平原地区超过2万人，极大地促进了水网平原的开发建设（陆建伟，2011）。西晋末年，由于北方少数民族入侵，发生中国历史上第一次大规模的人口南迁，"吴兴山水清远，虽介于江海之间，而去之甚远，而及者甚少。自汉以来避乱者居焉"③，这一时期"避难江左者十六七"。实际上，在长江中下游地区成为中华文明的核心区之前，从北方地区向溇港所在的湖州、太湖流域和江南地区迁移人口是人口迁徙的主旋律④。大量的人口机械增长，不仅为溇港地区早期开荒提供了必备的劳动力，同时至少在隋唐以前，尤其是随着六朝时期世家大族和巨贾的迁徙，实现了一次先进技术和社会财富的南北大迁徙，太湖流域吸收了北方科学技术，获得了大量社会资本，为溇港圩田文化景观孕育形成提供了充足的基本条件。

隋唐时期，由于运河、颐塘的修筑，溇港所在湖州地区进一步连接到南北人口迁徙的大通道之上，北方移民持续迁入。进入宋之后，在人口机械增长继续扩大的同时，自然增长也不断扩大，人多地少的生存压力间接推动了溇港地区高效土地使用、精耕细作农业方式的形成。北宋大中祥符年间（1008—1016年），吴兴郡人口进一步上升到129510户，436360人。到了北宋后期，江南一些地区人口出现翻番情况，湖州基本上已经是长三角地区人口最为稠密的地方，北宋元丰年间（1078—1085年），湖州的户密度为26.9户/km²，比太湖流域六州总人口密度亦多出4.29户/km²，人多地少的矛盾已经相当严峻（钱克金，2013）[100-101]。宋室南渡后，出现中国历史上第三次人口大迁移，"四方之民云集江浙，百倍常时"。南宋淳熙年间

---

① 《越绝书》卷二载："乌程、余杭、黝、歙、芜湖、石城县以南，皆大越徙民也，秦始皇刻石徙之。"
② 《三国志》卷13《华歆传》有载："四方贤士、大夫，避地方江南者甚众。"
③ 明代徐献忠《吴兴掌故集》卷八。
④ 《李太白全集·为宋中丞请都金陵表》有载："天下衣冠士庶，避地东吴，永嘉南迁，未盛于此。"

（1174—1189年），湖州总人口的15%为新迁入人口。在这一背景下，江南能够开垦的原始土地基本开发殆尽，靠数量增长的外延式发展已经走到尽头，要解决人多地少的矛盾，维系供给全国之用，必须依托提高劳动生产效率、提升农田产出率的新路径，支持溇港圩田地区集约高效、精耕细作，农耕文明的水利、农作技术在这一时期不断创新发展。南宋迁都杭州之后，大量迁徙杭嘉湖的北方贵族同时带来了面食习惯①，社会对小麦需求大幅增加，作为重要粮食供给地的太湖地区开始大规模种植小麦，区域的种植结构开始发生变化。

明代中后期，整个江南地区人口与耕地关系已经十分紧张，地狭人多、至不能容成为普遍状况。清朝后期开始，人口数量已经超过了传统稻作农业生产的供养能力，购买外地粮食维系湖州和溇港地区社会基本需求成为常态。在雍正年间（1723—1735年），太湖地区已经需要采购客米接济粮荒②。到清代嘉庆二十五年（1820年），湖州府人口总数为2566137人，人口密度达到475.2人/km²，是明洪武年间（1368—1398年）的3倍有余③。随着丝绸价格和利润的大幅上涨，溇港传统自给自足的生产体系被打破，形成种植桑蚕配合购买湖广稻米的生产循环模式，人口过度膨胀是后期加速溇港圩田文化景观衰退、分化的重要原因之一。值得一提的是，在太平天国战乱之后，清政府通过鼓励开荒政策，招募外地流民，使得溇港地区很快地恢复了生产活动④。

6.3.2 区域开发：海塘、太湖下游排水系统、颐塘

太湖流域在地理环境上是一个统一的自然区域，海水侵袭、湖水内涝是该地区是否能够得到合理利用的共性问题。水系的人工改变、圩堤修筑、海塘建设，不仅改变了区域的地貌发育和变迁（陈吉余、虞志英、恽才兴，1959），还保障了低泽洼地的农田安全（张芳、王思明，2011），为溇港圩田的形成提供能量安全稳定的建设环境。对溇港圩田文化景观而言，最为重要的区域基础设施包括三项内容：

一是海塘（图6-7）。由于地形地貌特征以及东海沿岸强大的潮汐影响，太湖流域成为我国历史上受海潮影响最严重的地区。一旦发生海潮，太湖平原就咸水泛滥。更为严重的是在咸潮现象严重的地区，很多河道开挖数年后就彻底淤积，

---

① 《梦梁录》有载："向者汴京开南食面店，川饭分菜，以备江南往来士夫，谓其不便北食故耳。南渡以来，几二百余年，则水土既惯，饮食混淆，无南北之分矣。"

② 雍正四年（1726年）李卫给皇上的奏折中提出了太湖地区需要客米接济。

③ 据《浙江通志》记载，明洪武二十四年（1391年），湖州府人口数810244，户数200048，户均人口数4.08人，总面积5816km²，人口密度139人/km²；而到了清代嘉庆二十五年（1820年），湖州府人口总数2566137人，人口密度475.2人/km²，是明洪武年间人口密度的3.4倍。

④ 根据《吴兴农村经济》的记载，太平天国时期，随着湘军平叛，大量湖南人来到吴兴垦荒。《湖州农业经济志》也有相关论证，外来开垦人员包括太平军散勇、清军遣散人员以及其他客户等。

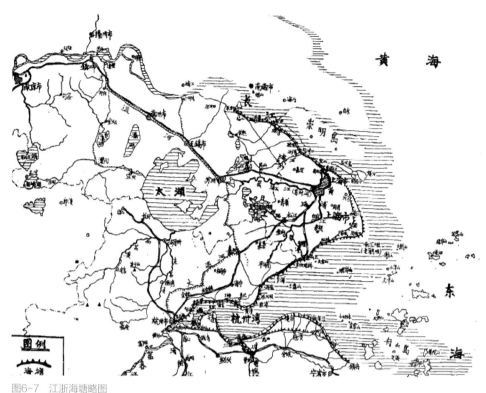

图6-7 江浙海塘略图

（资料来源：郑肇经，查一民. 江浙潮灾与海塘结构技术的演变[J]. 农业考古. 1984（2）：156-171. 在原图基础上改绘）

使得太湖流域整体开发处于不稳定的状态之中。因此，江南农业的开发要解决的首要问题就是阻止咸潮、泥沙对内陆的侵蚀（冯贤亮，2002）[29-32]。历史上江南海塘和浙西海塘的不断建设，提高了太湖水网平原地区的防御海潮灾害能力，是低洼平原地方防洪排涝的关键工程，为开拓南太湖地区沼泽洼地创造了条件（张芳，2003）[3]。西汉末年王莽新政时期，建设了钱塘江防海塘工程[①]，经过后续建设，到了唐代时期，海塘规模已经相当可观。五代到宋期间，海塘建设发展迅速，不仅规模和数量上增长明显，一些重要的海塘建造技术开始出现，如竹笼木桩塘技术、力式桩基石塘技术、石囤木柜塘技术都是在这一时期发明出来的（郑肇经、查一民，1984）。明清时期，海塘技术进一步发展完善，针对不同潮浪情况的各种新型护岸结构形式开始出现，施工技术也不断改进。正是**由于海塘系统的建立和不断完善，南太湖地区才能避免强大咸潮的侵袭**，使得该地区持续稳定的开发建设成为可能。

二是太湖下游排水体系。太湖流域最突出的水利问题就是下游排水不畅。太湖的排水，在古代主要依靠东江、娄江和吴淞江排泄。据《太湖水利史稿》研究可知，最晚到唐朝末年，东江、娄江淤塞废弃，下游排水改为中出吴淞江、东北出常熟、昆山通江诸港浦，东南出华庭（松江）、海盐场通海诸港浦入海。进入宋代以后，随着原有入海通道的淤塞，尤其是吴

---

① 据北魏郦道元《水经注》引《钱唐记》有载："防海大塘在县东一里许，郡议曹华信家议立此塘，以防海水。……于是载土石者皆弃而去，塘以之成，故改名钱塘焉。"这是我国历史上关于海塘建筑的最早纪录。

淞江下游湮塞不畅，下游排水问题日益严重，成为影响太湖整个流域安全的症结所在，也对太湖上游顶托，直接影响和制约着包括溇港地区在内地区的开发。此后，太湖区域治水的重点转为下游排水体系的梳理与重构，宋代关于太湖治水的各种讨论也主要围绕下游排水展开。元代后期，吴淞江下游淤塞更加严重，太湖之水部分向刘家港（今浏河）和白茆出海。

太湖下游排水体系重新确立的转折点是在明代夏原吉治水时。明朝建立后，下游的吴淞江严重淤塞段已经发展到了120多公里。夏原吉提出了"掣淞入刘"的策略，主要措施有三个：一是将吴淞江江水并入刘家港；二是新开范家浜，连接大黄浦，构建太湖下游排水的新格局；三是重点疏浚白茆、七浦等大港。通过下游排水格局的调整，提升了太湖流域的安全保障水平，为南太湖溇港地区的发展做出了重要贡献。

三是頔塘。前文论述过，塘路的兴建直接改变了水网地区的水文条件，使得沼泽滩地地段不断淤积，塘路两岸逐渐淤淀出大片可垦殖土地（《太湖水利史稿》编写组，1993），因此頔塘的兴建是溇港地区发育的关键触媒。此外，由于頔塘水道的建设，溇港所在南太湖地区的地下水位得以降低，大范围改造沼泽化地区成为可能（杨章宏，1985）。頔塘修建之后，与之前已经修建而成的皋塘、青塘以及其后唐代修建的吴江塘路，共同组建了环太湖大堤，为整个区域发展提供了安全保障。从区域经济角度看，頔塘建设之后，溇港地区能够便捷联系到江南运河，第一次把溇港地区纳入到更大区域的经济圈范围，为溇港地区对外交流、交通往来、商贸流通带来了便利。溇港圩田文化景观进入衰退分化阶段的很多驱动力，都是源自頔塘让溇港融入区域经济贸易交流网络的基础。

6.3.3 制度力量：重农国策、赋税差异、营田与水工机制

1. 重农贵桑的基本国策

中国封建社会历代统治者都将农本思想作为最重要的治国方略，不遗余力地通过各种手段强化对农业活动的政策支持，其中农桑为重中之重。溇港地区的开荒拓展、稻作和桑蚕生产都是在这种长期重农劝农背景下发展起来的。

一是鼓励开垦荒地。不同朝代根据生产力水平、政治环境及时调整土地占有关系，以促进农业生产。例如三国孙吴时期，为了解决地广人稀和劳动力缺乏的问题，允许占田建舍以争取获得地方世族的支持，通过大土地所有制推动土地开垦。唐代则实行均田制，给每户男丁分土地一百亩以鼓励垦殖。到了宋代，土地政策开始调整，"不抑兼并""不禁买卖""垦田即为所有"的政策导向进一步鼓励了开垦。尤其是南宋时期，租佃制度得到高度发展，极大地释放了生产力，推动了农业农村经济的快速发展。明清时期，对于抛荒之地，依旧采取开垦后即可

占有的政策引导①。溇港地区在顿塘建立之前属于沼泽之地，淤积之后为无主荒地，经过开垦即成为私人土地，得到国家认可，正是在这种土地政策的支持下，溇港地区才能得到持续开发，从沼泽滩涂逐步变成千顷良田。

二是劝农从事粮食和桑蚕生产。几乎所有的朝代都将促进农业生产作为地方官员的重要任务。汉代采取重农轻商的政策，通过轻徭薄赋鼓励农业生产。此后，历朝历代都以农业为国之根本。即使元代统一中原后，也很快就接受了中原文明的农本思想，提出了"国以民为本，民以食为天，衣食以桑农为本"的观点，设立劝农司劝课农商，设立司农司掌管农桑水利；占领江南后，免除南宋经制、总制等繁多的苛捐杂税，扶持农业生产，鼓励垦荒，延长土地起科年限，放宽到长达6年之久。同时，还编修农学书籍，指导农业生产，代表作有《农桑辑要》和王祯的《农书》。在推动农业生产中，粮食生产和桑蚕丝是其中两个重点内容，如北朝时期明确规定，"一夫一妇授田120亩，其中桑地20亩，粮田100亩"；梁朝时期，溇港地区所在的吴兴太守周敏广开学校，劝人种桑麦，百姓赖之；唐代则实现给每户男丁分土地一百亩以鼓励垦殖，其中要求20亩为永业田，必须种植桑枣等经济林，"诸户内永业田，每亩课程种桑五十棵以上"。吴越国时期，更是实行积极的桑蚕奖励政策，劝民从事农桑，钱镠《遗训》即有"吴越境内绫绢绸绵，皆余教人广种桑麻"。明朝建国伊始，就曾经三次诏令天下加大农桑生产②，湖州农桑重地地位进一步加强，乌程、归安"各乡桑柘成荫，蚕织广获，今穷乡僻壤，无地不桑，季春孟夏，无人不蚕"。

2. 粮重桑轻的赋税差异

唐代之后，江南逐步成为天下的财税重地，耕地赋税日益加重。在太湖流域，一方面稻田作为基本农田始终被课重税，而为了维系军需更是在太湖地区大量征收漕粮，漕粮赋税成为整个江南财税加重的主要承担者。到了宋代，从太平兴国到仁宗的不足百年期间，每年调运漕粮就从300万石激增至800万石。明代更是如此，湖州府加上嘉兴府征收的粮食，已经达到杭州、绍兴等九府的三分之二强③。另一方面，由于桑蚕用地多为边角余料，再加上国家鼓励农家开展桑蚕生产的政策，对桑蚕课税要轻得多④。《补农书》作者张履祥对此有过精辟的论述："湖州，赋额不均之府也，归安为甚。为归安田者卑下，岁患水，十年之耕是，不得五年之获，而税最重。其地桑蚕之息既倍于田，又岁登而税次轻。其荡上者种鱼，次者菱芡之属，利犹愈于田，而税益轻。役亦如之。"为了鼓励桑麻发展，对于桑地课税很轻，并对不植桑育蚕的情形设立高处罚。例如明朝建国后，明确提出种植桑树可以4年才开始征

---

① 如明初规定："如有主荒田，原主不能开垦，地方官另行招人耕种，给予印照，永远承业，原主不得妄争。"清初规定："凡地土有数年无人耕种完粮者，即系抛荒。以后入经垦熟，不许原主复问。"

② 朱元璋为吴国公时的龙凤十一年（1365年）六月下令栽桑"民田五亩至十亩者须栽半亩，十亩以上倍之"；洪武二十七年（1394年）令"多种桑树，每一户初年种桑二百株，次年四百株，三年六百株"；洪武、永乐、宣德年间（1386-1435年）"敕州县植桑，报闻株数"。

③ 万历《湖州府志》卷十一《赋役》有载："明弘治十八年（1505年）以前，湖州府每年征收的正粮不独重于宁绍等府，而且重于杭嘉二府矣！……嘉湖二府起运之数有杭州等九府三分之二。"

④ "田者卑下，岁患水，十年之耕不得五年之获，而税最重。其地，桑蚕之息既倍于田，又岁登，而税次轻"，转引自《河网、湿地和蚕桑——嘉湖平原生态史研究（9—17世纪）》。

税，如果不种桑树，必须出绢丝一匹[1]，后期甚至如果不种桑树，面临判处戍边的处罚[2]。

在整个江南重赋背景下，漕粮税不断加码，同时桑蚕税始终保持较低水平，溇港地区稻桑一体的农业产业格局就是在这一财税制度下被不断引导培育的。

3. 肇始军屯的营田制度

太湖流域的大规模农业生产运动始于三国孙吴时期，孙权建立了屯田备战制度，在这一地区放置军队开垦田地，设置有专门的"典农校尉"和"屯田都尉"，"使春惟知农，秋惟收稻，江渚有事，责其死效"[3]，极大地促进了地区的农业生产活动。此后，吴国延续这一制度，设置大司农、典农中郎将，司掌境内州、郡、县的屯田。唐代，在太湖流域设置专门的都水营田使，设立撩浅军，专职疏通河道溇港，代宗广德年间（763—764年），采纳建议在太湖"择封内闲田差壤人所不耕者为之屯"，进行大规模屯田；后期由于北方藩镇割据，更加注重江南粮食和财税保障，在太湖地区设立3大屯田区。由于屯田制度的有力支持，隋唐五代时期，塘浦圩田系统才得以在太湖地区兴起。到了吴越国时期，屯田制度得到了进一步发展，吴越王钱镠继续设置"都水营田使"，"命以太湖旁置撩清卒四部，凡七八千人，常为田事，治湖筑堤"[4]，"遇旱，则运水种田，涝则引水出田"，通过制度建设屯垦戍边、修筑海塘、开溇凿浦，推动塘浦圩田建设，促进区域农业发展，解决军事补给，屯田制度成为吴越国农田水利建设取得重大成就的重要保障。此后，由于太湖的漕粮和财税地位，这一制度一直延续。如北宋嘉祐年间（1056—1063年），专门"招置苏、湖开江兵士"[5]；元代，专门设立浙西都水庸田司，主管农田水利。到明清，除了兵屯之外，还有官屯、民屯。明代官屯有古额和今额之分，今额为新增官田。溇港所在吴兴地区后期以官屯、民屯为主，官圩、民圩都是此种屯田制度发展的产物。圩田建造维护需要大量的人力、物力和财力的投入，郏亶测算过建造圩田每里用夫五千的人力投入（何勇强，2003），需要统筹安排、系统组织，单个农户家庭根本无法承担。只有在屯田、营田制度的保障下，才能统一组织、集中调配人力物力，进行大规模组织的水利农业生产活动，从根本上保障了溇港地区的有序开发建设活动。

---

[1] 《明史》卷七八《食货二·赋役》有载：明洪武元年（1368年），"凡民田五亩至十亩者，栽种桑、麻、木棉各半亩，十亩以上倍。麻亩征八量，木棉亩四两。栽桑以四年起科。不种桑，出绢一匹。不种麻及木棉，出麻布、棉布各一匹。"

[2] 《明史》卷七八《食货二·赋役》有载："令户部移文天下课百姓植桑枣，里百户种秧二亩。……每百户初年课二百株，次年四百株，三年六百株，栽种讫，具如期日报，违者谪戍边。"

[3] 《三国志·吴书·陆凯传》有载："先帝战士，不给他役，使春惟知农，秋惟收稻，江渚有事，责其死效。"

[4] 《十国春秋》。

[5] 清金友理《太湖备考》。

4. 完备的水工维护机制

溇港地区由于独特的区位条件和自然环境，时常面临淤塞困扰，这不仅关系到溇港圩田的农业生产，还关系到区域水利安全，因此加强溇港疏浚维护成为一项十分重要的工作。在国家水利制度基础上，溇港地区逐步形成了一套具有特色的水工维护制度，是溇港文化景观演进发展的重要保障，本身也成为溇港圩田文化景观的重要组成部分。

一是建立专门管理机构。历史上，吴越国设置都水营田司、宋代设置转运使，统领太湖流域的治水工作。从元代开始，随着对溇港水利重要性认识的提高，在溇港地区最重要的湖口大钱开始设置大钱湖口寨。明洪武年间（1368—1398年）设置大钱河泊所，并设立大钱巡检司，加强对溇港地区的水利管理。到了明代中期，乌程县还专门设立"劝农通判"，专门协办水利事宜[1]。大钱巡检司在清代一直得以保留，负责管理溇港，只是驻地先后移至新浦、陈溇而已。

二是制定专业维护章程（图6-8）。在唐代就制定了指导全国水利工作的《水部式》，对于水利维护制定了详尽的制度[2]，宋代制定了《农田利害条约》和《管干圩岸、围岸官法》，元代江浙行省提出了修筑圩田水利的区域标准[3]。在这些国家和区域水利制度的基础上，到了明清时期，溇港地区开始制定自己的疏浚维护规程。明洪武年间（1368—1398年），乌程建立溇港管理修浚制度，规定"每年拨一千户"工役，"去淤泥，以通水利"。清道光九年（1829年），制定了《开浚溇港条议》，对修筑、清障、管理等作出更为明确的规定。同治十一年（1872年），制定并上报了《溇港岁修章程十条》[4]，对于疏浚周期、施工顺序、资金保障以及闸门配置、开闭等技术问题均作了详细规定。为了起到提醒、警示作用，各溇港还会专门渺石，镌刻维护章程和管理要求[5]。在常年实际维护中，还形成了一些溇港维护的约定习俗，如时间上宜在农闲时期，多为十一月、十二月开始，正月挑土，二月中完工，不误清明桑蚕之事情[6]。

三是多元经费保障。由于溇港疏浚工程浩大，稳定的经费保障是实施溇港岁修、大修、

---

① 该官职设立于明成化年间，废于明嘉靖年间。

② 清末在敦煌千佛洞发现的《水部式》残卷，共计29自然段，35条，2600余字，内容涉及农田水利管理、航运船闸维修、灌溉管理、分水比例等。

③ 江浙行省规定圩岸分等标准，以水平面（似指一般水位）作标准，田面和水面一样高的为一等，围岸高7.5尺；田高于水，则围岸的高度依次递减；田面高于水面4尺为五等，围岸高三尺。即修筑的围岸，按照地面高低分作五等，每1尺为一等，以便督促修筑。

④ 根据浙江巡抚杨昌浚提议，由湖州府制定《溇港岁修条议》，奏报时更名为《溇港岁修章程十条》。

⑤ 如宣家港在同治十年（1871年）修浚完成后，专门竖立重浚溇港善后规约，具体要求包括：闸夫二名，每名每年工食钱六千文，按季给发，不折不扣；闸板七块、铁圈钩索全，如有损坏，即时修补；闸基、闸槽、闸底兹得备整，有损坏者必随时请修；旧制重阳后闭闸，清明启闸，本港绅耆公商督同闸夫随时照办；平时遇西北大风，亦宜闭闸，以防淤泥，闭闸后遇内河水藉以刷淤；启闸时宜先测探闸内外淤泥，先行捞除，再启闸板；港身如有壅积，闸夫随时禀知专管官，集夫浚除；每逢秋后港中芰芦丛茂，闸夫务必浚除净尽，如不芟尽，扣发工食；港之两岸新种杨树加意照管，旧种之桑催令移徙，新种者票官禁止，仍随时补丛竹杂树，以固港岸；条列各事，均责成港绅耆，其本港绅耆，利害切己，仍不时督饬，如闸夫忽玩，准绅耆票官责革。同治十年四月□□日渺石（原碑具体日已模糊不清）。

⑥ 徐有珂《重浚三十六溇港议》有载："十月纳租事毕，十一月筑坝动土，正月告竣，至二月又有事于耕矣。三十六溇蚕桑极盛之地，二月桑枝放苗，必不能兴大役也。今已巳年管开在三月，适逢春雨连绵，竭蹶从事，而民亦奔走不暇矣。"

轮修的关键。经过长期探索，因地制宜建立了国库支付、乡绅捐助、桑捐补助、官田供养、田户共担的多元化的溇港委会经费来源。其中，大型水工建设和全面疏浚，多由中央或地方财政的专项支付配合官员和乡绅捐助作为主要资金来源，如清雍正年间（1723—1735年）的大规模修葺行为①；桑捐补助作为日常维护的稳定财政来源，清同治年间（1862—1874年）徐有珂《重浚三十六溇港议》提出，对获利最厚的出口蚕丝开征丝捐，按4‰的比例抽取开河基金，以3年为限，筹措18万银圆作为本金②，每年取息作为维护和管理费用，充分利用了地方丝绸利润丰厚之虞；官田供养是通过设立专门的公共桑园③，以其收益支付维护费用；田户共担是根据各自田地从溇港当中的收益情况，分担支付相应的维护投入④。

四是社会参与机制。 宋元以来，江南圩田和河道的治理都重视地方力量的参与，通过设立圩长、塘长组织乡村劳动力参与到水利建设当中⑤。塘长的主要职责就是动员和组织地方人力、物力，疏通河道、整治水患，择丁粮多者担任，通常十年一轮（林金树，1986），在农闲时候组织修筑工作⑥。一般情况下，采用钱由绅管、工则官监、互相筹商的工作机制（冯贤亮，2002）274-286，但是遇到重要修缮功能还要邀请名望很高的乡贤绅士主持、稽查⑦，调动各方力量，监督工程质量，如《溇港岁修章程》规定，溇港大修完成后一切"岁修善后事宜"皆由候补知县钮福和举人徐有珂专门负责溇港岁修。明清时期，太湖流域的水利维护出现了从官方转向民间的倾向（潘清，2003）。这种方式动员了地方力量，发挥了传统社会的自治能力，是明清时期溇港维护的组织保障。正是在中央政府统筹、地方政府组织、乡村社会共同参与、齐心协力之下，方使得溇港水系能够得到持续不断的维护。

---

① 清雍正八年（1730年），浙江巡抚李卫就从国库拨银1400余两，用以维修大钱、小梅石塘及诸溇闸。

②《重浚三十六溇港议》有载："此湖郡所独擅，故宜也。湖丝极旺时，出洋十万包；寇乱后仅三万包，桑少故也。每包一千三百二十两，约售洋钱五百元，今拟每包抽开河费两元，民间每家所出无几，售得百元者出四角，轻而易举，而于大工可立办；每年六万，以三年为限，则十八万矣！且随时扣除，一无延欠；获利本厚，一无怨咨；不经吏胥，一无加耗。况此项雇工，其钱仍散在民间。"

③ 清同治《湖州府志》卷四十三记载，乾隆四年（1739年），湖州知府胡成谋以河渠"开挖之土，填筑高地，栽桑招佃，岁取租入"，用于水利工程支出。候补知府史青测算提出"为解决溇港的岁修经费，需拨筹钱三万三千串，发典一分生息，一年可得三千九百六十串"，建议从丝绢中"每包加收洋一元，以一年为度，即行停止"，建议募得的岁修经费则分别存于府城、南浔、织里、双林、菱湖、荻港、长兴、新市、洛舍、德清、练市等18个钱庄，并按每月一分起息，按季支取。

④ 清代杨延璋、熊学鹏《奏请乘时开浚湖郡溇港疏》有载："分地远近，按亩乐输，以作修浚溇港之费。"

⑤ 清代郑元庆《石柱记笺释》有载："永乐以后，自监司以及郡县俱设有水利官，专治农事，每圩编立塘长，即择其有田者充之。岁以农隙，官率塘长循行阡陌间，督其筑修圩塍，开治水道，水旱之岁，责其启闭沟缺。"

⑥ 乾隆《乌程县志》有载："岁以农隙，官率塘长循行阡陌间，督其筑修圩塍，开治水道"。

⑦ 清吴云《至王补帆中丞论湖州水利书》有载："应令总董司其成，分董分核其地，而以委员为之稽查，估工既定，即责令承办。各港土方多少不同，分董以在溇归溇为宜，毗连处或须会同筹议，要亦各专责成，不必挽越，致多枝节。"

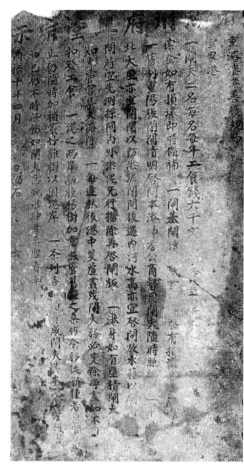

图6-8 重浚溇港善后规约碑照片（左）和拓片（右）
（资料来源：莫璟辉．"使君活我碑"及"重浚溇港善后规约碑"考述[J]．东方博物．2015（01）：107-111．）

6.3.4 商贸调控：粮食调配和丝绸贸易

大运河航运下的商贸繁荣推动了溇港圩田开发。

1. 从输天下到赖接济的粮食调运

从隋唐时期开始，关中地区粮食生产已经不能满足京城粮食的供给需求，需调运东南漕粮补缺[①]，太湖流域开始向北方地区调运粮食。安史之乱之后，以太湖流域为核心的江南地区不仅成为赋税重地，还成为最主要的粮食调出地，每年调运二百万石补给关中。此后相当长的历史时期里，太湖流域一直担负着国家粮仓的重任。

随着常住人口不断增加，粮食供需关系开始逐渐发生变化。进入明清以后，江南地区人口大增之后，本地产出已经不足供应，浙江尤为突出，其中杭嘉湖地区又因为桑麻需求旺盛，粮食短缺现象尤为突出。在持续的人口迁徙之后，两湖、四川、江西等省份开发加速，

[①]《新唐书·食货志》有载："唐都长安，而关中号称沃野，然其土地狭，所出不足以给京师、备水旱，故常转漕运东南之粟。"

到这一时期，上述地区已经成为全国主要的粮食产地，江浙、湖州地区大量调运川、鄂、赣外米补缺[①]。

整体来看，太湖流域农业生产始终是在全国性粮食调配、调运的背景下开展的。清代之前，旺盛的粮食需求极大地刺激了溇港地区的稻作生产，是溇港地区开发建设的重要推动力。清代当人口激增后，粮食产量不能满足当地需求的时候，外部的粮食输入及时补充了社会需求，维护了社会稳定。**溇港地区的稻作生产活动是在全国性粮食调配的调控和平衡下动态演进发展的**。

2. 形成品牌走向全球的丝绸贸易

虽然作为中国最早人工种桑养蚕的地方，湖州丝绸在史前文明时期就已经达到了很高的水平。但是在很长一段时间内，以湖州丝绸为代表的江浙丝绸面临着四川、广东等地丝绸的竞争。由于水土条件适宜，湖州桑蚕产量高、质量好，再加上江南地区的高水平织造技艺，湖州丝绸很快脱颖而出，成为皇家贡品。宋元时期，湖州已经成为江南蚕桑业最为发达的地区（任继周，2015）。明中期时候，湖州作为全国丝绸之府的地位确立（嵇发根，2007）。因其质量上乘，清初设立通商口岸之后，很快成为出口贸易的硬通货和紧俏货，到了乾隆年间（1736—1795年）甚至出台规定对出口规模加以限制，"每艘夷船只能贩湖丝五千斤，二蚕湖丝三千斤，头蚕湖丝和绫罗绸缎一律禁止出口"。湖州丝绸盛行天下的第二个高峰是在太平天国时期，湖州辑里人士避难上海，开始接触外国商家，推广销售湖州辑里丝绸。由于临近产地、质量上乘，迅速建立了湖州辑里丝绸的品牌效应，逐步成为国际贸易的热门商品。随着湖州丝绸声名鹊起和丝绸贸易规模不断扩张，丝绸贸易成为明清时期湖州地区经济社会的基础与原动力（陈学文，1993）。到民国3年（1914年），湖州出口丝绸占到中国生丝出口总量的44.1%（湖州市地方志编纂委员会编，2012），并对溇港地区发展产生了巨大影响。

一是丝绸贸易推动农业生产结构不断向重桑轻稻的方向发展。由于丝绸需求旺盛，桑价持续走高，"蚕桑之利，厚于稼穑""田中所入，与蚕桑各具半年费"[②]"其利倍蓰[③]"。明末清初就有了"多种田不如多治地[④]"的认识，清乾隆年间，湖州地区已经对桑蚕"尤以为先务，其生计所资，视田几过之"，太平天国之后更是"多舍本来而营分外"，民国湖州、吴兴毁稻种桑已经屡见不鲜，溇港地区也莫

---

① 清雍正《浙江通志》卷七《积贮中》有载："浙省居民稠密，户口繁多，而杭嘉湖三府本地又多种桑麻，是以产米不敷民食，向借湖广、江西等省外贩之米接济。"清同治《湖州府志》卷三二载："地狭人稠，本地所出之米，纳粮外不足供本地之食，必赖客米接济。""江浙粮米，所来仰给于湖广，湖广又仰给于四川。"

② 万历《湖州府志》卷十二《风土》。

③ 雍正《浙江通志》卷一〇二《物产》有载："蚕桑之利，莫盛于湖。大约良地一亩，可得叶八十个，计其一岁垦锄壅培之费，大约不过二两，而其利倍之。"

④《沈氏农书》。

不如此。这种桑争稻田的转变，一定程度上反映了农业生产从集约程度较低领域向较高领域转移的趋势（李伯重，1985）。

二是传统社会生产组织形式发生变化，传统生活方式、社会信仰也都随着发生变化。由于蚕桑种植季节性相对集中，几乎只需要春天养蚕，收入就可以达到一年生产事业所得的十之六七，稻作荒废后，更是出现大量闲暇时光，到民国时期，茶馆大量出现，农夫几乎每日耗半日在茶馆度过（中国经济统计研究所，1939）[133]。桑蚕文化对社会信仰、生活习俗的影响也不断加深，发展到乾隆五十九年（1794年），国家诏令湖州府开展蚕神官祭，每年春秋两次，到了同治年间（1862—1874年）修志时甚至将蚕桑独列一门，桑蚕对湖州社会经济的影响力之大可见一斑。值得一提的是，这种影响甚至延伸到丧葬习俗上，由于桑植惜地，这一区域的广大农民甚至不惜违抗政府旨意，悖逆文化传统，采取火葬方式，以争取更多的土地资源用于蚕桑生产（冯贤亮，2002）[451]。

三是专业化市镇开始涌现，溇港地区更加紧密融入区域发展网络当中。丝绸贸易促进专业分工细化和产业链条的延伸，元明时期沿着主要水道形成了市镇走廊，在溇港及周边地区形成了专业分工、系统化组织的市镇网络[①]，出现茧行、叶行、丝行、丝市、水市（蚕市）等细分市场，桑叶、蚕茧都开始形成区域贩卖和调配，溇港乡村内部与周边城镇联系日渐紧密[②]。同时溇港地区内部也形成了一些特色市镇，太平天国时期，溇港地区钱溇、杨溇、吴溇等处丝绸交易旺盛，这些聚落已经发展到"一如市镇"[③]的水平；民国时期，溇港地区市镇发育进一步加速，从1935年溇港地区市镇的商业规模可以窥见其发展情况（表6-1），这些市镇相互之间以及与溇港乡村腹地之间的联系日益紧密，推动了区域市镇网络的发展。

四是溇港乡村景观开始发展变化。从明代开始，湖州植桑不断增加，到了清代发展到"无不桑之地，无不蚕之家"，"有地即栽，无一旷土"，"尺寸之堤必树之桑"，"浔溪溪畔遍桑麻，溪上人家傍水涯"的景观特征得到进一步加强；到了民国时期，"沿河两岸，皆为桑林"仍是溇港地区的主要景观特征（何庆云、熊同龢，1935）。与此同时，"耕桑之富，甲于浙右"的财富积累为乡村、市镇建设提供了物质基础，大量的公共建筑在这一时期得以新建和修缮，城乡面貌持续发生变化。

但是，到了1930年之后，由于世界经济危机以及日本现代丝绸加工技术发明后的倾销（佚名，1932），传统手工丝绸迅速被大规模机械化产品所替代，中国丝绸在国际贸易中的份额急剧缩小，湖州丝绸生产断崖式跌入低谷，整个溇港地区产业链条被打断，湖州、吴兴、溇港地区以丝绸桑蚕业为核心的社会经济发展遭受巨大冲击。

[①] 溇港比邻的南浔镇，逐渐成为丝业重镇和全国最大的丝市，大小丝行达到500余家；双林、菱湖都成为"湖丝贸易倍他处"的丝绸旺市。

[②] 民国时期，包括溇港地区在内的吴兴低乡地区，与湖州城、南浔镇等主要市镇之间交通联系紧密，开始出现固定船次，但是比较特殊的是这些船次由乡村为丝绸掮客提供，不收取客人船费，主要为了商贸活动便利。

[③] 光绪《乌程县志》卷三六《杂志四》引《湖滨寇灾记录》。

	商店数量（家）	资本总额 （万元）	营业总额 （万元）	店员总数（人）
织里	117	93.600	854.000	468
大钱	31	15.500	132.400	90
晟舍	31	12.500	84.000	90
义皋	28	14.000	150.000	88
八里店	26	7.800	80.000	78
陆家湾	20	5.800	58.000	60
钱溇	8	2.500	37.500	24
潘溇	5	2.000	24.000	14
杨溇	5	2.500	32.000	20
南汤溇	4	2.000	18.000	12
湖溇	4	2.000	22.000	12
大溇	3	1.500	10.000	8
金溇	2	1.000	8.000	5
合计	284	162.7	1509.9	969

（资料来源：作者整理；数据来自：国民党政府经济建设委员会经济调查所. 中国经济志·浙江吴兴县 [S.l.]，1935：55—59.）

3. 需求旺盛的羊皮、湖笔贸易

按照《湖州府志》的记载，湖州本地有两种羊，一是湖羊，一是山羊。饲养湖羊和山羊，除了卖肉、积肥外，常用湖羊取毛做毡、取羔皮做裘，取山羊毛适宜作为制笔之用[1]。到明清时期，湖羊裘皮、湖笔制作在溇港地区及周边地区已经渐成产业，与溇港地区比邻的善琏，到清代已经成为享誉全国的湖笔制作专业化城镇。

民国时期，胎羊皮和湖笔贸易活动繁荣，与粮食、丝绸相比，这两者的贸易数额虽然不大，但是需求持续旺盛，直接影响了溇港生态农业中重要一环——湖羊及山羊的饲养。

---

[1] 同治《湖州府志》卷三十三《物产》有载："吾乡有羊二种，曰吴羊曰山羊……山羊毛直角长尾细，其毛堪作笔料。"

6.4 关键保障：水工和农作科技进步的持续推动

6.4.1 溇港水工：开沟排水、疏浚维护

1. 湿地疏水技术

长江流域农业生产的问题是肥沃且沼泽化冲积土地的排水问题（李约瑟，1954），溇港圩田地区未开发之前属于典型的滩涂沼泽地区，在此种环境中进行农业开发，首先必须修筑排水沟渠以疏干水分，而在高含水淤泥地基上修筑沟渠十分容易出现坍塌，这是制约湿地人工开发建设的关键性难题。2004年，在溇港地区昆山遗址的考古发掘活动中，发现了马桥文化时期的昆山大沟，这一发现证实了4000多年前溇港先人已经提出了解决软流质淤泥开挖大型沟洫的技术方法。根据遗址孢粉分析和树木遗存分析结果显示，遗址周围分布有大量的萍蓬草属植物花粉和蕨类孢粉，证实遗址当时处于湖泊沼泽的自然环境①。考古发掘发现，在昆山遗址的中间保存有一条南北走向、宽15m、深3.8m的大沟，该沟两侧由木桩和竹编组合而成了围堰，为沟壁提供临时支护作用，开挖沟槽后的淤泥放到两侧围堰外侧，水分渗透而下，淤泥逐渐变干形成稳定的护岸，达到了固壁利渗、防塌保土的双重作用（图6-9）。该大沟断面形式特殊，具有"沟中沟"双层梯形复式结构特征，中部打桩痕迹非常明显，个别木桩直接打入到生土之中，明显有意为之，与固桩有一定关系（浙江省文物考古研究所、湖州博物馆，2006）。通过"竹木透水围篱"与"双层梯形沟渠断面"的创造性技术思路，溇港先民成功破解了在含水量超过50%的软流质淤泥地基上开沟排水、两侧支护以及无处取土的难题（吴兴区水利局，2013）011–012。经C_{14}测定，昆山大沟的围篱建造年代距今3855±40年，其底层淤泥中的芦苇遗迹的年代距今4255±40年和3590±40年，表明昆山湿地排水筑沟技术形成时间十分悠久，要远早于后来郑国渠修筑发明的"草土围堰"和都江堰修筑时发明的"竹笼围堰"。4000年前湿地水工关键技术的突破，为后来溇港地区乃至太湖流域的沼泽疏干排水、湿地沟渠开挖、滩涂圩田修筑提供了技术积累，有学者提出后世在修筑塘路时采用以桩亩竹席为墙、漉水于淤泥中的方法应该就是脱胎于上述方法。

2. 溇港疏浚技术

在解决了湿地开沟的技术难题之后，溇港水工面临的另一个难题就是解决溇港河道容易淤积堵塞的难题。针对这一难题，溇港地区先民在总结历史经验的基础上，形成了一套疏浚维护的技术方法。主要包括：

一是修建闸门，锁溇避浪。入湖溇港绝大部分都建有巨木斗门，斗门内置闸板，一般是重阳关闸，清明开启。平时，如果恰逢干旱，则关闭以免泄水，当刮起东北风也关闭，以防

---

① 详见《昆山》附录三《昆山遗址的孢粉和树木遗存分析报告》。

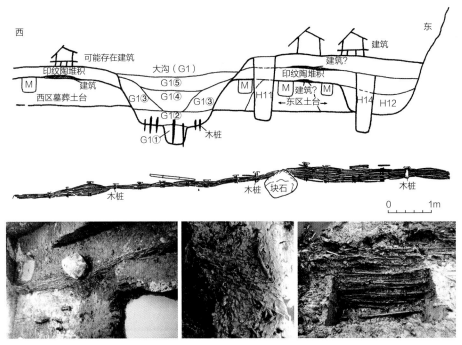

图6-9　昆山大沟剖面（上）、围堰平面（中）以及发掘照片（下）
（资料来源：浙江省文物考古研究所，湖州博物馆. 昆山[M]. 北京：文物出版社，2006.）

止湖水暴涨①。**二是顺应风向，东北入湖。**由于太湖常年风向中，西北风频率高、风速大②，容易卷起风浪，带动泥沙，造成淤积，因此溇港入湖口门统一改为朝向东北，清乾隆年间改直之后，淤积加重，后又恢复惯制③。**三是建造石桥，束水攻沙。**在入湖溇港闸门之内，都修建有石桥，在清明开闸后，利用汛期洪水，发挥桥墩的束水加速作用，使得淤泥顺水冲刷而出，减少淤塞。**四是挖泥培岸，一举两得。**前文已经论述过，溇港地区建设遵循田水共治的思路，通过罱河泥的方式，清理溇港淤泥、掏深河底的同时，解决了圩岸、桑基的土壤流失、养分补充的问题，达到多重功效。**五是横塘纵溇，系统整治。**由于横塘纵溇相互关联，必须整体清淤疏浚，"倘止开直溇，而不开北塘横港通溇之源，是欲通其肠胃而反塞其咽喉也，故曰无益"，因此纵溇、横塘都系统整治。**六是统一基准，整体谋划。**对于水网疏浚的整体谋划，历史上通过设立水则的方式确定统一基准标高，而后确定各溇港设计高程。在溇港地区水则损毁、缺乏的情况下，创造性地提出在同一时间，溇港地区各个河道泾浜在各自石桥柱基上刻画水位，作为基准标高，上

---

① 清郑元庆《石柱记笺释》有载："旱则闭之，以防溪水之走泄，有东北风亦闭之，以防湖水之暴涨。"
② 参见本章第二节相关内容。
③ 清吴云《至王补帆中丞论湖州水利书》有载："以西北风为最猛，泥水随风而上，即为淤滞之由。惟口向东北，则能避风，旧制如是。乾隆年间，误将口门改直，甚或改向西北，以致淤垫日甚。"

下增加刻度方式，统一高程，整体规划①。**七是从北至南，循次找坡**。为了确保排水顺畅，在入湖溇港清淤时，从下游开始，分段数论，从北至南，顺应水势地形，保证坡度合理。**八是清理茭芦，打捞萍草**。对于淤塞溇港的水生植物，也定期清理，主要包括私自种植的茭芦和野生蔓延的萍草②，确保水道畅通。

6.4.2 筑圩理田：分层整治、分区排水

太湖流域历史上圩田广泛存在，形成的筑圩方法虽然略有差异，但是基本原理相差无几。太湖流域筑圩理田技术经过历史上长期的积累，到明清时期进入快速发展阶段，出现了一些专业性筑圩书籍，归纳总结相对成熟的圩田修筑方法。其中，分层整治、分区排水是筑圩理田最关键的支撑技术。

1. 分层整治技术

圩田整理的重要原则就是顺应地形，根据不同的地层高差进行分层土地整治，形成高低不同的工作层面，正所谓"一圩高下，田土高下不齐"。无论圩田形状如何，基本都可以分为高、低、下三个等级，根据需要还可以进一步细分，形成不同高程的操作面。现代研究结果表明，圩堤高度、圩田地形、田面高程是影响圩田抵御洪水的重要原因（高俊峰、毛锐，1993）。不同的操作面由于其含水率和排水条件的差异，会被安排不同的土地用途（图6-10）。一般最高的操作面为圩岸，由于圩堤要保护圩田不受堤外溇港洪水的漫堤侵害，圩堤高度一般高于历史最高水位1尺以上，圩堤多用于房屋基址、道路和桑树种植。中间的操作面多进行稻麦轮作及春花作物的种植，最低部分用于水稻种植，或者是草荡、沼溇或池塘。

通过不同的操作面实行分层整治技术，以最小的土地扰动、最省力的操作方式，溇港圩田巧妙地解决了不同作物之间对于不同种植条件的需求，同时还形成了高低起伏、自然多变的景观特征。

2. 分区排水技术

对太湖流域而言，及时排除田地积水是决定农业生产成败的关键，为了解决这一问题，太湖先民发明了分区排水技术。结合土地分层整理，

图6-10　圩田高程示意图
（资料来源：[清]孙峻. 筑圩图说；原图名为"圩形如釜图"）

---

① 清徐有珂《重浚三十六溇港议》有载："同限某日某刻，测定水则，凡遇桥梁石柱平水处，横泐一画，由此下测得水若干尺，即可知南北河身之高下矣，而三十六溇之浅处见矣。大约此后须加深六尺，乃与境内深处平也，桥柱由上而下，部尺一尺一则，横泐十画，遇水旱勘灾，亦有定准。"
② 民国冯千乘《兴修浙西水利管见》有载："河面上产生一种萍簪，花如蝴蝶，俗称革命草，亦称水浮莲，蔓延神速，常常满荡满塘，至不能通行舟楫，亦阻止河水奔流，其根系色黑如墨，染水尽乌且臭。"

在不同高层的操作面边缘建立起了径塍，按照明代何宜《水利策略》的设计，大约200亩至少需要修筑一条，作为排水单元进行有组织的排水。在这些大的、有组织排水片区当中，还要进行进一步划分，分为10～30亩大小不一的田格，便于对水流进行控制，确保做到行水不乱。这些径塍和田埂一般多顺应地形走势，形成对地貌的有机分割。

开沟作豂的技术在元代得以发明，其突出价值就是解决了稻田积水和地下水位高的问题。溇港圩田继续发展这种技术，在不同的操作面，分别进行不同方式的排水组织。对于处在较高高程的

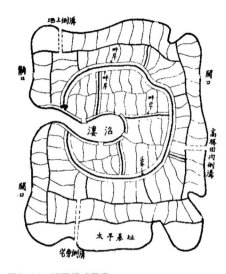

图6-11 圩田模式示意
（资料来源：[清]孙峻. 筑圩图说；原图名为"水潦无虞图"）

上塍田，通过缺口接排水到圩外的泾浜河道，所谓撤出上塍水。对于处于较低高程的中塍田，利用穿越上塍田的倒沟派出，称作倒拔中塍水。对于最下面的下塍田，不在外围开口，而是通过组织排水进入圩内沼溇后，再排入圩田之外，叫作疏消下塍水（图6-11）。通过这种方式，最终实现高田高排、低田低排，互不干扰，确保了圩田不受水潦之虞。

6.4.3　水稻种植：深耕勤耘、肥多精管

1. 勤耘深耕技术

溇港地区水稻种植历史悠久，在新石器时代已经开始了野生水稻的驯化、培育。由于自然条件的限制，为了提高土壤能力，耘田和深耕就成了该地区水稻种植技术发展的重要方向。

唐代，随着人口迁徙，北方先进技术传播到了太湖流域，在旱地农业技术的基础上，太湖先民创造出了著名的耕田工具江东犁，标志着南方水田耕种体系技术的初步完成。这一工具实现了稻田翻耕一次成型，翻土、碎土、混浆在一个流程下全部完成，实现将地表草绝其根茎，埋入土中，深耕技术进入一个新的阶段。宋代发明了铁齿耖，这一器具在溇港地区也得到广泛运用，完成了犁—耙—耖的稻田耕作整平体系，通过耘田改变土壤物理性状，达到"壤细如面"的效果，促进作物根系生长。到了元代，江南地区发明了翻耕田土的新工具铁搭，铁搭为四、六齿，形状类似钉耙，特别适合土壤黏重、排水困难的稻田地区的深翻作业。明清时期，南太湖地区更是强调稻作生产中的深耕技术，要垦深，并且用铁

搭垦过之后，继续垦翻一二层，进而保证翻耕的深度，并通过人耕、牛耕结合的方式解决深耕问题。

深耕是中国农业生产的重要原则，无论南北农区都同样适用，南方水田必须通过深耕才能保持必要的水肥（郭文韬，1994）。明末清初时期，水稻田耕作深度大于8寸，远超过新中国成立后的耕作深度（陈恒力，1958），历史资料明确记载深耕能够极大促进生产率[1]。对溇港地区而言，深耕的重要价值在于，一是通过深层次的土壤扰动，实现了土壤的物化作用，让底层土和上层土实现干湿交替，加速土壤颗粒的氧化还原，改变了自然土壤的性能，是水稻土形成的关键步骤；二是在施肥之后的基肥能够深入到土壤当中，确保土壤肥力在水稻生长周期中缓慢释放，提高水稻对土壤肥力的吸收效率；三是有利于稻耕向下生长，避免作物倒伏情况发生。

2. 施肥精管技术

溇港地区所在的江南地区是中国传统精耕细作的典范，一个重要特点就是在农业生产中重视施肥技术，这一点在水稻生产中表现得尤为突出。施肥技术有两个特点：

一是肥料来源以河泥为基础[2]，用豆饼、灰粪、羊粪、牛粪等为补充。纵横密布的溇港泾浜能够源源不断地提供河泥（图6-12），其来源广泛、数量丰富，保证了大规模水稻生产的需要。同时，河泥性能优良，有机质含量可以达到5.09%（中国农业科学院土肥所，1962），其氮含量达到0.27%、磷含量达到0.59%、钾含量达到0.91%（殷志华，2012），在补充各种养分的同时，能够满足增加耕作层厚度，改善土壤松软程度。在以河泥为基肥的同时，还重视肥料的多样补充，太湖流域在唐代已经开始在稻田种植绿肥增加地力，宋代已经创造出了六种

图6-12　河泥肥桑基

（资料来源：作者自摄）

---

[1] 明徐献忠《吴兴掌故集》有载："湖耕深而种稀。……大率深至八寸，故倍收。"

[2] 明徐献忠《吴兴掌故集》有载："初种时，必以河泥作底，其力虽慢而长。"

肥源，到了元代发展出包括河泥在内的八类肥料，到明清时已经发展到了九大种类的肥料（韩玉芬、高万湖，2011）。

二是注重施肥的精准性。在太湖地区，不仅高度重视施肥的量，还重视施肥的精确。在农业生产中很早就认识到应根据土壤的性质不同，施与不同的肥料组合，以用粪如用药的精神对待施肥。《沈氏农书》对于施肥技术做了全面总结梳理，如人粪力旺、牛粪力长的物性差异；羊粪适合桑地，猪粪利于水田，灶灰不宜肥桑地、适宜稻田的适用规律；用草、泥、猪壅垫底，牛壅接续，或者牛壅垫底，豆饼接续的施肥经验等①。《吴兴掌故集》也对施肥顺序进行了归纳，强调初种应以河泥为底，取其肥力效久，秋后开始追加肥壅，取其力旺的做法②。

到了明清之后，江南地区水稻生产的劳动投入已经达到投入的极限，加大肥料投入成为维持稻作生产集约度的主要方式（李伯重，1984）。从这一时期开始，大量施肥、精准施肥，达到"地力常新壮"的目的，已经成为太湖流域水稻种植的金科玉律，不断追加施肥成为保持和提高农业生产效率的重要途径。

6.4.4　桑蚕种养：培育湖桑、蚕种遴选

1. 湖桑培育技术

钱山漾遗址考古发现，5000年前溇港及周边地区就开始培育家蚕，从唐代开始溇港所在的嘉湖地区不断在桑树培育技术方面创新进步。唐宋时期，发明了桑树嫁接法、环状穴施肥法及桑园间作苎麻技术。明清时期，丝绸贸易的兴盛刺激了桑树种植培育，桑种培育技术得到持续发展，杭嘉湖地区在引入鲁桑嫁接改造的基础上，培育了高产优良的桑树品种并被各地引进，这些桑树品种被统称为湖桑。桑树的特点为树干不高，利于采摘，叶圆汁多。最终形成了不同的桑树品种，如荷叶桑、黄头桑、木竹青桑枝干坚实、不易腐朽，火桑结叶时间早、宜养早蚕，紫皮桑叶密而厚、品种最佳。这些优良品种的春叶亩产可达到500~600斤（中国农业科学院、南京农业大学中国农业遗产研究室太湖地区农业史研究课题组，1990）。

除了培育出丰富的桑树品种，清代嘉湖地区还开展了特定树形的塑造，形成了著名的拳桑。拳桑，又名鼓椎桑，通过每年夏季在桑树树干同一部位的剪枝伐条，使得剪伐处不断隆起膨胀，状如拳头（周晴，2008）。拳桑由于主干比较低，

---

① 《沈氏农书》有载："人粪力旺，牛粪力长，不可偏废"，"羊壅宜于地，猪壅宜于田。灰忌壅地，为其剥肥；灰宜壅田，取其松泛。如草、泥、猪壅垫底，则以牛壅接之；如牛壅垫底，则以豆泥，豆饼接之。"

② 明徐献忠《吴兴掌故集》有载："下粪不可太早，太早而后力不接，交秋时多缩而不秀。初种时，必须河泥作底，其力慢而长，伏暑时，稍下灰或菜饼，其力亦慢而不速疾。立秋后交处暑，始下大肥壅，则其力倍而穗长矣。"

多为三尺左右，采桑取叶方便，并且桑叶距离地面近，在秋季夜间能够更好保温，减少冻伤概率。伴随拳桑树形塑造的成功，桑农们还发明了一种均二叶技术，通过在拳桑新芽处疏芽，解决了枝条发育中新梢生长不均的问题。正是由于有树干低矮、枝叶茂盛、处处可见的拳桑存在，溇港地区呈现出与其他地区不同的乡村景观特色。

2. 育蚕选种技术

在桑蚕生产中，蚕种的培育和浴种也是一项十分重要的工作。到明清时期，浴种已经成为太湖流域保存良种、淘汰病弱的重要手段（范虹珏，2012），这种高级技术仅仅在南太湖地区存在[①]。

蚕种培育方面，在唐代就发明了低温处理蚕种法。明代，培育出了大批的良品蚕种，比较出名的包括丹杵种、太湖种、七里种、白皮种、三眠种等。清代持续进行蚕种改良，从光绪年间（1875—1908年）开始，采用优良土种纯系分离而得的纯种、引入日本品种杂交等方式，提高蚕种质量。

浴种方面，历史上湖州地区主要通过"清水浴""霜雪浴""盐水浴""灰水浴""百花水浴"来进行浴种。"灰水浴"是在12月12日，取温水一盆，投入成块石灰化水后，放入蚕纸浸入，放置2个小时后铺开晾干。"百花水浴"是在2月12日，取清水一盆，采集各种草木花，放入水中揉浸之后，进行浴种，达到去弱留强的目的。清代中后期，随着西方科学技术的传入，湖州创办了国立湖州高级蚕丝职业学校，开始对传统浴种技术和蚕种进行改良。主要做法就是在传统浴种技术上，改为用盐卤和枯桑叶消除表面毒气，再用石灰水杀毒，并置于严霜中杀种（韩玉芬、高万湖，2011）。通过浴种，筛掉质量较差的蚕种，保留抗病能力强的蚕种，提高蚕桑生产效益。

6.5 小结

本章首先探讨了溇港圩田文化景观演化过程，对溇港圩田文化景观演化阶段进行了划分，提出其发展可分为史前文明到三国的孕育阶段、西晋到五代的草创阶段、北宋到清初的稳定成熟阶段、清中期以后进入衰退分化阶段。对于溇港圩田演进的划分，没有简单以溇港水网建设发展为判别依据，而是提出围绕水利建设变化、农业生产变化、聚落营建变化、生态景观变化四个维度进行全方位的考察，坚持从**系统结构和生态功能的整体性角度、从区域发展宏观背景**，对溇港圩田文化景观演化阶段过程进行识别。这种从区域宏观视角，从多功能综合角度考察，以系统结构和生态效应为标准的判别方法，对于其他类型的华夏传统农耕文化景观的演进过程识别也具有一定的借鉴意义。

本章核心内容是对于溇港圩田的驱动因子进行分析、分类，以历史地理学、农业和水利

---

① 明宋应星《天工开物》有载："凡蚕用浴法，唯嘉、湖两郡。"

考古等多学科为基础，根据其不同的作用机制分为基础支撑类、核心驱动类、关键保障类。

基础支撑类的因子是决定溇港圩田文化景观孕育发展的自然条件，主要包括地理格局、地形地貌、气候条件、土壤能力。从地理格局看，溇港位于山湖之间的水利咽喉处，是天目山来水从山区进入太湖之前的缓冲地带，承担着峰时洪水的消纳、排泄的重要功能，同时处在太湖盆地西升东降的转折带，受到地质结构和太湖湖水运动的影响，这些地理条件促使了溇港水网的建设，推动了溇港清淤制度的形成，造就了太湖南岸岸线的独特形态，并影响到了入湖溇港斗门方向的调整。从地形地貌看，溇港地区属于北高南低的低洼沼泽地区，海拔高程处于2~3m且层级分明，这种地貌特征决定了横塘水道的选线位置，也是溇港地区南北片区的农作物差异的主要原因。从气候条件看，溇港地区所在的南太湖地区雨水充沛、光照充足，气候、水分配合得当，适宜多种农作物生产，尤其契合桑蚕、水稻的种养需求。从土壤条件看，经过长期的人工改良和培育，溇港地区形成适宜水稻生长的水稻土、符合桑树习性的桑基土，将溇港地区传统农业生产的唯一瓶颈和短板补齐。上述四类驱动因子为溇港文化景观的孕育提供了特有的自然环境条件，在其形成过程中发挥了内在驱动作用。正是由于上述独特的自然环境的存在，溇港圩田地区才得以发展成为太湖稻—桑农业区的典型代表[①]。

核心动力类的因子是推动溇港圩田文化景观发展演化的关键因素，主要包括人口增长、区域开发（基础设施）、制度影响、商贸调控。人口增长方面，从秦汉之后，持续的区域人口机械迁徙和自然增长，为溇港圩田文化景观的发育、发展提供了劳动力、资金和技术支持，后期随着地多人少局面的形成，需要提高土地产出效率满足供给需要，倒逼推动了溇港地区水利、农业技术的变革进步，在溇港圩田文化景观的演进过程中起到了十分重要的作用。区域开发方面，江南海塘系统、太湖下游排水体系等区域大型基础设施的建设和维护，为南太湖低洼地区的开发提供了基本安全保证；碽塘的建设更是直接促进了溇港地区水文条件的变化，是溇港地区大规模人工开发的触媒，并让溇港地区有机会融入更大区域的经济网络，为溇港圩田文化景观的全面发展奠定了区域基础。农业水利政策方面，重农贵桑的农业政策及稻桑财税显著差距有力地推动了溇港地区开荒拓展和稻桑农作生产，江南地区的屯田制度为溇港地区建设所必需的高效组织、人力物力提供了强大的机制保障，完备的溇港水利水工维护机制不仅为溇港圩田景观演进发展提供了稳定的基础条件，本身也成为文化景观的组成部分。粮食调配和丝绸贸易方面，全国性粮食调配、调运为溇港圩田文化景观的结构性调整提供了条件，

[①] 有研究指出，到清代江南地区形成了三种农业模式聚集区，滨海的棉—稻区、太湖南岸的稻—桑区、太湖北部的稻作区。

清代之前旺盛的粮食外调促进了溇港地区的综合开发和农业生产，清代之后外部粮食的及时调入补充维系了溇港地区的社会稳定；丝绸贸易的兴衰变化，直接影响了农业种植结构的变化，并对传统社会生产组织形式产生影响，推动了溇港地区及周边地区市镇网络的发展和乡村景观的变化，是清代溇港圩田文化景观发生变化的重要因素。

关键保障类的因子为溇港圩田可持续发展提供了关键技术支持，其中代表性的技术包括溇港水工技术、筑圩理田技术、水稻培育技术、桑蚕种养技术。溇港水工技术主要包括湿地疏水技术和溇港疏浚技术，前者解决了软流质淤泥开挖的技术难题，为高含水淤泥地区的开发以及溇港地区疏干排水、沟渠开挖、滩涂圩田修筑提供了技术积累；后者则从技术方面，为溇港河道淤积堵塞提供了系统性解决方案。筑圩理田主要包括分层整治和分区排水技术，两项技术配合使用在实现最小扰动和保持地貌的基础上，解决了圩田排水难题，并为圩田土地高效使用提供了条件。桑蚕种养最为突出的两个技术是桑树培育和蚕种遴选，通过这两项技术不仅培育出了地方性、优质高产的桑树和桑蚕品种，同时还形成了拳桑树形特征，为特色乡村景观的形成奠定了基础。

总之，上述区域因子之间通过"环境互动—制度修正—经济影响—技术响应"的作用机制推动溇港圩田文化景观的发育、发展和变异，这些驱动因素之间也互相影响，形成了复杂的耦合关系。例如，区域人口持续增长直接推动了水利和农业技术的发展，符合美国当代农业经济学家埃斯特·博赛勒普（Ester Boserup）的"人口压力与技术变迁"理论。科技进步后促进了农业生产，又有进一步推动了区域发展，吸引更多人口聚集，并反过来继续影响区域发展、农业和税收政策的制定。

需要强调的是，人在溇港圩田文化景观的形成过程起到了重要的作用，虽然不能简单地将其形成归功到某个具体的人，但是这里所说的"人"也不是虚无缥缈的。在溇港圩田形成演化的过程中，既有某个历史人物在关键节点发挥的重要作用，如殷康、于頔之于頔塘；也有某个社会阶层的特殊贡献，如明清乡贤阶层之于溇港疏浚维护；当然更离不开千千万万溇港先民在持续的生产生活中的集体创造。总而言之，溇港文化景观是人类与自然共同创造的产物。

在长时间持续性作用过程中，溇港地区的自然与文化不断互动、时间与空间相互交织、主体和客体紧密关联，以一种动态调整的方式实现了自然与人的相互响应、适应，共同创造出了溇港圩田文化景观。

第 7 章

变化趋势与保护策略

改革开放之后，溇港地区传统农业生产方式发生了巨大改变，除农业本身的种植方式、种植内容、生产工具发生改变外，南太湖地区的城市化、工业化也改变了区域的本底状况，溇港圩田文化景观受到冲击，保存状况日趋隳坏。本章将利用历史地图、遥感数据和气象观测及模拟等方法，结合现场调研座谈，通过定性和定量的方法分析和评判过去五十年来溇港圩田文化景观的变化趋势、特征及威胁，提出溇港圩田文化景观的保护对策与措施。

遥感影像数据对比上，时间断面选取1968年作为原始状况参照数据[①]，2017年作为现状样本数据，借助eCognition8.9软件实现基于对象的分类方法中的类别提取分类，得到分析的基础数据[②]。通过对比溇港、漾荡、村落归纳溇港圩田的变化，并通过统计年鉴、产业数据、实际调研等数据明确南太湖地区产业内容大的变化。进行景观分析时，引入flagstats4.0软件，通过计算各图层的景观指数得出相应结论。气象分析和模拟上，数据来源和方法见本书第5章，所对比的1968年和2017年均为非气象灾害年份[③]，具有比较意义。

7.1 变化趋势：系统结构失稳、空间形态变异、生态功能退化

7.1.1 溇港水系：河道部分消失、漾荡面积收缩

从溇港水系1968、2017年的对比情况看，溇港地区水网结构、水系形态已经发生重大变化（图7-1），具体表现在以下几个方面：

一是河道大量消失。1968年，溇港地区总河道长度为1105.8km，整体河道密度（河道长度/范围面积）为3.88km/km²，水域面积为59.7km²，水面率为20.4%；到2017年，溇港地区总河道长度为921.3km，整体河道密度降低到3.23km/km²，水域面积为56.3km²（不含水塘的水域面积为14km²），水面率为19.7%（不含水塘的水面率为4.9%）。消失的河道主要是泾浜水道，多位于高速公路以南地区。

---

① 1968年数据来源和处理方法见第1章、第4章相关内容。

② 由于数据影像分辨率比较高，所要求的类别划分精度也较高，因此采用基于面向对象的分类方法进行影像地物类别划分，克服了常用的基于像素的分类方法由于存在噪声等因素导致类别划分较为模糊的问题。实验采用eCognition8.9软件实现基于对象的分类方法中的类别提取。在类别划分之前考虑到原始数据样本的多样性，相同类别的地物也可能表现出不同的特征，选择采用多尺度分割方法进行影像分割。分割尺度设为100。获取分割影像之后，采用基于样本的面向对象方法进行影像分类。首先插入所需划分的六个类别：水系、耕地、林地、村落及低层住宅用地、高层住宅用地、道路。对分割结果中的每个类别进行特征规则设定（影像光谱信息、形状等），并选择尽可能多的具有代表性的训练样本进行规则训练。得到分类结果之后将划分的总类别及每个具体类别输出为矢量文件格式。

③ 依据2018年《中国气候变化蓝皮书》，1968年和2017年我国地表年平均气温均非1961—2017年间最高和最低气温年份，平均年降水量也均非历史最多或最少年份，相对湿度则接近常年值，我国的1968年和2017年属气候正常年份。

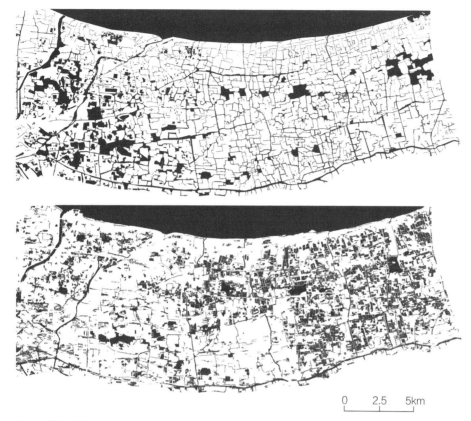

图7-1　溇港地区1968、2017年水网格局比较（上：1968年；下：2017年）
（资料来源：作者自绘）

二是漾荡面积大幅缩小。在1968年，溇港地区面积10hm²以上的漾荡数量为68个，其中最大的漾荡为陆家漾，面积为96hm²；到2017年面积10hm²以上的漾荡数量为14个，平均面积26.9hm²，陆家漾缩小到不足原面积的一半。

三是出现了大量与溇港水网不相联系的养殖水塘。共有水塘斑块4663个，平均面积为0.91hm²，水塘总面积为4230.6hm²，占到水体总面积的75.1%。

从现状看，溇港地区棋盘化、高密度的水网格局已经出现重大变化，水网的横塘纵溇、泾浜密织、漾荡沼溇等众多水网特征已经被严重破坏，以前层次分明的河道体系已经模糊。由于溇港地区整体空间结构是建立在水网格局基础之上的，其也不可避免地出现了结构性变化，滨湖、绕漾、临顿塘三个片区特征有所模糊，很难找到传统的典型溇港人居单元。

7.1.2　圩田景观：耕地总量减少、田地变为蟹塘

从圩田1968、2017年对比情况看，溇港地区圩田景观也发生了明显变化，主要表现在：

一是耕地数量大幅减少。耕地总面积由1968年的19567.1hm²下降为2017年的10965.1hm²，耕地所占区域面积由1968年的69.0%下降到2017年的34.2%（图7-2），比例下降了近一半。过

图7-2　娄港地区1968、2017年耕地比较（上：1968年；下：2017年）
（资料来源：作者自绘）

去以耕地为主的土地利用方式发生了根本改变，目前耕地、水域及城乡建设用地占比相接近。消失的耕地转变为了林地、水域及城乡建设用地，百分比依次为9.2%∶39.1%∶51.7%，变为水域的耕地成了养殖用水域，而转变为林地的耕地除了部分景观用途之外，主要表现为生产方式的转变，即由种植作物转变为发展林果业。娄港地区西北部及南部地区的耕地主要转变为水域，湖州及织里镇转变为城镇，林地零星分布（图7-3）。

　　二是耕种结构大幅变化。从现场调研情况看，娄港地区不仅耕地面积大幅减少，保留下的圩田的种植结构也发生了巨大变化，传统娄港的主要农业水稻和蚕桑的面积都出现了断崖式减少，尤其是桑蚕，在一些村落几近消失。某些村落

　农耕文化景观的生态价值与演变机制研究——以南太湖娄港圩田为例

图7-3　溇港地区消失耕地的用途现状

（资料来源：作者自绘）

一季仅能发放几张蚕种，如义皋村过去能发放600多张蚕种，2016年只发放了10张，上林村2015年还发放了170多张蚕种，2017年只发放了26张，庙兜村高峰可以发放到2000张，现在只有59张，养殖人员也是以中老年人为主。与民国时期情况对比，差距更大，据记载在1930年的时候，吴兴农村每户领取蚕种的数量一般都在10张以上，多则可以达到20张以上（国民党政府经济建设委员会经济调查所，1935）。

总体来说，溇港地区的传统田地关系已经遭受破坏。

7.1.3　村镇聚落：面积规模扩大、形态发生变异

从村镇聚落来看，溇港地区聚落数量、形态均发生了巨大变化。

从数量上看，溇港地区的南部片区变成了城市建成区，大量聚落并入城镇当中。虽然北部片区的聚落斑块数量略有增加，但是整个溇港地区的聚落斑块数量从1968年的2061个锐减到2017年的1889个，呈现显著减少趋势（图7-4、图7-5）。

从规模上看，村落形态的规律被打破，村落原有的基于生态理念的聚落营建方式没有得到传承。研究选取村落保留比较好的北部地区，可以看到在该区域，村落规模持续增加、面积不断膨胀，该区域1968年有1507个聚落斑块（不含湖州城），总面积1695.3hm²，平均单个斑块面积为1.12hm²，到2017年有1889个聚落斑块，总面积3513.5hm²，平均单个斑块面积为1.86hm²，增长趋势十分明显，这一特征与《湖州市南太湖特色村庄带发展规划》的调研情况相当吻合[①]。

从形态上看，聚落形态形式不再遵从溇港地区传统的选址、布局方式，已经不再按照圩岸之上、带状拓展的规律进行布置，形态上呈现出中心扩张的团块化发展趋势。现场调研还

---

① 据《湖州市南太湖特色村庄带发展规划》调研显示，滨湖地区每个行政村平均有9个自然村，自然村平均用地规模约4hm²，是1965年2.6hm²的1.5倍左右（两个研究的空间范围不一样，《规划》的研究范围涉及吴兴和长兴两个行政范围，在吴兴段的范围只涉及高速公路以北地区，相当于本研究的滨湖片区及临漳片区部分区域）。

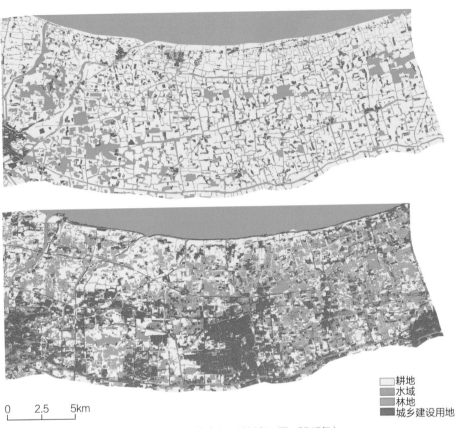

图7-4 溇港地区1968、2017年土地使用现状（上：1968年；下：2017年）

（资料来源：作者自绘）

图7-5 滨湖片区1968、2017年村落用地变化

（资料来源：作者自绘）

发现，溇港村落的整体风貌缺乏管控，除部分已开展风貌整治的村庄，多数村庄带内新建、翻建的农房风格杂乱，多采用各式瓷砖贴面作为外装修，并愈发向西洋别墅式风格靠拢，部分村庄建设套用城市小区"行列式+单元"的布局方式。

7.1.4 景观格局：斑块破碎明显、生境逐步退化

对于景观格局，本研究选取了26个景观指数对两个年份的不同土地利用类型

进行景观格局刻画。通过对比发现，景观格局变化有以下特征：

一是整体格局指数方面显示，1968年耕地为主导、水域次之的景观构成转变为2017年耕地、水域、城乡建设用地三足鼎立的局面，单位面积的斑块数量均显著增加[①]（表7-1）。

溇港地区1968、2017年景观格局指数比较

表7-1

土地利用类型	水域	水域	耕地	耕地	林地	林地	城乡	城乡
	1968年	2017年	1968年	2017年	1968年	2017年	1968年	2017年
景观类型面积（CA）	9437.3	10723.8	19567.1	10965.0	659.2	1672.5	1914.5	8746.4
景观类型百分比（PLAND）	29.8	33.3	61.9	34.1	2.0	5.2	6.0	27.2
斑块数量（NP）	1634	5113	6718	6103	2084	1745	1790	4987
总边缘长度（TE）	3023750	5236970	4028510	6989930	639190	1415530	1093510	5126660
边缘密度（ED）	95.75	163.10	127.57	217.70	20.24	44.08	34.62	159.66
景观形状指数（LSI）	77.81	126.40	71.98	166.86	62.17	86.52	62.45	137.03
斑块面积均值（AREA_MN）	5.77	2.09	2.91	1.79	0.31	0.95	1.06	1.75
回转半径平均值（GYRATE_MN）	30.10	46.95	21.88	22.28	25.07	39.65	43.01	25.98
面积加权的回转半径平均值（GYRATE_AM）	6464.40	1640.74	993.37	1283.43	60.74	129.96	123.43	1645.14
形状指数均值（SHAPE_MN）	1.58	1.98	1.29	1.69	1.49	2.03	1.58	1.80
面积加权的形状指数（SHAPE_AM）	58.42	4.30	8.31	25.10	1.75	3.72	2.32	24.66
分形指数均值（FRAC_MN）	1.10	1.12	1.06	1.11	1.10	1.14	1.10	1.12
面积加权的分形指数均值（FRAC_AM）	1.43	1.19	1.22	1.38	1.12	1.22	1.13	1.38
周长面积比均值（PARA_MN）	3794.94	2416.87	6212.23	5164.86	2295.98	3311.38	1643.26	4560.69
面积加权的周长面积比均值（PARA_AM）	320.40	488.34	205.88	637.47	969.62	846.34	571.06	586.14
邻近指数均值（CONTIG_MN）	0.49	0.67	0.19	0.30	0.68	0.55	0.77	0.38
面积加权的邻近指数均值（CONTIG_AM）	0.95	0.92	0.97	0.90	0.85	0.87	0.91	0.91
周长面积分形纬数（PAFRAC）	1.29	1.34	1.24	1.42	1.25	1.35	1.21	1.41
相似邻近百分比（PLADJ）	95.99	93.89	97.42	92.03	87.87	89.42	92.86	92.67
散布与并列指数（IJI）	40.065	74.92	78.23	91.50	58.24	73.08	50.46	72.93
整体性指数（COHESION）	99.95	98.61	99.71	99.71	93.23	97.20	96.97	99.73
景观分割指数（DIVISION）	0.92	0.98	0.98	0.99	1	1	1	0.99
有效网格面积（MESH）	2285.73	397.20	383.67	190.63	0.04	0.33	0.77	276.53
分离度指数（SPLIT）	13.81	80.83	82.30	168.42	656961.43	95556.06	40849.19	116.10
聚集指数（AI）	96.04	93.94	97.46	92.07	88.05	89.53	92.96	92.72
斑块密度（PD）	5.17	15.92	21.27	19.00	6.59	5.43	5.66	15.53

（资料来源：作者自绘）

---

① 这与不同精度的原始影像有一定关系，但也充分证明景观变细碎了。

二是景观形状指数方面显示，除了林地变化不大之外，其余用地类型均发生了巨大改变，耕地与城乡建设用地甚至增加了一倍多。面积加权的回转半径平均值（GYRATE_AM）指数显示耕地变化不大，而城乡建设用地发生了显著的变化，2017年变为了1968年的10倍，林地增加了一倍，而水域变得平直和规则，这说明大量人工坑塘改变了水网的纹理和走向。分形指数结果显示，水域由于受到人工干预较多变得规整，而其他用地类型均变得不规则，其中，林地变化最小，城乡建设用地变化最大。地类的整体分形纬数显示四种用地类型均变得不规则了。

三是景观分布指数方面显示，邻近指数耕地变小，其他景观类型变化不大。IJI结果显示所有的地类分布都变得均匀了，这说明彼此之间相互交错[①]。林地聚集度增加，城乡建设用地不变，耕地与水域聚集度变小了，说明分布分散了。分离度指数越大表明斑块增多，内部穿孔，除城镇变小之外，其他三种地类均增大。

三类景观指数的结果表明，溇港地区景观格局变得细碎、不规则、不稳定。景观格局破碎的同时，溇港地区的生境恶化，生态功能退化。由于斑块过多、面积越来越小，镶嵌程度处于最优的范围之外，生物多样性受到挑战。尤其是水面的破碎化，导致溇港水网整体生态功能受到极大的调整，大量不与整体水网联通的人工水塘的生态功能远不及传统漾荡和沼溇，田水比例调整打破了传统生态平衡的基础，水陆边缘效应赖以发挥的物质基础不复存在，溇港文化景观的生态功能受到极大挑战。

7.1.5　生态效应：夏季增温明显、育稻条件变差

1. 气候生态效应变化观测分析

基本气候特征变化：①气温变化。2017年，圩田景观大面积消失后，溇港地区年平均气温为17.6℃，较1968年上升1.7℃，四季平均气温分别为16.9、28.3、18.5和6.5℃，较1968年均有所上升（图7-6）。2017年年平均日最高气温上升至22.0℃，较1968年上升1.7℃，四季平均日最高气温分别为21.8、32.7、22.4和10.9℃，除秋季外其他三个季节日平均最高气温均较1968年有所上升（图7-7）。分月看，2017年溇港地区，各月平均气温均高于5℃，6-7月平均气温在24.0℃以上，7月更是达到31.1℃，较1968年显著升高（图7-8）。1968年各月平均日最高气温均在5.0℃以上，气温最高的7月和8月平均气温达到30.0℃以上，但未超过35.0℃，而2017年各月平均日气温均高于10.0℃，7月平均日最高气温为36.3℃，达到高温标准，8月最高气温也接近35.0℃（图7-9）。综合分析可知，圩田景观

---

① 散布与并列指数（IJI）取值小时表明斑块类型仅与少数几种其他类型相邻接；IJI=100表明各斑块间毗邻的边长是均等的，即各斑块间的毗邻概率是均等的。

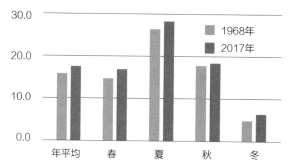

图7-6 溇港地区1968、2017年年均及季均气温（单位：℃）
（资料来源：作者自绘）

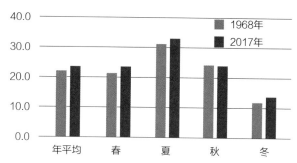

图7-7 溇港地区1968、2017年年度及季均日最高气温（单位：℃）
（资料来源：作者自绘）

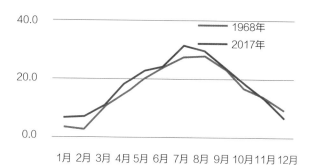

图7-8 溇港地区1968、2017年月均气温（单位：℃）
（资料来源：作者自绘）

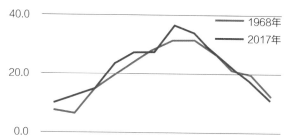

图7-9 溇港地区1968、2017年月均日最高气温（单位：℃）
（资料来源：作者自绘）

大面积消失后的2017年，溇港地区年平均气温为17.6℃，冬季月平均气温高于0.0℃，但夏季7月平均日最高气温达到36.3℃，为高温天气，8月也近乎为高温天气，较1968年更为炎热。②风速与日照变化。2017年的年平均风速仅为2.2m/s，近地面空气流通性较1968年差，特别是冬季雾霾多发季节平均风速仅2.1m/s，不利于局地空气流通和空气质量改善，特别是冬季、初春和初夏，月平均风速较1968年减少1.0m/s以上（图7-10、图7-11）。城镇化发展造成景观格局改变后的2017年，较1968年不利于局地通风、冬秋空气质量改善和夏季高温缓解。溇港地区2017年日照时数较1968年有所减少，全年平均日照时数减少1.2h，特别是夏季和秋季分别减少2.2h和2.7h（图7-12）。从月平均日照时数图上可以看出，2017年大部分月份日照时数少于1968年，且全年各月日照时数较1968年波动大（图7-13）。③湿润程度变化。对比1968年和2017年溇港地区降水量观测结果，两个年份年降水量分别为1001.8mm和1267.3mm（图7-14）。相对湿度统计结果表明，溇港地区1968年相对湿度全年和各季节均达到75%以上，各季节较2017年都更为湿润（图7-15）。圩田景观格局的1968年全年和大部分季节降水量少于2017年，但年平均和各季节平均相对湿度均大于2017年，表明1968年较2017年虽然降水量较小但区域湿润程度较高，该特征在月降水量和平均相对湿度结果图上更明显（图7-16、图7-17）。

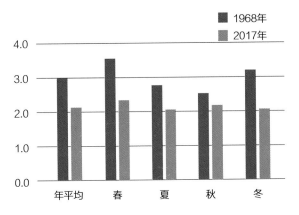

图7-10 溇港地区1968、2017年年均和季均风速（单位：m/s）
（资料来源：作者自绘）

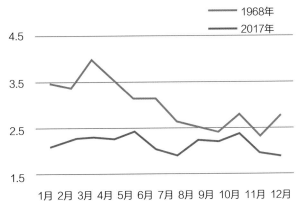

图7-11 溇港地区1968、2017年月均风速观测结果（单位：m/s）
（资料来源：作者自绘）

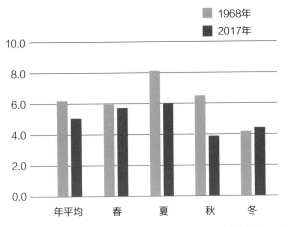

图7-12 溇港地区1968、2017年年均和季均日照时数（单位：h）
（资料来源：作者自绘）

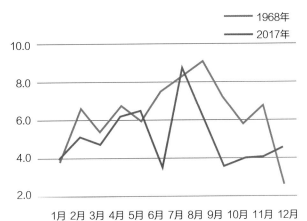

图7-13 溇港地区1968、2017年月均日照时数量（单位：h）
（资料来源：作者自绘）

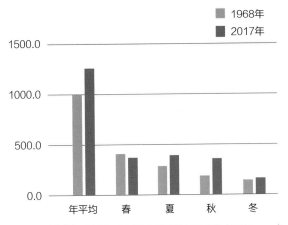

图7-14 溇港地区1968、2017年年均和分季降水量（单位：mm）
（资料来源：作者自绘）

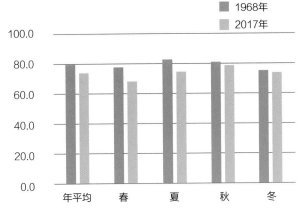

图7-15 溇港地区1968、2017年年均和季均相对湿度（单位：%）
（资料来源：作者自绘）

农耕文化景观的生态价值与演变机制研究——以南太湖溇港圩田为例

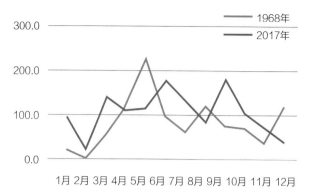

图7-16 溇港地区1968、2017年月均降水量（单位：mm）
（资料来源：作者自绘）

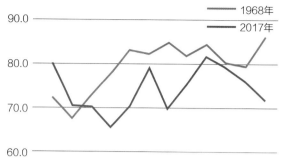

图7-17 溇港地区1968、2017年月均相对湿度（单位：%）
（资料来源：作者自绘）

人居环境气候舒适度变化：①总体特征。参照第5章中的方法，利用湖州国家级气象观测站1968年和2017年逐日观测数据，对全年和各季节溇港地区人居环境气候舒适度进行评价。结果表明，2017年，溇港地区感觉舒适的时间段占比为32.1%，但17.8%的时间会感觉热，9.6%的时间感觉闷热，全年感觉到热的时间较1968年有所增加，感觉冷和寒冷的时间有所减少（图7-18）。②季节特征。2017年，夏季舒适度评价等级为4级，感觉热，其余三个季节评价结果与1968年相同，各月舒适度评价结果与1968年基本相同，差异主要为2017年人体感觉更热了，4月和7月较1968年各提升了一个等级，7月达到闷热的5级。表明溇港地区在圩田消失和城镇化后，夏季让人感觉越发炎热（图7-19、图7-20）。

农业气象条件变化：①早稻种植条件。江南地区早稻种植时间为3月下旬至7月下旬，统计2017年各生育期阶段内的气象条件发现，3月下旬至4月中旬期间，日平均气温为14.2℃，平均日照时数为4.9h，与1968年类似，符合早稻播种育秧的有利气象条件；4月下旬至5月上旬，平均气温为19.7℃，同1968年相比更接近20~25℃移栽返青期最适气温，且降水和日照

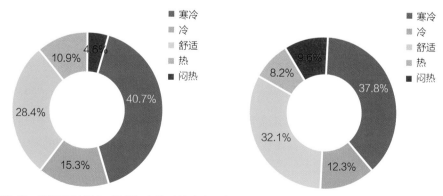

图7-18 溇港地区1968、2017年人居环境气候舒适度评价等级分布
（左图：1968年，右图：2017年）（资料来源：作者自绘）

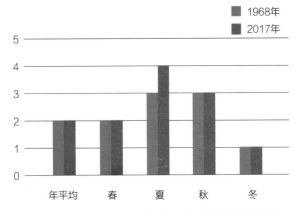

图7-19 溇港地区1968、2017年全年及各季节气候舒适度评价
（资料来源：作者自绘）

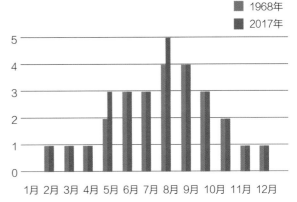

图7-20 溇港地区1968、2017年各月气候舒适度评价等级
（资料来源：作者自绘）

也符合适当的阴天、雨天、弱日照的有利天气条件；5月中旬至下旬，日平均气温为23.2℃，较1968年更接近分蘖期25～30℃的有利气温范围，也具有有利的日照条件；6月上旬至下旬，日平均气温为28.2℃，接近25～30℃的有利气温范围，但降水量多达176.4mm，日照时数仅为3.4h，并不满足晴暖微风、光照充足的有利气象条件；7月上旬的平均气温为24.1℃，而降水和日照分别为230.2mm和3.4h，同1968年相比均未达到熟乳期有利气象条件要求；而7月中旬至下旬的早稻成熟期，需要晴好天气，2017年该时段天气晴好。综合分析可知，2017年气候条件在早稻的播种育秧、移栽返青、分蘖、成熟期较为有利，但同1968年相比，在早稻的孕穗抽穗和熟乳期降水较多，日照时数较短，不利于早稻在这两个生育期内的生长（表7-2）。②晚稻种植。江南地区晚稻种植时间为6月中旬至10月下旬，通过分析发现，2017年6月中旬至7月上旬期间，日平均气温为25.5℃，且平均日照时数为3.3h，降水215.9mm，总体接近平均气温25～30℃，但降水过多和日照过弱，相比1968年不利于晚稻的播种育秧；7月中旬至下旬，平均气温为32.5℃，气温过高，超出25～30℃的有利气温条件；8月上旬至中旬，日平均气温为29.5℃，为分蘖期有利气温范围，日照时数为5.9h，较1968年光照条件差；8月下旬至9月下旬，日平均气温利于孕穗抽穗，但降水和日照分别为189.7mm和4.4h，降水过多，日照过短，较1968年更不满足晴暖微风、光照充足的有利气象条件；10月上旬至中旬的晚稻熟乳期，降水和日照条件也较1968年更差；而10月下旬的晚稻成熟期，需要晴好天气，2017年日照为6.6h，较1968年的9.8h条件差。综合分析可知，在晚稻的大部分生育期内，2017年气候条件没有1968年有利（表7-3）。

娄港地区1968、2017年早稻种植气象条件统计 表7-2

早稻物候历	早稻物候	平均气温（℃）		平均风速（m/s）		平均相对湿度（%）		降水量（mm）		平均日照时数（h）	
		1968年	2017年	1968年	2017年	1968年	2017年	1968年	2017年	1968年	2017年
下/3~中/4	播种育秧期	12.3	14.2	3.7	2.3	77.9	70.5	82.5	112.1	4.8	4.9
下/4~上/5	移栽返青期	16.4	19.7	3.0	2.5	79.0	67.3	141.0	86.8	6.4	5.8
中/5~下/5	分蘖期	21.0	23.2	3.3	2.3	82.7	67.8	99.8	71.8	7.2	7.7
上/6~下/6	孕穗抽穗期	24.4	28.2	3.1	2.0	82.4	78.9	96.5	176.4	7.5	3.4
上/7	熟乳期	23.7	24.1	3.1	2.0	83.0	79.4	96.5	230.2	7.1	3.4
中/7~下/7	成熟期	28.6	32.5	2.8	2.0	81.8	64.9	3.6	17.0	11.1	10.8

（资料来源：作者自绘）

娄港地区1968、2017年晚稻种植气象条件统计分析 表7-3

晚稻物候历	晚稻物候	平均气温（℃）		平均风速（m/s）		平均相对湿度（%）		降水量（mm）		平均日照时数（h）	
		1968年	2017年	1968年	2017年	1968年	2017年	1968年	2017年	1968年	2017年
中/6~上/7	播种育秧期	23.9	25.5	2.9	1.8	87.4	81.1	141.2	215.9	4.8	3.3
中/7~下/7	移栽返青期	28.6	32.5	2.8	2.0	81.8	64.9	3.6	17.0	11.1	10.8
上/8~中/8	分蘖期	28.0	29.5	2.6	2.0	81.9	76.9	117.3	76.2	9.0	5.9
下/8~下/9	孕穗抽穗期	24.7	25.6	2.4	2.4	83.6	79.4	78.0	189.7	7.7	4.4
上10/~中/10	熟乳期	18.0	19.8	2.6	2.5	85.2	82.4	69.2	103.5	3.6	2.5
下/10	成熟期	14.0	15.4	3.1	2.1	71.5	73.5	0.0	0.0	9.8	6.6

（资料来源：作者自绘）

观测分析小结：①基本气候条件变化明显。圩田景观格局消失后的娄港地区2017年基本气候条件相较1968年变化明显，总体表现为气温上升、风速降低、日照减少、降水增多但空气更为干燥等特征。四季平均气温均上升，年平均日最高气温上升1.7℃，7月平均日最高气温达到高温标准，8月也接近高温，夏季更为炎热；年平均风速仅为2.2m/s，部分月份平均风速减少1.0m/s以上；全年平均日照减少1.2h，大部分月份日照时数均少于1968年且月份间差异增大；全年降水量有所增加，但相对湿度减小明显，空气变得更为干燥。②总体感觉更舒适，但夏季更闷热。2017年娄港地区的人居环境气候舒适度较1968年总体有所改善，全年感觉舒适的时间占比从28.4%提升至32.1%，感觉冷和寒冷的时间减少，但感觉闷热的时间增加，7月总体达到闷热等级。③水稻种植气象条件变差。对各生育期内气象条件分析表明，2017年气候条件同1968年相比，在早稻的孕穗抽穗和熟乳期降水较多，日照时数较短，不利于早稻在这两个生育期内的生长。而在晚稻的大部分生育期内，2017年气候条件均没有1968年有利。

2. 典型单元气候生态效应变化数值模拟研究

气温模拟结果：①春季气温。2017年典型单元的春季气温总体较1968年有所升高，特别是在10m以上高度，表现在城镇土地利用扩展地区上方的气温升高最为明显，升幅为1.5℃，且越往高层，城镇化造成的混凝土下垫面增加对气温的影响范围增大，至50m高度影响程度有所降低（图7-21）。水体和农田区域气温仍较城镇地区低。②夏季气温。2017年典型单元的夏季气温较1968年上升更为明显，升温幅度和升温范围均较春季增大，城镇的增温效应不仅表现为对其上方空气，还对其临近区域上方空间有升温作用。特别是在10m以上高度，表现在城镇土地利用扩展地区使得单元整个区域内均升温显著，升幅为1.5℃，且越往高层，城镇化造成的混凝土下垫面增加对气温的影响范围增大，至50m高度仍有影响（图7-22）。受城镇化区域增温的影响，2017年水体和农田区域气温也较1968年升高。③秋季气温。2017年典型单元的秋季气温总体较1968年有所升高，在10m城镇土地利用扩展地区上方升温最为明显，升幅为1.5℃，且越往高层，城镇化造成的混凝土下垫面增加对气温的影响范围增大，10m高度影响程度最大。水体和农田区域气温较城镇地区低，10、20、50m高度分别低1.5、1.0和0.5℃（图7-23）。④冬季气温。2017年典型单元的冬季气温总体较1968年有所升高，但大部分地区升温幅度普遍为1℃，小于夏季，10m以上高度升温范围则较秋季扩大，50m高度城镇化造成的混凝土下垫面增加对气温的影响范围最大（图7-24）。水体和农田区域气温仍较城镇地区低。

风场模拟结果：①春季风场。随着城镇化造成的下垫面改变，典型单元的2017年春季的近地面风速较1968年大范围减小，减小幅度约为0.5m/s，近地面10m高度减小最为明显（图7-25）。②夏季风场。典型单元的2017年夏季的近地面10m高度风速较1968年大范围减小，减小幅度约为0.5m/s，但太湖水面上方风速有所增大，而20m和50m高度层的风速也较1968年有所增大，夏季太阳辐射强，城镇下垫面和农田、水体间气温差异大，产生的热力环流加大了局地风速（图7-26）。③秋季风场。典型单元的2017年秋季的近地面10m高度风速较1968年大范围减小，减小幅度约为0.5m/s，10m高度风速减小程度最大（图7-27）。④冬季风场。典型单元的2017年秋季的近地面10m高度风速较1968年大范围减小，减小幅度约为0.5m/s，高层风速减小效应不明显（图7-28）。

模拟小结：①2017年典型单元气温总体较1968年有所升高，夏季增温效应最为明显，单元整个区域内均升温显著，幅度达1.5℃，特别是在10m及以上高度，

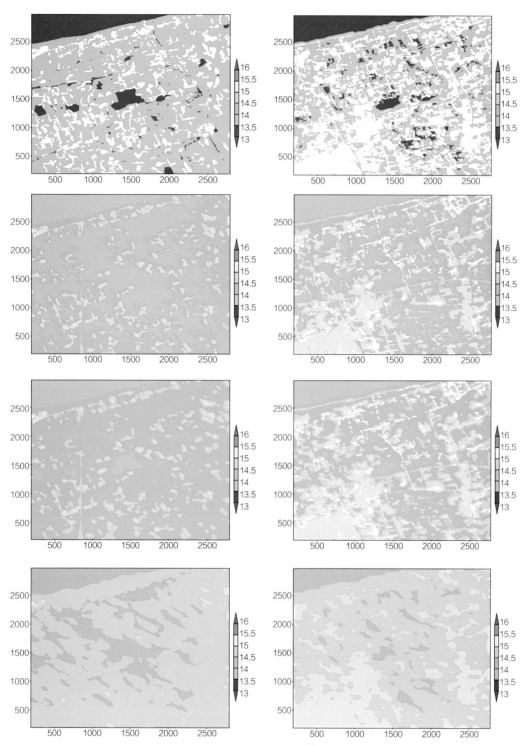

图7-21 典型单元1968、2017年春季情景下各高度层气温模拟结果[1]

（单位：℃）（资料来源：作者自绘）

---

① 左侧为1968年，从上至下依次为：2m高度、10m高度、20m高度、50m高度；右侧为2017年，从上至下依
次为：2m高度、10m高度、20m高度、50m高度。

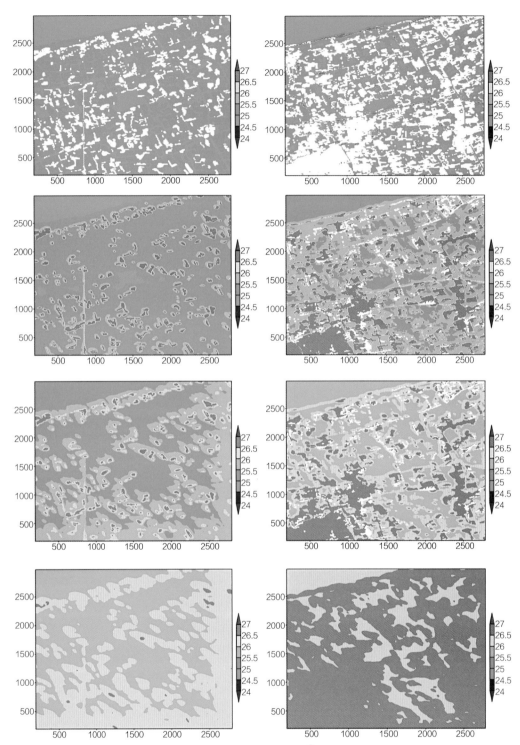

图7-22 典型单元1968、2017年夏季情景下各高度层气温模拟结果①

（单位：℃）（资料来源：作者自绘）

① 左侧为1968年，从上至下依次为：2m高度、10m高度、20m高度、50m高度；右侧为2017年，从上至下依
次为：2m高度、10m高度、20m高度、50m高度。

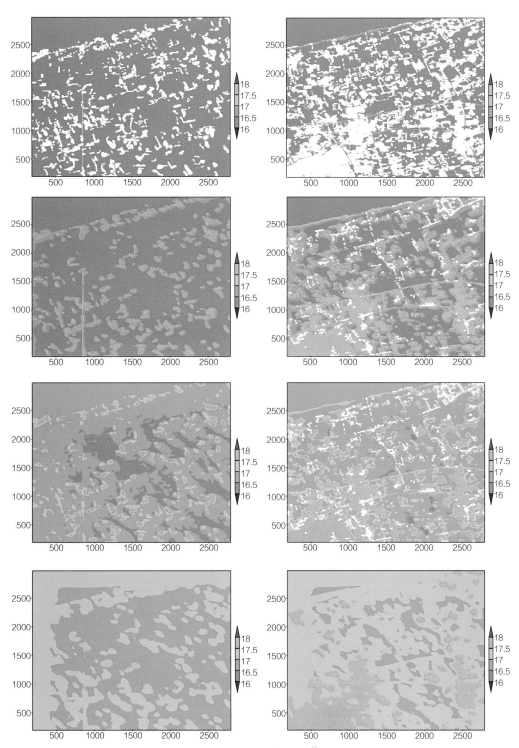

图7-23　典型单元1968、2017年秋季情景下各高度层气温模拟结果[1]

（单位：℃）（资料来源：作者自绘）

---

[1] 左侧为1968年，从上至下依次为：2m高度、10m高度、20m高度、50m高度；右侧为2017年，从上至下依次为：2m高度、10m高度、20m高度、50m高度。

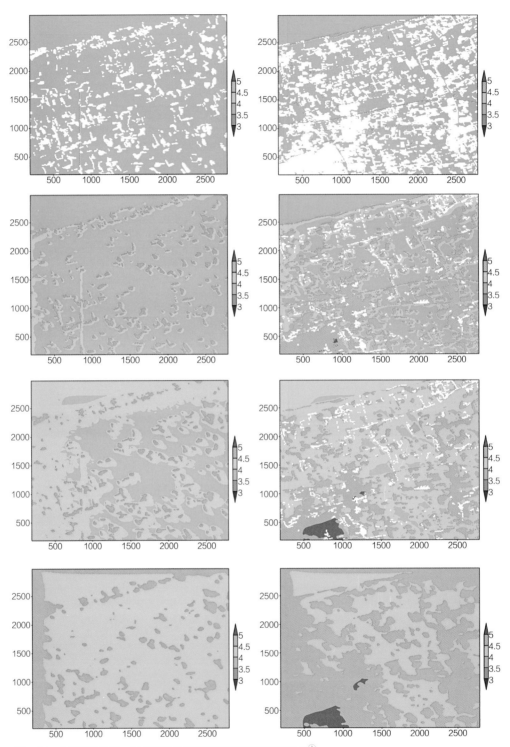

图7-24　典型单元1968、2017年冬季情景下各高度层气温模拟结果[1]

（单位：℃）（资料来源：作者自绘）

① 左侧为1968年，从上至下依次为：2m高度、10m高度、20m高度、50m高度；右侧为2017年，从上至下依次为：2m高度、10m高度、20m高度、50m高度。

农耕文化景观的生态价值与演变机制研究——以南太湖溇港圩田为例

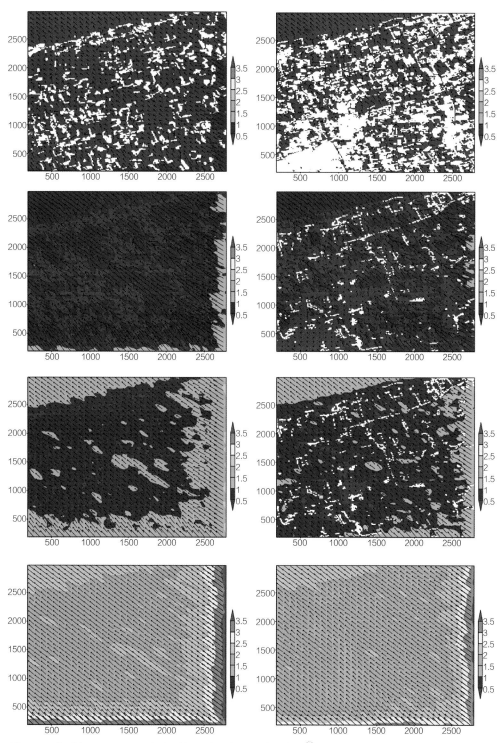

图7-25 典型单元1968、2017年春季情景下各高度层风场模拟结果^①

（单位：m/s）（资料来源：作者自绘）

---

① 左侧为1968年，从上至下依次为：2m高度、10m高度、20m高度、50m高度；右侧为2017年，从上至下依
次为：2m高度、10m高度、20m高度、50m高度。

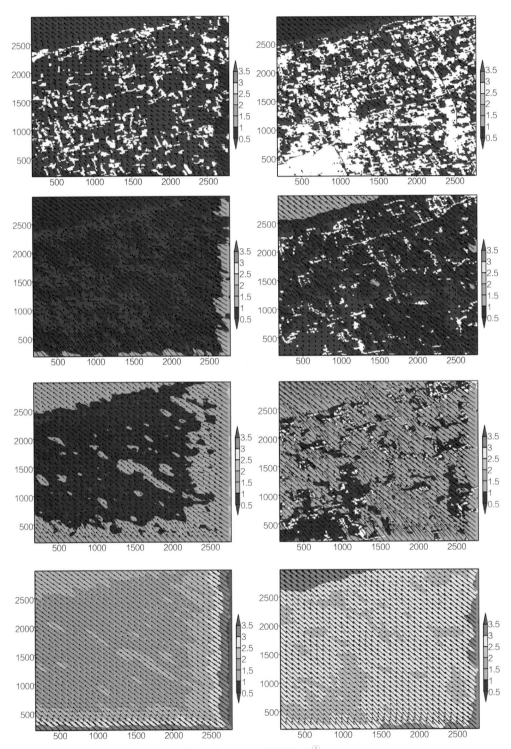

图7-26 典型单元1968、2017年夏季情景下各高度层风场模拟结果①
（单位：m/s）（资料来源：作者自绘）

---

① 左侧为1968年，从上至下依次为：2m高度、10m高度、20m高度、50m高度；右侧为2017年，从上至下依次为：2m高度、10m高度、20m高度、50m高度。

农耕文化景观的生态价值与演变机制研究——以南太湖溇港圩田为例

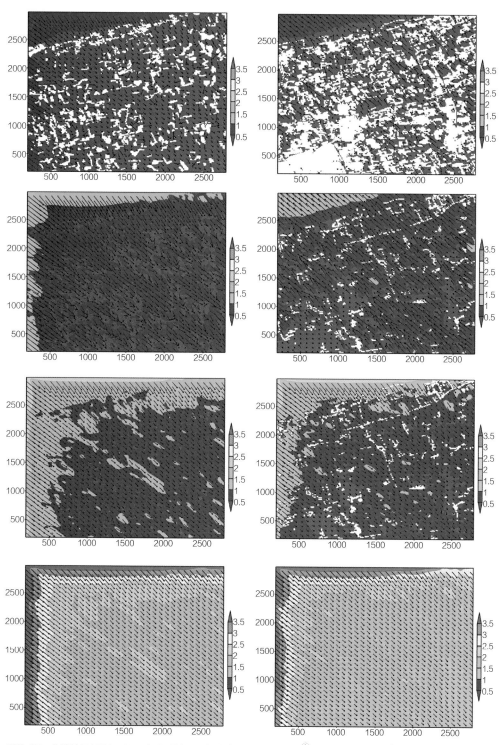

图7-27　典型单元1968、2017年秋季情景下各高度层风场模拟结果[1]

（单位：m/s）（资料来源：作者自绘）

① 左侧为1968年，从上至下依次为：2m高度、10m高度、20m高度、50m高度；右侧为2017年，从上至下依次为：2m高度、10m高度、20m高度、50m高度。

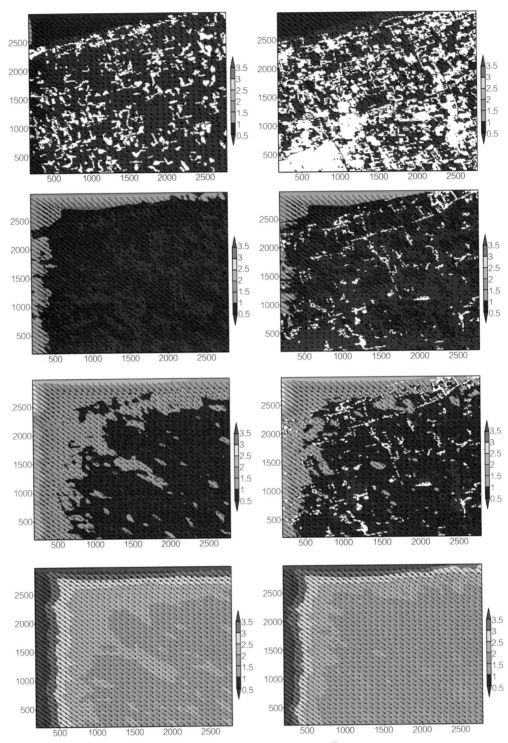

图7-28 典型单元1968、2017年冬季情景下冬季各高度层风场模拟结果[1]

（单位：m/s）（资料来源：作者自绘）

----

[1] 左侧为1968年，从上至下依次为：2m高度、10m高度、20m高度、50m高度；右侧为2017年，从上至下依次为：2m高度、10m高度、20m高度、50m高度。

农耕文化景观的生态价值与演变机制研究——以南太湖溇港圩田为例

在城镇土地利用扩展地区上方的气温升高最为明显；②近地面风速较1968年大范围减小，减小幅度约为0.5m/s，近地面10m高度减小最为明显。夏季风速减小程度最大，至20、50m高度仍存在，且太阳辐射产生的城镇和水体间的热力环流加大了局地风速，使得太湖水体上方风速增大，其余三个季节风速减小主要在10m高度，20和50m高层风速减小效应不明显。

7.1.6　传统文化：历史遗存消失，知识技艺失传

溇港地区的传统文化也不断受到冲击，主要表现在以下几个方面：

一是历史遗迹破坏，大量古桥驳岸被人为拆除。溇港地区的历史文化遗存，包括数量众多的历史聚落、类型丰富的水工设施，是溇港地区发展建设的重要实物见证，也是溇港圩田文化景观的构成内容。十分遗憾的是，大量聚落和古建筑、古桥没有得到很好的保存。以桥梁为例，作为溇港地区网络化空间格局的构成部分、支持传统生产生活的重要设施，历史上溇港地区的桥梁类型丰富、数量众多，成为溇港地区的文化标识，根据1968年卫星影像的不完全统计，溇港地区桥梁超过660多座，平均密度为2.32座/km²[1]。但是随着溇港泾浜水道的废弃和破坏，大量古桥被拆毁、破坏，现存的桥梁不足50处[2]。即使有幸得以保留的桥梁，保护级别也偏低，其历史环境没有得到关注，与河道、老埠头、老码头的关系没有得到考虑，处于孤立保护的状态。此外，调研发现，在太嘉河、清水入湖等水利工程实施过程中，没有先期开展系统性的历史遗存普查，一些与水系结合紧密的老村、老街、老屋等特色空间载体和曾经在村庄带生产生活中发挥过巨大作用的埠头、粮站、茧站等特色设施，均被列入拆迁计划，历史遗存亟待开展抢救性保护。

二是历史地名消失，丰富的地名文化未得到延续。随着大量溇港泾浜在城镇侵蚀和村庄迁村并点的活动中消失，富有溇港地域特色的传统地名也大量消失。

三是传统技艺失传，知识体系传承出现了断裂。作为华夏传统农耕文化景观，不断丰富和延传的知识体系是溇港圩田文化景观的重要特征和构成内容，也是保护的重要对象。由于传统产业不断萎缩，维系溇港地区生态农业发展的桑基鱼塘、桑基稻田相关的农业生产知识传承面临困境，罱泥肥田在溇港地区已经很少见到、桑蚕技艺也面临失传的危险。尤其是随着熟悉传统生产技能的溇港人的逐渐老去、离世，各类传统生产技能面临随时断代的危险，一些具有溇港特色的风俗礼仪也日渐模糊。

---

① 受到1968年影像图的识别限制，本研究的桥梁数量统计会存在一定误差，应比实际桥梁数量略为偏少。与《吴兴溇港文化》一书提到的"据1990年统计，湖州市的桥梁总数为8200余座，桥梁密度达到每平方公里1.43座"，溇港作为水网地区应当比湖州整体的桥梁密度大，本研究提出的2.32座/km²的桥梁密度数值具有较高可信度。
② 按照《吴兴溇港文化》一书的初步统计，溇港地区现存古桥有圆通桥（织里镇联漾村和元通桥村交界，跨北塘河）、溪塘桥、埭溪塘桥、双甲桥（乔溇）、尚义桥（义皋集镇，跨义皋溇）、项王塘桥（乔溇村大乔其自然村，跨北横塘）、太平塘桥（大港村与许溇村交界处，北横塘）、寿安桥（位于大钱村横街自然村）、永安桥（位于大钱村北街自然村）、杨漊桥（位于杨漊桥村）、诸溇桥（织里镇西北诸溇村）、安庆桥（织里镇西北沈溇村）、大溇桥（大溇村）、永济桥（织里镇北杨溇村）、陈溇桥（陈溇村）、濮溇桥（濮溇村）、伍浦桥（蒋溇村）、狮子桥（汤溇村石桥浦自然村）、庆安桥（宋溇村，跨宋溇）、述中桥（乔溇村胡漾自然村，跨胡溇）、广济桥（乔溇村胡溇自然村）、广福桥（乔溇村胡溇自然村）、永隆桥（张港村）、迎晖桥（陆家湾村）、张官桥（陆家湾、新浦、汤溇三村交界处）。

四是生活方式变化，传统社会网络和组织变异。调研发现，溇港地区以稻作农业为核心的独特生产生活方式也面临着巨大的挑战，传统稻桑一体的农业生产方式在溇港地区生产生活中的支配地位不复存在，传统"圩空间"地缘性生产组织和聚落的社会网络均开始出现明显分异。

7.2　威胁影响：农业调整、乡村工业、城乡建设

7.2.1　农业结构变化：市场引导下的高附加项目取代传统稻桑种养

溇港地区传统的农业生产以稻桑为主，兼作小麦、玉米、油料、蔬菜、豆类，这种种植结构一直到20世纪90年代仍然保持稳定。统计显示，在20世纪末溇港圩田地区还是湖州地区重要的粮、油、桑、畜区，生产特点为粮、油、茧水平高，水产养殖基础好，畜牧以猪、羊为主，饲养量可观。区域的粮食种植类型主要有稻谷、小麦、玉米、大豆、蚕豆、薯类等，蔬菜种植有50余个品种，可达到一年4～5熟（《湖州农业经济志》编纂委员会，1997）。

虽然国家已经免除农业税，但每亩种粮经济收入在1000元左右对于长三角地区农民的吸引力显然不足，且丝绸价格持续低迷，使得传统农业种植的投入产出比日益下降，造成粮食作物种植面积逐年递减，渐次被其他高附加值作物、水产品养殖所替代。统计数据显示，1978年以来湖州地区粮食产量处于起伏震荡状态，进入20世纪90年代末期开始下降，近年来下降趋势进一步加快（图7-29）；养蚕效益持续下滑[1]，蚕桑在整个湖州农业产业结构中从20世纪90年代的25%以上，下降到如今的5%以下，蚕茧发放量在1992年达到高峰后逐年下降，近年趋势加快，溇港地区也同样如此。

与此同时，蔬菜种植、水产养殖亩均收入不断加大。笔者在调研中发现，在溇港地区种植冷棚内蔬菜的人均年收入可达10万元以上，并且可以机械化操作，劳动强度比传统桑蚕、水稻还大幅降低。水产养殖的收入更高，太湖大闸蟹一斤在市场上售价高达一百多元，消费价格指数均保持在100以上，且所需劳动力少，调研显示，一对夫妻可承包100亩左右蟹塘，年收入可达60万～80万元。在经济杠杆的驱动下，溇港地区传统种植结构被改变，水稻、桑树面积日渐萎缩，农业生产以高附加的蔬菜、水产品养殖为主（图7-30、图7-31）。

由于种植结构的调整，溇港桑树种植分散、规模大幅度萎缩，蚕桑呈现零星

---

[1]《湖州桑基鱼塘系统形成及其保护与发展现实意义》的调研显示，2007、2008年春蚕收购价是每50kg仅为1000元和480元，折算下来1hm²桑园包括养蚕人工费在内收益只有47145元，很多桑农就弃桑打工。

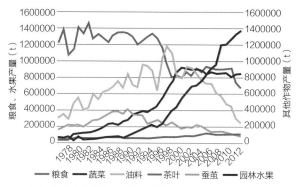

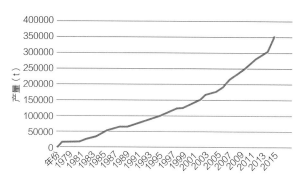

图7-29 湖州市主要农产品产量趋势
（资料来源：中国城市规划设计研究院. 湖州市南太湖特色村庄带发展规划[R]，2017.）

图7-30 湖州市水产品产量趋势
（资料来源：中国城市规划设计研究院. 湖州市南太湖特色村庄带发展规划[R]，2017.）

图7-31 规模化水产养殖
（资料来源：作者自摄）

分布，传统圩岸种桑的景观特征在20世纪80年代的卫星影像中还比较明显，在2017年的影像中已经很难识别了（图7-32）。除少数溇港周围有树木带状分布外，多数树木斑块呈现方正的形态，而部分林地的分布呈现块状特征，猜测是由于林果业发展导致的，不再具有围绕农田的形态。除了景观形态的变化外，溇港地区以前存在的蚕桑—茧站—缫丝厂—丝绸厂的产业协作链条已经濒临消失，在考察中发现仅荣丰村茧站还在运营，但也年久失修，其余均已废弃。

水产养殖的大幅增加直接推动了大量毁田挖塘行为的发生，使得滨湖片区大量圩田被改为了水塘[①]，景观格局严重破坏，生态平衡被打破。有研究已经论证，这种鱼塘对于深度、水位变化要求高，不具备生态调蓄功能，不能列入水面率计算，对于防洪、治涝还是一种负担（高俊峰、毛锐，1993）。需要注意的是，由于溇港地区的圩田多属于高产优质的基本农田，上述行为隐含着大面积改变基本农田用途性质的违法建设问题。分析图显示整齐排列的矩形

---

① 滨湖地区毁田挖塘的另一原因是，太湖蓝藻问题爆发以来，政府对太湖水域范围内网箱养殖进行了严格控制，传统的网箱养殖户已经全部上岸并沿太湖岸线开挖水塘进行水产养殖。同时，从2013年开始，湖州市推动渔民上岸工程，鼓励1800多户渔民离开水上生活，在岸上定居，渔民上岸后，部分渔民转向水产养殖。

水域即为养殖用坑塘，东侧的农田已经被坑塘所侵占，几乎找不到一块处于原始状态的圩田，景观异常破碎（图7-33）。

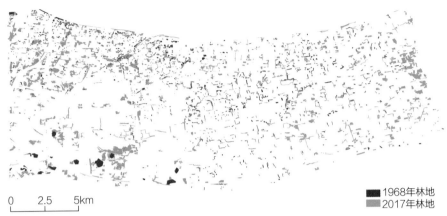

图7-32 溇港地区1968、2017年影像提取的树木地物信息对比图
（资料来源：作者自绘）

图7-33 溇港地区2017年水塘分布
（资料来源：作者自绘）

7.2.2 生产方式转变：规模化农业生产导致联并合圩

农田生产地块扩大以及机械化操作方式是乡村景观被破坏的重要原因（Firmino，1999），规模化农业生产带来的圩田合并对溇港圩田文化景观带来了同样的破坏。从20世纪50年代中后期开始，湖州地区改变了小圩体系，推行联圩并坼工程（湖州市地方志编纂委员会，1993），迄今进行过四次有组织的、规模化的联圩、并圩，溇港地区是联圩并圩的重点地区。至1990年年底，湖州市的圩区数量从原有的7000多个合并到1300多个，圩区的面积规模也从原来的约300亩调整为

1500多亩（吴兴区水利局，2013）。湖州市2007年提出建设100个"基础完善、设施配套、科技领先、机制灵活、生态高效"的高标准现代农业示范园区，基本条件即要求主导产业集中连片，其中现代农业综合区不小于2万亩，主导产业示范区不小于3000亩，精品园不小于300亩，并要求农业基础设施（道路、桥梁、灌溉）完备。在溇港地区未来规划有南太湖省级现代农业综合区、粮食产业示范区和蔬菜、特种水产养殖三大主导产业示范区，以及20个特色农业示范基地。在规模农业、设施农业大力推动的背景下，大量的圩田被合并整合，传统农作方式被机械化生产所代替。

在联圩并圩和土地平整过程中，大量泾浜、河兜被填平[①]，水网格局遭受持续破坏，水体循环被打破，水系对于流域的蓄洪调蓄功能被降低（高俊峰、韩昌来，1999）。由于中小圩区内的泾浜、水田、鱼塘相继退出调蓄功能，导致"小暴雨小洪水、大流量、高历时、高水位"的景象出现，加重了骨干行洪河道的防洪压力，造成太湖水位持续走高，1999年太湖水位创纪录地达到5.08m，影响到区域水利排泄，溇港圩田最重要的生态功能作用被大幅度降低。此外，有研究表明，太湖流域人为干扰对河网水体连通性的影响，是总体水质变差的重要原因（胡建，2011），这一原因同样适用于溇港地区。

联圩并圩后农田规模普遍增大，为适应大规模的生产方式，传统耕种方式逐步被替代，传统农业模式下的生态优势逐步丧失。例如，被翻动扰动的土壤深度变浅，历史上铁耙、木犁为主的翻耕深度可以达到5～6寸，溇港地区耕作层厚度达到16～17cm，但是大面积机械翻耕后耕作层厚度大幅度降低，1984年比1959年平均已经降低了近20%（湖州市土壤普查办公室，1984）。另外一个问题是，传统的小圩家庭生产方式下，以塘泥、菜饼、禽畜粪肥、绿肥等有机肥为主，大规模生产后，化肥普及使用，土壤板结严重，最为严重的是造成桑园土壤酸度的增加（周晴，2008）。同时，由于传统桑基鱼塘、桑基圩田循环模式被打破，大量营养元素无法在内部有效降解，造成新的面源污染（罗亚娟，2016）。此外，由于规模农业为了便于机械化操作，往往以单一植物种植为主，传统的间作、套作的模式被弃用，生物多样性降低，整体抗病能力下降。

7.2.3　乡村工业侵袭：环境污染、景观异质和人口争夺

溇港地区现存有铝业、童装等具有规模效益的工业产业，以及电线电缆、印染、丝织、家具和砂洗等零散分布的小工业。其中，铝加工产业主要分布于溇港地区东北的扎洋公路两侧、漾西开发区，规模以上铝加工企业有三十余家，最大的栋梁集团年营收超过百亿元。溇港地区的铝业发展起源于20世纪80年代的国企改制，由于具有交通发达、运输便利、靠近消费市场的先天优势，伴随城镇化、工业化和房地产业发展，铝业也不断成长壮大，已经发展

---

① 据《湖州水利志》记载，20世纪70年代的农田基本建设、平整土地过程中，为适应机械耕作，要求田地成方，必须调整不合理的水系，将曲折迂回的小河和不规则浜兜填平，开挖新河道，以利于耕作和排灌。吴兴有30万亩农田经过平整达到渠网化，占吴兴水田面积的40.7%。

成为湖州六大特色产业之一。童装产业主要位于织里镇，织里童装产业产生了显著的集聚效应，吸纳来自各地的童装生产经营单位和20多万外来人口参与其中。2013年，童装产量达到11亿件（套），年产值350亿元，约占国内市场份额的1/3，是湖州重点培育的千亿级产业之一。在织里周边的大量村庄存在为童装产业提供配套加工的小作坊，如大港村辖区内的23个自然村，村村均有童装加工店，由于产业发达，聚集了大量外来人口，出现了人口倒挂的现象。由于织里童装产业越做越大，这种辐射范围进一步加强，比如距离织里镇区较远的义皋村，仍旧有本地村民开办的家庭加工点（图7-34）。

图7-34 织里童装加工业空间影响范围
（资料来源：中国城市规划设计研究院. 湖州市南太湖特色村庄带发展规划[R]，2017）

乡村工业的大规模发展，加剧了溇港地区的环境污染，铝业、电线电缆、印染、丝织、砂洗本身属于污染行业，铝业的大气、水污染，家庭织机的噪声污染[①]，灰粉的粉尘和噪声污染，印染的水体污染等都加剧了溇港地区的环境问题。例如，铝业企业集中分布的漾西村，处于生态敏感地带，环保设施落后，在笔者调研中群众反映十分强烈。溇港地区的环境问题也得到相关研究的证明，太湖南岸大气降水酸化趋势不断加剧（杨晓红，2001），湖州的城北水厂监测点的pH值为4.92，酸雨的频次达70.8%（王圣子海，2017）；南太湖沿岸各入湖口的TN、TP已经处于富营养水平，呈现明显的向重富营养化转化态势（韩志萍等，2012）。此外，乡村工业发展还成为溇港地区空间肌理和格局被破坏的重要原因，集中的工业园区成为溇港地区的空间异质"斑块"。值得注意的是，工业对劳动人口的吸引力强大，与传统农业产生竞争，如织里镇的童装加工，一个家庭的中年女性劳动力进行缝纫的工作，老

---

① 由于家庭织机噪声大，工艺落后造成水污染，自动化程度低需要较多劳动力，是产业转型重点整治的业态，工业园区内出现了为家庭织机提供发展空间的小型工业地产项目。

年从事服装配件选择的环节，不同劳动能力的人口几乎都能够在各类工业中找到生计，导致农业产业从业人口持续下降[①]，以传统农业为支柱的村庄人口外流趋势尤为明显，例如杨溇村90%人口都到织里镇从事童装产业，维护溇港圩田系统运行所需要的劳动力数量严重不足。

7.2.4 城乡建设影响：城镇空间蔓延侵蚀和基础设施嵌入

另一个对溇港圩田文化景观破坏比较大的因素是城镇建成空间蔓延（图7-35）和区域交通设施穿越。通过Google地图卫星影像图对比可以看到，溇港地区在1984年的时候还保存着相当完好的传统景观格局，与1968年的卫星影像图差别不大，这种传统乡村形态特征一直延续到20世纪90年代。从20世纪90年代中后期开始，湖州中心城区、织里镇区开始出现明显的空间拓展态势，这与湖州的城镇化发展趋势高度一致（图7-36）。到2000年，随着湖州外环路建设后，城市框架的拉开，溇港地区城镇空间拓展速度进一步加快，同时滨湖的漾西工业用地规模开始出现了明显增加。2000年之后，沪渝高速吴兴段开始动工修建，随着高速公路的建设，溇港地区被一分为二，这成为溇港地区空间演化的一个重要时间节点。此后，溇港地区南部区域城镇建设进一步加快，到2006年，随着湖州与织里镇之间多条东西快速路贯通，湖州、织里、八里店城镇建设空间持续拓展，开始呈现出同城化发展的态势。在高速公路以北地区，2000年之后虽然没有发生大规模城镇扩张，但是临湖漾西地区的工业园区没有停止扩张，同时各个镇、村建设用地开始出现拓展，溇港地区村镇建设用地规模主要在这一时期增加（图7-37、图7-38）。在这一地区，这一时期的另外一个突出变化，就是农业用地性质的大

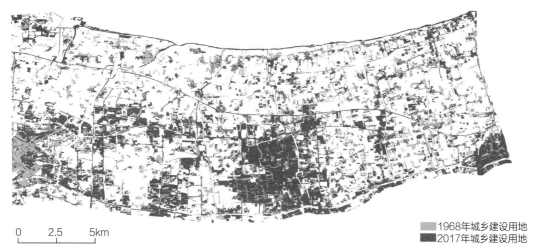

```
0    2.5   5km
```

■1968年城乡建设用地
■2017年城乡建设用地

图7-35 溇港地区1968、2017年城乡建设用地蔓延图
（资料来源：作者自绘）

---

① 随着城镇化与工业化的发展，湖州地区第一产业从业人员数量明显迅速下降。2015年年末湖州市从业人员为182.97万人，第一产业从业人员为23.34万人，比起2005年的51.81万人少了28.47万人，比例从31.2%下降到12.76%，大量从业人员从第一产业转移到了其他产业当中。溇港地区就业结构跟这一趋势保持一致。

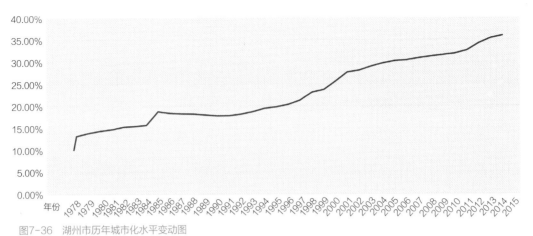

图7-36　湖州市历年城市化水平变动图

（资料来源：中国城市规划设计研究院. 湖州市南太湖特色村庄带发展规划[R]，2017）

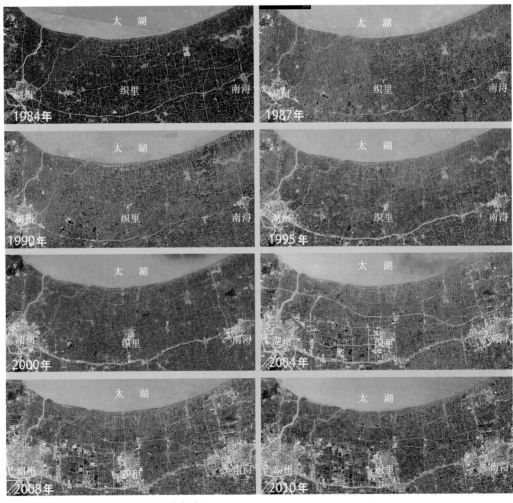

图7-37　溇港地区1980年代以来空间演变过程

（资料来源：Google地图）

　　　农耕文化景观的生态价值与演变机制研究——以南太湖溇港圩田为例

图7-38　溇港地区2017年卫星影像图
（资料来源：百度地图）

量改变，很多圩田被开挖为鱼塘，虽然仍旧呈现乡村景观形态，但是与传统溇港圩田文化景
观呈现出不同的形态特征。

通过遥感影像，可以清晰地看到，湖州市建成区不断膨胀，1968年，湖州市北界距离太
湖岸线为7356m，2016年减少至5644m。在快速城市化进程中，距离城市和中心镇较近的村落
逐渐被城市所吞并，原有自然格局遭到破坏。高速公路嵌入和建设后，几乎成了公众认同的
建设开发边界，溇港圩田地区被一分为二，南部地区城镇建设规模不断扩大。大规模建设活
动直接造成局部地区部分末端低等级河流消亡，或者形成了死水断浜，影响到整体水网的调
蓄能力，并加剧了对工程措施的依赖（车越、杨凯，2016）。与此同时，高速公路以北地区也
没有完整保留住传统溇港圩田的乡村农业特征，部分工业建设规模有所扩大，几乎所有的镇
村都出现了较大的空间拓展，尤其是近年来湖州市不断推进村庄综合整治工作，迁村并点的
过程中，村庄人口不断集中，甚至出现了多个住宅小区，使得溇港地区农村的景观持续发展
变化，传统地域的格局发生了重大改变。

7.3　保护原则

7.3.1　传承核心价值，延续生态文明

溇港圩田文化景观蕴含了丰富的华夏传统生态理念，是南太湖地区乡村传统生态集约发
展技术与智慧的集合，体现了人类社会与南太湖自然环境的和谐关系，与当今社会发展潮流
高度契合。溇港圩田文化景观的核心价值是生态文明价值，其突出表现为长期形成的人地和
谐的可持续发展模式，关键是高度地域性特征的生态智慧和土地利用方式。其蕴含的技术和

工程哲学与当下的海绵城市理念高度契合（李俊奇、吴婷，2018）。而这些传统土地利用知识技能，本身就是溇港圩田文化景观遗产构成的重要组成部分，更是支持溇港圩田文化景观可持续发展的核心能力。

对文化景观，要在保护相关遗迹的同时，系统保护、保育与其相关的自然要素和生态系统（国际古迹遗址理事会中国国家委员会，2015）。因此，保护溇港圩田文化景观的首要任务是保护和传承生态价值的关键支撑——传统生态理念和地方智慧。传统农业的生产方式维系了自然界和人类社会之间的平衡（刘易斯·芒福德，1939），应当在当代生产生活中，继续坚持人类和自然环境和谐共处的理念，诠释生态发展的关键内涵，尊重地区综合承载能力，延续溇港地区区域联动、田水共治、微改为宜、地尽其用、规模适度、生态护岸的传统土地利用方式，将传统智慧经验与新型生态农业、循环经济模式有机集合，提高传统土地利用模式与当代生产力、生活水平的契合度，让溇港地区继续发挥维护太湖区域生态安全的屏障作用，让溇港圩田地区继续成为引领环太湖地区可持续发展的典范，推动溇港地区生态文明的保护、传承与延续。

7.3.2 保持结构稳定，实现可控变化

溇港圩田文化景观作为复杂的巨系统，其价值不仅体现在200多平方公里范围内各种类型遗产要素的存在，更为重要的是依赖于特定结构聚合下的整体价值，保持系统结构特征是全面保护溇港圩田文化景观价值的最重要任务之一。作为有机演化类文化景观，在持续变化中实现活态传承是溇港圩田文化景观的重要特征，而维系这一特征的重要基础就是在动态演进过程中保持系统结构的整体稳定，实现其核心价值的长久传承。

对溇港圩田文化景观的保护，应当加强对系统结构稳定的维持，重点关注空间结构、产业结构、社会结构，尤其要加强对溇港水网形态结构、生态产业结构、田水面积比例的保护、管控和维持，让溇港圩田文化景观在确保整体结构稳定的情况下，顺应社会、经济、科技的时代变化，在有序、可控、渐进的变化中不断发展、传承。

7.3.3 加强功能协同，实施整体保护

溇港圩田文化景观的重要特征就是其生产、生活、生态子系统之间的高度关联和耦合关系，农业生产、乡村生活在溇港地区功能融合、空间叠合中的协同发展，形成高效、集约的运行机制。应将生态保育、经济发展、宜居宜游、景观构建集合起来（陈英瑾，2012），在生产、生活功能协同发展中，构建独特的小生态环境，并提升整个溇港地区在区域生态环境中的支持和保障能力。对于溇港圩田

文化景观的保护，要保护其具有文化价值的传统生产、生活方式，要充分关注和保持生产、生活、生态功能之间的关联性，加强系统生产、生活、生态功能间的相互协调，避免就生产论生产、就生活论生活、就生态论生态，应围绕三者功能融合、空间叠合特征，通过整体保护、系统优化提升溇港圩田文化景观的主要功能之间的协同能力，最大程度发挥溇港圩田文化景观的综合效能。

应当坚持整体性保护方法，在保护各类遗产构成要素的同时，加强对系统要素间功能关系的保护，并注重对自然环境特征的保护；在对物质载体进行保护的同时，加强对各类非物质遗产、人文精神的保护，在见人、见物、见生活中实现文化景观的活态传承；在对溇港地区空间范围进行整体保护的同时，还应该加强对于流域综合整治的协同，从区域统筹角度做好加强防洪调蓄、生态环境治理的上下游联动。

7.3.4　引导多方参与，推动可持续发展

溇港圩田文化景观的保护应当坚持多方参与、共同保护的理念，坚持公众参与的工作方法，让各种利益相关者、保护管理者、文化爱好者都加入到保护工作当中。尤其是应引导社区居民积极参与（珍妮·列侬，2012），设立社区优先权和进行培训（肯·泰勒、韩锋，2007），按照世界遗产保护的5C战略要求，充分发挥社区在遗产地可持续发展中的活力激发和社会结构维持的作用（金一、严国泰，2015），调动社区居民作为遗产价值核心传承者的主观能动性，平衡好主体和客体的关系，让溇港乡村的居民成为溇港文化景观保护的主导力量。

溇港圩田文化景观的保护应当坚持可持续发展的理念，要有机、妥善地协调好当代与后代、区域与全球、空间与时间、环境与发展、效率与公平的关系（牛文元，2012），实现可持续发展，既要让遗产得到永续保护，也不能牺牲遗产地居民享受现代生活的权利。应通过保护促进溇港地区社会经济全面可持续发展，充分践行《世界遗产布达佩斯宣言》提出的愿景，努力在保护、可持续发展间建立合理、可行的平衡，在实现资源永续传承的同时，促进社会经济发展、提高社区生活质量。

7.4　保护策略

7.4.1　产业引导：重塑生态农业，发展乡村旅游

溇港地区未来产业发展要坚持紧扣生态主题、发展循环经济的思路，提升产业发展的生态友好度，对产业发展进行优化调整，夯实水稻、蚕桑等基础农业业态，加强一、二、三产业之间的融合发展，形成生态农业主导下的全产业链，发展新型生态循环型经济，促进溇港地区可持续发展（图7-39）。其核心在于恢复传统的生物多样性和生产循环（闵庆文等，

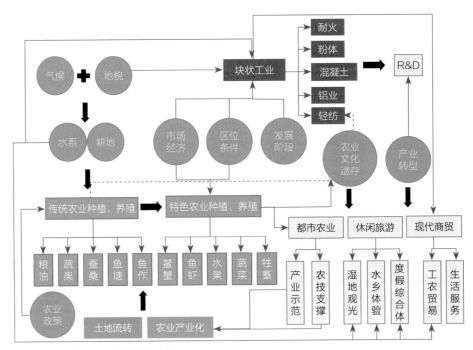

图7-39 溇港地区产业发展调整示意

（资料来源：中国城市规划设计研究院. 湖州市南太湖特色村庄带发展规划[R]，2017）

2010）。要让产业结构契合和适应溇港地区的环境特征，延续和彰显溇港圩田文化景观的价值内涵，增强遗产地经济活力和文化魅力，把溇港地区发展成为全国生态农业示范基地、文化创意产业示范基地、乡村旅游发展示范基地、全域旅游示范区（中国城市规划设计研究院，2017）。

对于第一产业，重点建设现代生态农业。延续和发展溇港地区生态农业理念，探索"鱼鳖混养""稻鳖共生[①]""鱼蟹共养""稻蟹共生"等生态养殖路径，降低成本、减少人力、提高水产品质、增加产量，同时避免大面积水产养殖对于景观格局的影响，并解决当前大面积侵占基本农田开展水产养殖的违法问题。通过政策引导和附加值提高，逐步恢复传统蚕桑种植面积，加大湖羊养殖规模，配合轮种、混作、间作的传统方式，恢复循环经济模式，提高土地利用效率的同时，保持和提升土地肥力（图7-40）。同时，在滨湖片区发挥土壤特性，大力发展蔬菜和百合等传统特色农业；临漾片区利用湖荡优势，恢复传统外荡水产品养殖。结合旅游产业，发展庭院经济，整合果树、桑树等林下空间资源，以循环生态农业为思路，开展立体养殖、种间互利、成本分摊、有机示范，探索林下食用菌（香

---

① 浙江湖州市的清溪鳖业公司从单纯的甲鱼养殖转型为鳖稻共生方式取得成功，通过甲鱼养殖与水稻种植相结合，降低了由于养殖水域及塘底淤泥过肥，甲鱼容易生病的概率，达到了环境与经济双赢的效果。

图7-40　溇港地区荣丰村的湖羊养殖
（资料来源：作者自摄）

菇、木耳）、林下药材（菊花）、林下牲畜（湖羊、猪）、林下家禽（鸡、鸭）、林下休闲等林下经济发展新模式。

对于第二产业，引导恢复特色手工业。对于常乐村铝业、漾西村临陆家漾铝业电缆业、乔溇村滨湖电缆业、北横塘两岸印染和家具企业等污染性工业，应当结合生态环境整治，取缔、搬迁。大力发展特色食品工业，挖掘蚕桑产业的历史文化价值，由植桑养蚕向缫丝、丝绸加工、蚕丝家居用品、高端服装等下游产品消费领域拓展，在桑果汁、桑果酒、桑葚蜜饯、花青素加工等领域进行培育；促进蚕桑的综合利用，将蚕蛹、蚕蛾、蚕沙、桑叶茶、桑叶菜等蚕桑产业副产品加以综合开发，与餐饮和养生保健产业相配合。对于纺织业，主要加强与一、三产业的衔接和融合，重点发展高端丝绸产业，逐步恢复传统造船、湖笔制造等手工业。

对于第三产业，鼓励开展乡村旅游。现代服务业就业门路广、吸纳劳动力能力强，符合溇港地区可持续发展的要求，有条件成为支柱产业，引领溇港地区发展，也是解决就业和实现农村劳动力转移的重要途径。要立足溇港圩田特色，大力发展特色文化生态旅游。一是要开展湿地生态观光游，利用溇港、横塘和漾荡条件，开辟水乡田园观光游线，彰显溇港水乡风貌。二是发展传统农耕体验游，结合科普、旅游、休闲，通过参与方式体验江南农耕、桑基鱼塘、稻桑共作、水产养殖、湖羊养殖、湖笔之作等具有本地特色的农耕文化魅力。三是开展旅游休闲活动，发挥区位优势，结合城乡区域绿道建设（图7-41），串联建设乡村休闲空间网络，重点选择大钱、幻溇、义皋、伍浦、陆家湾村，打造一条依托溇港水域交通的滨湖休闲旅游线路，让城市居民到这里感受自然魅力，开展旅游休闲活动。四是举行特色节事活动，推广"溇港圩田"旅游品牌，结合开渔节、百叶龙、滩簧戏等特色传统文化开展多种文化节事活动，扩大区域知名度。

图7-41 溇港地区绿道建设规划图
（资料来源：作者自绘）

7.4.2 空间治理：加强底线管控，恢复景观格局

恢复水网格局，疏通淤塞溇港。对于圩区应当适当增加水域面积、清理淤浅河道（董川永、高俊峰，2014），维持合理水面率（徐慧、杨姝君，2013），恢复水网形态，构建廊道网络，开展生态修复。针对当前溇港水网遭受破坏的局面，恢复溇港水系，开挖被填埋的泾浜，疏通淤堵的溇港，重点疏浚横塘和入湖溇港，尽快恢复伍浦溇、陈溇、杨溇、许溇、晟溇、石桥浦溇与太湖的沟通（图7-42）。在恢复水网格局的基础上，构建溇港乡村生态网络，开展河岸整治，修整圩岸岸基，复种桑树，恢复圩岸桑基景观，保持和恢复传统的田水、基塘比例。根据河道等级在河道两侧一定范围划定生态保护线，保护水体环境，恢复传统野生植物群落；整治滨水岸线景观，加强对河道两侧景观界面控制，重点对主要水道两侧的村庄进行综合环境整治工程，恢复和再现聚落，并有机融入田园的景观特色。

重点保护义皋、大钱、伍浦、杨溇、戴山村等具有保护价值的古村落和其他历史遗存。保护好古村落的整体格局及其与圩田、溇港的空间关系，保护好古村落内的古建筑遗存以及古驳岸、古桥等历史环境要素。探索村落群体整体保护，将伍浦村、义皋村、杨溇村、许溇村、幻溇村与义皋溇港圩田的保护结合起来；将荣丰村、大钱村、双丰村与大钱港的保护整体结合起来。建议申报杨溇村为传统村落。按照文物法的要求，加强对相关文物保护单位的保护。保护各级文物保护单位的本体及其历史环境（图7-43）。

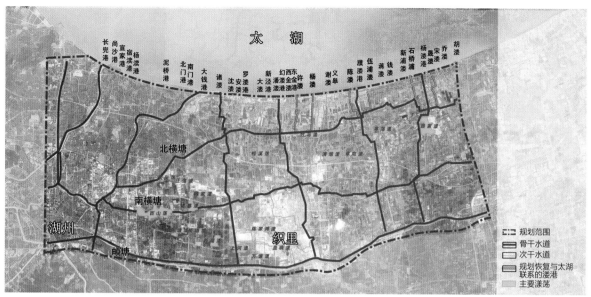

图7-42 溇港地区水系整治规划图
（资料来源：作者自绘）

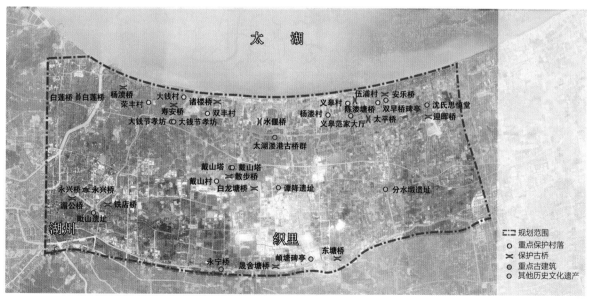

图7-43 溇港地区村落、古桥、水工设施保护规划图
（资料来源：作者自绘）

加强空间隔离，遏制城镇蔓延，实施减量发展。以沪渝高速公路为边界，建立空间隔离带，高速路以北至太湖南岸地区作为限制发展区，禁止进行大规模建设，维持乡村地区景观特征。在该地区严控建设用地规模总量，建设以存量更新为主，除了必要的基础设施外，原则上禁止新增建设，文化旅游设施应尽量利用原有村庄建筑，以改造利用为主。对于该区域严重破坏景观和谐的建筑物，要逐步拆除，对该区域不符合生态保护要求的用地，要调整用

地性质。

划定重点范围，建立溇港圩田文化景观保护区，修复文化景观（图7-44、图7-45）。根据保存现状，建议高速公路以北、濮溇以西、诸溇以东的地区划定为溇港圩田文化景观保护区。在保护区内，按照整体思路和系统方式，探索溇港圩

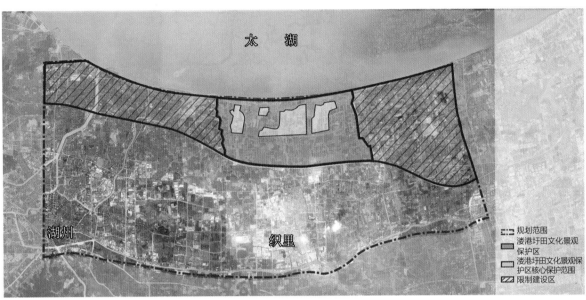

图7-44 溇港圩田文化景观遗产保护区划图
（资料来源：作者自绘）

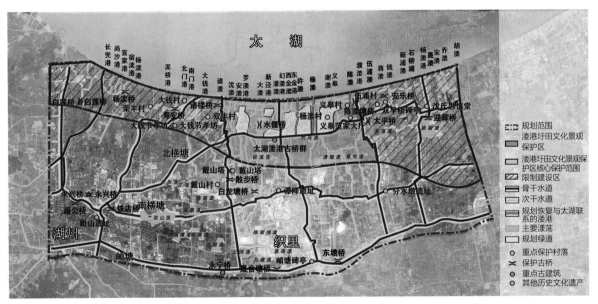

图7-45 溇港圩田文化景观保护规划总图
（资料来源：作者自绘）

田文化景观的整体保护。将现存较好的大溇圩田、徐溇圩田、义皋圩田划定为溇港圩田文化景观保护区核心保护范围。在核心保护范围内，实行最严格的管控，按照传统溇港地区的土地利用方式、农业生产模式、聚落营建方法，恢复景观格局、再现稻桑文化，全面保护和传承溇港圩田文化景观。

7.4.3　社区共建：结合乡村自治，实现共谋共享

依托乡村社会网络，建立政府引导、居民主导、专家参与的溇港乡村遗产保护守护网络。发挥居民的积极性和自主性，主动参与与自己利益相关的社区建设当中，让每一个溇港地区居民为溇港圩田文化景观延续与发展作出贡献。利用传统的生态智慧是推动原住居民参与文化景观保护与决策的一种有效机制（菲克列特·伯克斯、伊恩·J·戴维森-亨特、郭建业，2007），应将保护网络与生产合作组织相结合，让保护工作融入生产生活当中，增强保护网络的自我管理和延展能力，尤其是与稻桑农业合作社等农业生产互助机构的日常工作相结合，开展传统农业生产技能培训和知识讲授活动，让遗产保护助力农业生产。充分发挥乡贤的威望作用，召集、吸收溇港居民加入保护网络，并将与溇港有血缘、地缘联系的社会精英作为第三方引入作为保护网络，引导溇港留守老人参与具体保护工作[①]。

开展社区遗产教育，建立溇港文化自信和保护共识。积极开展镇史、村史、塘史、家族史以及种养殖史等历史文献、口述史的记录整理和出版工作，深入挖掘溇港历史文化价值内涵。采取群众喜闻乐见、通俗易懂的方式进行地方文化教育，并通过结合节庆活动、节事庆典加大溇港圩田文化宣传力度，培育溇港居民对于溇港圩田文化的认同感和自豪感，构建和强化集体记忆，激发保护的自发意识和自觉责任。

健全参与与分配机制，调动社区居民参与日常保护的积极性。建立深度参与制度，让保护网络成为意愿表达、权益争取、愿景展望、项目选择的最值得信赖、最广泛参与的平台，充分保障社区居民的保护知情、监督、决策的权利，让溇港居民广泛参与到溇港地区规划、建设、管理、运营的全过程（金一、严国泰，2015），共同制定保护与发展策略，提供充足信息引导参与，营造共同保护局面。确立利益分配机制，确保通过保护带动广大农民增产致富，社区居民能跟在溇港地区整体收益中得到应有的经济回报，增强溇港居民的获得感和幸福感。

7.4.4　政策支持：补贴传统农业，实施生态补偿

加大政策支持力度，建立专项补贴制度。对于溇港地区而言，传统农业投入产出率降低、农民种植积极性低是导致衰败的最核心原因，必须建立适当的机制支持传统农业生产的

---

① 湖州市南太湖特色村庄带发展规划的调研显示，溇港地区多个村庄的65岁以上人口比例在15%～25%之间，部分村庄例如大漾荡、塘甸、许溇等村超过了25%，成为常驻村庄的主力。由于中老年居民长期从事传统农业生产，熟悉溇港圩田传统生活方式，能够在溇港圩田文化传承、乡村活力保持、特色农业生产中发挥重要作用。

恢复、发展。需要通过必要的政策引导传统农业生产恢复，鼓励溇港地区居民延续精耕细作的传统农作方式，采用传统家庭为生产单元的方式组织生产，延续以稻桑为核心的农业生产结构。结合乡村振兴，设立溇港圩田农耕文化复兴基金，对传统生态农业生产行为进行专项补贴，除了稻桑生产补贴外，还可以拓展设置桑基鱼塘、桑基圩田、湖羊养殖等专项补贴，引导和培育溇港地区稻桑共作文化复兴。

完善生态保护机制，实施区域生态补偿。建立生态补偿机制是促进生态保护的重要制度设计（欧阳志云、郑华、岳平，2013），为了更好地发挥溇港圩田地区的生态功能、统筹区域发展，应当借鉴国内外成熟的生态涵养补偿、异地开发补偿等方式，建立溇港地区生态补充制度。补偿制度设计应以溇港地区对于太湖流域调蓄洪水功能为核心，以生态系统服务价值为科学计量基础，按照谁保护谁受益的原则，综合考虑生态保护的直接经济损失、机会成本、保护投入等因素，科学确定补充地域范围和补偿金额，鼓励溇港地区做好生态保育，发挥好太湖生态屏障的职能。

7.4.5　遗产申报：做好基础工作，备选世界遗产

虽然相关组成部分已经单独成功申报为世界灌溉工程遗产和全球重要农业文化遗产，但是这两类遗产都无法全面、准确地反映溇港圩田作为一个以生态价值为核心的文化景观系统的独特遗产价值，无法反映其作为人与自然工作创造作品的属性。因此，建议地方政府尽快开展溇港圩田文化景观的基础研究、价值研究，通过比较分析，聚焦华夏传统农耕文化景观的亚类型，深入分析其突出普遍价值。

在价值阐释的基础上，探讨对申报世界遗产必需的遗产区、缓冲区的潜在区域加强管控，保护溇港圩田文化景观的主要分布区域和密切的相关区域，以真实性、完整性为原则，提前做好相关保护、展示、监测和环境整治等工作。同时，加强教育培训工作，积极宣传溇港圩田文化景观，营造良好的社会氛围，为申报工作奠定社会基础。

7.5　小结

本章借助GIS技术手段，对溇港圩田文化景观的变化趋势进行分析，发现研究范围内的溇港泾浜大量消失、漾荡水柜数量减少和面积收缩，圩田数量大幅减少，稻田和桑地比例关系发生重大变化，聚落规模、数量急剧变化，景观斑块数量减少，生态效应不断退化，优秀文化传统和知识技能也面临传

承困难的局面。总结来看，**溇港圩田文化景观的系统整体结构出现失衡、空间形态发生变异、生态功能显著退化，总体趋向衰退和破坏，与太湖流域整体景观生态变化趋势保持一致**[①]。

以1968年的影像图为参照，通过不同阶段历史影像图的比较分析，会看到溇港圩田文化景观破坏情况呈现出清晰的阶段特征。在1995年之前，溇港圩田没有显著变化，格局肌理保存基本完好，呈现出完整的乡村图景特征；从1995年开始，湖州、织里等城镇开始出现扩大趋势，到2003年，城镇框架拉开，横穿而过的跨境沪渝高速公路开始建设，形成了一种人为的空间分割，高速公路以北成为乡村地带、以南则成为城镇建设拓展区域。在高速公路以北的溇港地区，虽然没有出现大规模的建设行为，但从2009年开始毁田地建鱼塘的趋势日益明显。此后，以高速公路为分割线，北侧不断受到农业生产结构、生产方式影响，农桑模式不断受到侵蚀，村庄规模也不断增大，这一破坏过程与吴兴区以及湖州地区自改革开放以来的社会经济发展、城镇化的过程基本保持一致。综合溇港地区社会经济发展情况以及现场访谈，可以认识到造成溇港圩田文化景观衰败的主要影响因素，包括**农业结构从传统稻桑为主改变为以高附加值农产品替代、农业方式从传统小户耕种为主到大规模机械化生产转变、乡村工业快速发展带来的一系列负向影响以及快速城镇化发展和建设所造成的冲击**等。

对于以生态价值为突出价值的、活态的、大尺度的传统农业型文化景观而言，溇港圩田文化景观的保护要坚持四个原则：一是**坚持生态导向**，围绕生态价值，传承传统生态理念与智慧；二是**运用系统方式**，探索实现对溇港圩田文化景观整体可控目标下的动态变化；三是**探索功能协同**，从多个方面加强文化景观的整体保护；四是**坚持共保共享理念**，将保护与传统乡村社会复兴紧密衔接起来，推动遗产地的可持续发展。根据这些原则，文章提出保护与传承溇港圩田文化景观的四大策略。**产业方面**，要重塑生态农业，生态农业模式不必要完全恢复传统的农业模式，但要与时俱进，围绕生态农业理念，结合当代发展需求，探索具有市场生命力的新农业产业结构和生产方式；同时，要大力发展特色旅游，作为太湖周边唯一一块没有高强度发展的乡村地区，溇港地区具有巨大的旅游吸引力，是彰显传统生态文明、独特地域文化和乡村景观的高等级旅游资源。**空间方面**，要开展分区管控、恢复传统格局，在这样一个数百平方公里的宏大区域，保存现状比较复杂，应当通过区划采取不同的空间管治手段，建议对最有条件的滨湖部分区域进行严格保护，恢复传统景观格局，延续传统生态智慧和土地利用模式。**社区层面**，要结合乡村自治，充分发挥社区力量在遗产地可持续发展中的作用，践行共谋共享理念，实现共同发展，助力乡村振兴。**机制层面**，要构建合理的传统农业补助、生态保育补偿的制度设计，通过区域统筹和补偿机制，实现文化景观得到保护、生态文明得以传承、社会经济得到发展的综合目标。在此基础上，通过对核心区域的保护，

[①] 根据《太湖流域土地利用与景观格局演变研究》，近15年来，在人类活动的干预下，太湖流域景观结构与景观异质性发生了较大变化，太湖流域土地利用变化产生了景观碎化、边缘效应、生境退化等景观生态效应。

加强对溇港圩田文化景观突出普遍价值的研究，开展相关基础性工作，为未来以文化景观名义申报世界文化遗产奠定基础。

总之，希冀通过上述保护策略的实施，探索出溇港圩田文化景观科学保护和永续传承的可行路径，促进环南太湖乡村地区社会、经济、生态、文化的全面进步，为其他类似文化景观保护及遗产地的可持续发展积累经验。

第 8 章

结语

8.1 主要结论

（1）溇港圩田不应当被看作简单的水利农业工程组合，其具有更丰富的价值内涵、更复杂的运行逻辑、更独特的形态特征，是华夏传统农耕文化景观遗产类型的典型代表。

虽然湖州太湖溇港于2016年被列入世界灌溉工程遗产名录，湖州桑基鱼塘在2018年被公布为全球重要农业文化遗产，但是从灌溉工程遗产和农业文化遗产的视角，显然无法全面阐释溇港圩田作为活态遗产所具有的丰富内涵价值、规模宏大的格局、与众不同的形态特征、多功能耦合的运行逻辑。用一个什么样的概念能够全面、正确地界定溇港圩田，是科学保护溇港圩田的首要任务。事实上，我国还有一批类似遗产面临着同样的困境。因此，本文明确提出了华夏传统农耕文化景观这一文化遗产亚类型，初步提出了其价值特征，通过全文分析，证明了溇港圩田是华夏传统农耕文化景观的典型代表。从这一维度去认知溇港圩田，有利于更加全面地揭示其价值内涵、清晰界定其遗产构成、准确把握其发展规律、科学制定其保护策略，有利于南太湖溇港圩田地区的整体保护，有利于弘扬中国传统优秀文化，有利于为人类文明提供中国智慧。

（2）溇港圩田文化景观的突出价值在于其生态价值，体现了人和自然良好互动下对特定生态环境的适应性改造，蕴含丰富的传统生态文明理念和智慧。

溇港圩田文化景观的价值内涵丰富，是太湖地区农耕文明的实物见证，代表了江南低泽地区可持续开发的技术水平，承载了以溇港水利文化和稻桑农作文化为纽带的乡村文化，具有特色鲜明的图景意向。这些价值孕育、形成和传承的共同基础，在于溇港圩田文化景观演进过程中始终秉承华夏传统的农耕思想和生态理念、不断探索丰富的地域性人居建设模式和生态智慧。通过溇港先民与自然之间长期、巧妙地互动，曾经的江南沼泽之地被逐步改造建设成为农业发达、环境良好、文化繁荣、对区域生态安全具有重要作用的宜居之地。

（3）溇港圩田文化景观的演化经历了孕育、草创、稳定、分化四个阶段，自然环境、社会经济、科技创新三类驱动力共同推动其形成与发展。

溇港圩田文化景观形成不是一蹴而就的，是人与自然长期互动中逐步发展而来的。本文按照系统完整、生态友好、功能完备等原则，对其演进过程进行研究，提出溇港圩田文化景观发展演化经历了四个阶段。①从史前文明到三国时期为孕育铺垫阶段，这一阶段的主要特征是溇港地区还处在滩涂状态，存在零星建设活动，但是基础设施开始提升，沼泽开发、稻桑农业技术不断积累，为后来溇港圩田文化景观的形成奠定了基础。②从东晋至五代是草创初成阶段，这一阶段的特征是碛塘的建成使得溇港地区水文条件发生显著变化，人工转变的环境基础开始孕育，溇港水网格局初步形成。此外，随着人口迁入和北方先进农业技术的引入，稻桑文化快速发展，农作物结构基本固定，溇港圩田文化景观在这一时期基本形成。③从北宋及清初是稳定成熟期，这一阶段的特征是水利、农耕、居住三个功能体系基本完善，水网系统、圩田系统以调整、优化为主，人口和聚落持续增加，更为重要的是三个子系统之间关系日益协调，地区整体生态功能达到最优状态，相关知识呈现清晰的体系化特征。④清中期以后进入到衰退分化阶段，这一阶段的特征是出现了毁田种桑的情况，溇港圩田生态平衡被打破，社会环境也开始发生重大变化。

在溇港圩田文化景观的发展过程中，主要驱动力量包括三类。基础支撑类的因子由决定溇港圩田文化景观孕育发展的自然条件构成，主要包括地理格局、地形地貌、气候条件、土壤能力等，这些要素为溇港文化景观孕育提供了特殊的自然环境条件，发挥了内在驱动作用。多元复杂的社会经济条件是促进文化景观发展的核心动力，是推动溇港圩田文化景观发展演化的关键因素，主要包括人口增长、区域开发、制度影响、商贸调控，是最主要的外部驱动力量。关键保障类的因子为溇港圩田可持续发展提供了核心技术支持，主要包括溇港水工技术、筑圩理田技术、水稻培育技术、桑蚕种养技术，这些技术在关键的阶段发挥了触媒作用。这些驱动因子之间通过"环境互动—制度修正—经济影响—技术响应"的作用机制，推动溇港圩田文化景观的发育、发展和变异，并在动态调整中，实现了自然与人的相互响应、适应，共同创造出了溇港圩田文化景观。

（4）当前溇港圩田文化景观出现了系统结构失稳、空间形态变异、生态功能退化的破坏趋势，需要从产业、空间、社会等多个层面提出对策，实现科学保护、有序传承。

从现实状况看，溇港圩田文化景观保护状况不容乐观。由于受到高附加值产业的冲击，传统农业生产结构已经发展重大变化。过度追求规模化生产，造成了溇港水系、圩田地貌的破坏，而工业向乡村地带的侵袭进一步加剧了这一趋势。东西横穿溇港地区的高速公路，破坏了空间完整性，几乎为城镇无序扩张和侵占溇港圩田地区划定了"合法边界"。当前，溇港圩田文化景观面临结构失稳、形态变异、功能退化等严峻形势，需要坚持生态价值导向、系统整体思维、共保共享理念，通过产业调整、空间治理、社区参与、机制保障等方式尽快开展保护工作。

总之，本研究所选取的溇港圩田文化景观是依附于江南地区太湖南岸生产生活方式的华夏传统农耕文化景观，通过对其的系统研究，不仅有利于东方文明特征下的文化景观遗产保护理论与方法研究，也有助于我们认识地域传统人居模式、促进太湖地区城乡人居理论发展。

8.2 主要创新点

8.2.1 理论创新：系统阐述了溇港圩田文化景观的本体论、价值论、形态特征、演进机制等基础理论问题

综述研究发现，对溇港圩田的既有研究十分有限，屈指可数的研究也多是从水利、农业

视角切入，缺乏将其作为整体对象的系统思考，研究基础薄弱。在《湖州历史文化名城保护规划（2013—2020）》提出溇港圩田文化景观这一概念后，学术界至今尚未进行过专门研究，基础理论存在大量空白。

　　本文系统、全面地阐述了溇港圩田文化景观的本体论、价值论、系统特征、演进机制、保护趋势等遗产保护的关键性基础问题。论文提出了文化景观遗产的亚类型——华夏传统农耕文化景观，证实了溇港圩田属于华夏传统农耕文化景观的范畴，建构起了"功能+形态"的遗产构成框架，明确遗产组成。论文明确提出溇港圩田文化景观价值的核心在于其生态价值，通过对土地利用方式和生态系统特征的分析，提炼出其创造过程中所蕴含的传统生态理念和生态智慧，运用相关技术方法进行了生态服务价值测算和气象环境模拟。论文借助迄今找到最早的、尚未遭受破坏时的1968年溇港圩田高清卫星影像图，结合历史文献和舆图，解析了溇港圩田文化景观的空间形态特征，修正了以往对其空间范围、特征的若干错误认识。论文对溇港圩田文化景观的演进阶段进行了分析，确定了不同类型的驱动因素及作用，解释其形成机制，分析了变化趋势，提出了保护对策。

8.2.2　方法创新：探索了定量定性结合、多学科交叉的大尺度、活态性遗产研究技术方法

　　基于研究对象的复杂性，尤其是大尺度、区域性、活态性、生态性的特征，论文以传统文化遗产保护的研究方法和技术手段为基础，综合运用历史地理、水利科技史、农业科技史等研究方法，引入景观生态、气象环境等学科的GIS分析技术、气象环境模拟技术，初步探索了一套适宜大尺度、活态性文化遗产保护的定量定性相结合、多学科交叉的技术方法，拓展了文化景观保护的研究手段，对其他类似遗产类型保护也具有借鉴意义。

8.3　不足与展望

8.3.1　不足之处：研究范围局限、生物多样性维度缺失

1. 空间范围局限在吴兴区
　　历史上溇港圩田广泛分布在南湖西岸、南岸和东南岸地区，在江苏宜兴和吴江、浙江长兴等地区都长期存在，著名的荆溪百渎、吴江十八港和震泽七十二港所在的沿湖地区都属于广义的溇港圩田范畴。这些溇港圩田文化景观系统虽然具有普遍的共性特征，但是由于地形地貌存在差异、在太湖水系中作用也不尽相同，因此各自具有独特的个性和特征。虽然现状仅存吴兴和长兴溇港圩田，但是

从溇港圩田文化景观研究的完整性角度看，有必要开展全面、系统的整体梳理。

本文受到研究能力、时间和条件的限制，没有将太湖沿岸历史上存在溇港圩田的各个区域都纳入研究范围，只选择形成时间最长、保存最为完整的吴兴段作为研究对象，难免会对南太湖溇港圩田的全面价值认知、整体规律把握造成困扰。从破坏趋势看，虽然这些溇港圩田都围绕太湖地区分布，但是其城镇化状态、经济社会发展水平存在显著差异，保存状况和突出矛盾各有不同，有必要做好相关基础研究。

2. 未进行生物多样性方面的相关研究

本研究提出了溇港圩田文化景观的突出价值在于其生态价值，并从多个角度、运用多种方法对其生态价值和生态效应进行重点分析和论证，为论文结论提供一定支撑。但是，受到专业背景、研究条件的局限，生态价值和生态效应的评价中，仅在部分章节对历史生物状况进行概括性描述，未能将生物多样性评价纳入其中，没有研究不同尺度下生物多样性的演进过程和变化趋势，缺乏对其驱动、干扰、响应等进行识别和量化评估。由于这部分研究内容缺失，一定程度上会影响生态评价的准确度，也会影响未来制定保护措施的精准度。

此外，由于1968年卫星影像图非多通道遥感影像，实际上是一张高分辨率的影像图片，无法跟2017年的卫星影像图一样进行解析，采用的目测解析方法制约了微观分析的精准度，使得两个时期对比存在一定缺项，这也是本书研究的一个不足之处。

8.3.2 研究展望：建构华夏传统农耕文化景观保护理论框架

由于中华传统哲学的整体思维方式和人地和谐自然观，在农耕文明时代，华夏先民在农业生产生活中创造出了很多独特的土地利用方式和生态智慧模式，形成了人工嵌入自然的多种多样的组合形式，是中华传统文明的重要基础，应当为今天的世界文明所借鉴。本文从溇港圩田作为文化景观的类型界定入手，提出了华夏传统农耕文化景观这一亚类型，并对其概念内涵、特征属性进行了初步讨论。这一亚类型的提出，在理论上是对东方文明背景下文化景观研究需要的响应，在实践中也是对世界文化遗产申报中文化景观"缺口"带来申报机遇的积极把握。我们要基于中华文明的有机延续特征，加强有机演进类文化景观遗产的研究、认定工作，但是也必须看到现有基础研究不足以支撑相关工作（陈同滨，2010b），应尽快深化相关研究。如众所周知的坎儿井，一直作为文物和灌溉水利工程进行保护。事实上，如果认识到坎儿井和沙漠绿洲是人与自然共同创造的有机体，就能够深刻地揭示其整体价值和生态内涵，有利于选择更科学的保护方法；现实意义上，如果从文化景观视角切入，将能够在文化景观类型方面获得更多提名机会，更利于坎儿井—沙漠绿洲申报世界文化遗产。因此，十分有必要以本文的研究结论为起点，尽快系统、深入地开展传统华夏农耕文化景观理论研究，用类型研究结合个案研究，全面推动我国华夏传统农耕文化景观遗产保护工作。

附录

清末入湖溇港数据一览表

序号	溇港名称	长度	宽度	深度	跨越溇港的桥		
					数量	名称	材质
1	胡溇	348丈	湖口—中桥：1丈3尺； 中桥—横港口：4丈5尺	湖口：5尺； 闸口—市桥：4尺； 市桥—日辉桥：3尺； 日辉桥—横港口：2尺； 横港口：4尺	4	中桥 市桥 小环桥 日辉桥	石桥 石桥 石桥 石桥
2	乔溇	157丈	湖口—塘桥：7丈； 塘桥—横港口：2丈4尺； 横港口：3丈5尺	湖口：4尺； 塘桥—蒋家桥：2尺； 蒋家桥—木桥：4尺； 木桥—横港口：3尺； 横港口：3尺5寸	4	塘桥 蒋家桥 木板桥 木板桥	石桥 石桥 木桥 木桥
3	宋溇	241丈	湖口—闸桥：2丈； 闸桥—横港口：2丈8尺	湖口：2尺； 湖口—闸桥：6尺； 闸桥—庆安桥：3尺5寸； 庆安桥—横港口：3尺	4	闸桥 庆安桥 木桥 汪王桥	石桥 石桥 木桥 石桥
4	晟溇	264丈7尺	湖口—闸桥：2丈； 闸桥—横港口：2丈3尺； 横港口：2丈4尺	湖口：4尺； 闸桥—横港口：3尺5寸； 横港口：3尺	5	闸桥 中桥 朱家桥 南阳桥 广福桥	石桥 石桥 石桥 石桥 石桥
5	汤溇	359丈	湖口—南桥：1丈4尺； 南桥—横港口：2丈2尺； 横港口：6丈4尺	湖口—闸桥：4尺5寸； 闸桥—横港口：3尺5寸； 横港口：2尺	3	闸桥 木桥 南桥	石桥 木桥 石桥
6	石桥浦	418丈8尺	湖口—普安桥：9丈； 普安桥—横港口：2丈5尺	湖口—闸桥：6尺； 闸桥—木桥：4尺； 木桥—横港口：3尺	4	闸桥 普安桥 木桥 张管桥	石桥 石桥 木桥 石桥
7	新浦溇	436丈2尺	湖口—塘桥：2丈2尺； 塘桥—横港口：3丈	湖口—闸桥：5尺； 闸桥—木桥：4尺； 木桥—横港口：3尺	4	闸桥 塘桥 中石桥 木桥	石桥 石桥 石桥 木桥

序号	溇港名称	长度	宽度	深度	跨越溇港的桥		
					数量	名称	材质
8	钱溇	352丈5尺	湖口—横港口：7丈； 横港口：5丈1尺	湖口—闸口：3尺； 闸口—闸桥：5尺； 闸桥—中木桥：7尺7寸； 中木桥—横港口：3尺； 横港口：4尺	2	闸桥	石桥
						木桥	木桥
9	蒋溇	384丈	湖口—闸桥：3丈6尺； 闸桥—横港口：2丈3尺	湖口—闸桥：6尺； 闸桥—双甲桥：2尺5寸； 双甲桥—横港口：4尺5寸； 横港口：2尺5寸	2	闸桥	石桥
						双甲桥	石桥
10	伍濮溇	422丈	湖口—闸桥：7丈； 闸桥—安乐桥：2丈1尺； 安乐桥—横港口：5丈7尺	湖口：3尺； 湖口—闸桥：5尺； 闸桥—安乐桥：6尺； 安乐桥—横港口：5尺3寸； 横港口：4尺	3	闸桥	石桥
						木桥	木桥
						安乐桥	石桥
11	濮溇	555丈7尺	湖口—闸桥：1丈9尺； 闸桥—中桥：1丈3尺5寸； 中桥—朱家桥：1丈2尺； 朱家桥—横港口：11丈	湖口—闸桥：5尺； 闸桥—中桥：2尺； 中桥—朱家桥：2尺5寸； 横港口：3尺	3	闸桥	石桥
						中桥	石桥
						朱家桥	石桥
12	陈溇	733丈5尺	湖口—闸桥：2丈3尺； 闸桥—塘桥：2丈9尺； 塘桥—横港口：13丈6尺	湖口—闸桥：6尺； 闸桥—塘桥：4尺； 塘桥—横港口：3尺； 横港口：4尺	4	闸桥	石桥
						塘桥	石桥
						鸟桥	石桥
						圣桥	石桥
13	义皋溇	606丈	湖口—闸桥：14丈； 闸桥—塘桥：1丈3尺； 塘桥—高桥：1丈8尺； 高桥—横港口：1丈9尺； 横港口：4尺	湖口—闸桥：6尺； 闸桥—塘桥：4尺； 塘桥—高桥：5尺； 横港口：3尺	4	闸桥	石桥
						塘桥	石桥
						高桥	石桥
						婚对桥	石桥
14	谢溇	546丈	湖口—闸口：1丈； 闸口—塘桥：1丈4尺； 塘桥—横港口：1丈7尺； 横港口：9丈	湖口：7尺； 湖口—闸口：5尺； 闸口—塘桥：3尺； 塘桥—横港口：5尺； 横港口：4尺	1	塘桥	石桥
15	幻溇	430丈5尺	湖口—闸口：9丈； 闸口—塘桥：1丈5尺； 塘桥—横港口：2丈3尺； 横港口：4丈	湖口—塘桥：3尺； 塘桥—木桥：2尺5寸； 木桥—横港口：4尺5寸； 横港口：2尺5寸	2	塘桥	石桥
						木桥	木桥

序号	溇港名称	长度	宽度	深度	跨越溇港的桥		
					数量	名称	材质
16	潘溇	520丈5尺	湖口—木桥：4丈5尺； 木桥—常利桥：1丈7尺； 常利桥—横港口：4丈	插口—湖口：6尺； 闸口—常利桥：4尺5寸； 常利桥—上木桥：4尺； 上木桥—下木桥：3尺； 下木桥—横港口：4尺5寸； 横港口：2尺	5	木桥	木桥
						常利桥	石桥
						上木桥	木桥
						下木桥	木桥
						黑桥	石桥
17	新泾港	358丈5尺	湖口—大桥：5丈； 大桥—太平桥：1丈； 太平桥—横港口：2丈6尺	湖口—大桥：7尺； 大桥—太平桥：5尺5寸； 太平桥—堂子桥：2尺； 堂子桥—横港口：3尺； 横港口：2尺5尺	3	大桥	石桥
						木平桥	石桥
						堂子桥	石桥
18	大溇	496丈	湖口—塘桥：4丈5尺； 塘桥—石桥：1丈7尺； 石桥—石灰桥：2丈5尺； 石灰桥—横港口：2丈； 横港口：4丈5尺	湖口：6尺； 湖口—闸口：3尺； 闸口—石桥：3尺5寸； 石桥—石灰桥：2尺5寸； 石灰桥—南金桥：3尺； 南金桥—横塘口：2尺	7	塘桥	石桥
						木桥	木桥
						石桥	石桥
						石灰桥	石桥
						木桥	木桥
						南金桥	石桥
						长生桥	石桥
19	罗溇	275丈5尺	湖口—塘桥：2丈5尺； 塘桥—木桥：2丈4尺； 木桥—横港口：4丈	湖口—闸口：5尺5寸； 闸口—塘桥：5尺； 塘桥—木桥：4尺； 木桥—横塘口：2尺	2	塘桥	石桥
						木桥	木桥
20	安溇	273丈	湖口—塘桥：不通水； 塘桥—木桥：2丈5尺； 上木桥—下木桥：3丈5尺； 下木桥—横港口：3丈	闸口—横港口：3尺	4	塘桥	石桥
						上木桥	木桥
						石桥	石桥
						下木桥	木桥
21	沈溇	312丈	湖口—塘桥：4丈5尺； 塘桥—上木桥：3丈5尺； 上木桥—港口：3丈； 西木桥：4丈； 东木桥：4丈	湖口—闸口：5尺； 闸口—上木桥：3尺； 上木桥—港口：2尺	4	塘桥	石桥
						上木桥	木桥
						西木桥	木桥
						东木桥	木桥
22	诸溇	523丈5尺	湖口—塘桥：5丈； 塘桥—上木桥：3丈； 上木桥—横港口：4丈5尺	湖口—塘桥：5尺； 塘桥—上木桥：3尺； 上木桥—横港口：2尺	3	塘桥	石桥
						上木桥	木桥
						东木桥	木桥

序号	溇港名称	长度	宽度	深度	跨越溇港的桥		
					数量	名称	材质
23	汤家港—纪家港	393丈5尺	湖口—闸桥：8丈； 闸桥：3丈； 仙凤桥：3尺； 湖口—闸桥：3丈5尺	—	3	闸桥	石桥
						闸桥	石桥
						仙凤桥	石桥
24	寺桥港	547丈	湖口—横港口：1丈7尺	钱家桥—闸口：4尺； 闸口—普安桥：3尺； 普安桥—横港口：4尺	5	钱家桥	石桥
						寺桥	石桥
						木桥	木桥
						善庆桥	石桥
						普安桥	石桥
25	泥桥港	268丈	湖口—泥桥：5丈； 泥桥—永甯桥：1丈6尺； 永甯桥—横港口：2丈6尺	湖口—泥桥：2尺5寸； 泥桥—永甯桥：3尺； 永甯桥—横港口：1尺5寸	2	泥桥	石桥
						永甯桥	石桥
26	杨渎港	291丈5尺	杨渎桥—横港口：3丈1尺	湖口—杨渎桥：4尺； 杨渎桥—横港口：1尺	1	杨渎桥	石桥
27	宿渎港	344丈	湖口—宿渎桥：4丈1尺； 宿渎桥—木桥：1丈2尺； 木桥—横港口：2丈8尺	湖口—闸口：6寸； 闸口—木桥：3尺5寸； 木桥—横港口：3尺6寸	3	宿渎桥	石桥
						木桥	木桥
						青龙桥	石桥
28	宣家港	278丈	湖口—宣家桥：2丈2尺； 宣家桥—横港口：3丈4寸； 横港口：2丈8寸	湖口：3尺； 湖口—宣家桥：2尺； 宣家桥—横港口：1尺5寸	1	宣家桥	石桥
29	张婆港	447丈	湖口—张婆桥：3丈1尺； 张婆桥—横港口：1丈1尺； 横港口：4丈	湖口外：6尺； 湖口—木桥：4尺； 木桥—横港口：2尺5寸	3	张婆桥	石桥
						石桥	石桥
						木桥	木桥
30	管渎港	583丈	湖口—管渎桥：1丈9尺； 管渎桥—横港口：1丈1尺	湖口—管渎桥：7尺； 管渎桥—北木桥：6尺； 北木桥—南木桥：4尺； 南木桥—横港口：2尺	3	管渎桥	石桥
						北木桥	木桥
						南木桥	木桥
31	顾家港	230丈	湖口—顾家桥：1丈5尺； 顾家桥—荷花桥：1丈2尺5寸； 荷花桥—木桥：1丈9尺； 木桥—横港口：3丈8尺	湖口外：6尺； 湖口内：4尺； 湖口—顾家桥：4尺5寸； 顾家桥—荷花桥：3尺； 荷花桥—横港口：2尺	3	顾家桥	石桥
						荷花桥	石桥
						木桥	木桥
32	西山港	284丈	湖口—西山桥：1丈3尺； 西山桥—横港口：9尺； 横港口：3丈8尺	湖口：6尺； 湖口—闸口：3尺5寸； 闸口—横港口：5寸	2	西山桥	石桥
						广福桥	石桥
33	小梅港	—	湖口—金锁桥：20丈； 金锁桥—横港口：9丈5尺	1丈4尺	1	金锁桥	石桥

（资料来源：根据《乌程长兴二邑溇港说》附图相关标注统计汇总。）

娄港地区20世纪80年代初地名统计

地名特征	地名
坝（31）	陆家坝（开山公社）、黄泥坝、邱家坝、施家坝、野鸭坝、陈店坝、泥坝、生姜坝、陈家坝、史家坝、螺蛳坝、沈家坝、李家坝、陶家坝、谈家坝、邹家坝、东坝头、西坝头、南坝头、费家坝、治山坝、贺家坝、陆家坝（东迁公社）、潘家坝、孟庄坝、塘家坝、张家坝、北坝、南坝、瑶阶坝、俞家坝
埭（19）	郭家埭、钱家埭、王家埭（白雀公社）、茹家埭、东港埭、周家埭、杨家埭、南埭、北埭、中埭、店前埭、庙前埭、吴家埭、章家埭、高家埭、红庙埭、王家埭（环诸公社）、钮家埭、张家埭
堰（3）	西堰头、东堰头、堰头
塘（17）	草塘桥、青塘村、青塘门、前北塘、后北塘、西塘村、横塘桥港南、横塘桥、中界塘桥、塘门里、仁塘湾、塘家坝、三角塘、中塘港、塘店、塘桥、塘涯、官塘坽、大塘坽、塘北、叶家塘、秋家塘、吴家塘、潘塘桥、圣塘港、东双塘坽
桥（103）	草塘桥、丁家桥、王家桥、王家板桥、小桥头、木桥村、塘桥头、潘家桥、横塘桥港南、横塘桥、北皋桥、西石桥、油车桥（白雀）、庙桥村、范家桥、烂圩桥、油车桥（戴山公社）、闵家桥、浒稍桥、高桥头、长板桥、石桥头、杨凄桥、御马桥、中界塘桥、泥桥港、崔家桥、对步桥、毛安桥、回龙桥、乌桥头、罗家桥、狮子桥、东桥村、庙桥头、安丰桥、栏杆桥、蒋店桥、严家桥、闵家桥、王家桥、八字桥、桥坝、罗家桥、油车桥、报本桥、木桥头塘桥、观音桥、东西桥、张云桥、沈家桥、钟家桥、陈家桥、尤平桥、坝桥头、和家桥、塔头桥、二里桥、谈家桥、俞家石桥、慎庆坝桥、阴界桥、章家桥、桥下村、戴家桥、西五桥坝施家板桥、东五桥坝六里桥坽、石桥浦河埠桥、油车桥（漾西公社）、杀鱼桥、南板桥、西石桥、应坽桥、胡家坝桥、石前桥、潘塘桥、盛家桥、两家桥、锣鼓桥、扬马桥、桥下、大石桥、柏公桥、潘长桥、方桥头、牧鸭桥、板桥头、庄前木桥、砖桥头小桥头白云桥、桥头坝东雪桥、吴家板桥、油车桥（塘甸公社）、蒋家桥、环桥、药王桥、福绥桥
港（56）	木凄港、大港郎、西港（漾西公社）、伍王港、外东港、孟乡港、叶家港、石头港、梅林港、秦家港、王家港、南小港、北小港、戴家港、郑港、从兴港、染店港、横港头、安港、油车港、西港（升山公社）、东港、邹家港、郎中港、方家港、罗家港、西港上、北港、后港、港东、长巧港、港西、中塘港、汲水港、蒋家港、谈家港、曹家港、胡家港、邵家港、港北村、港东湾、小港里、东乡港、直下港、毛家港、朱家港、宿凄港、丁家港、郎中港、尚沙港、宣家港、吴家港、行渡港、小港村、机坊港、白花港、圣塘港
坞（1）	教场坞
滩（8）	鲇鱼滩、陈家滩、漾滩头（升山公社）、褚家滩、宋家滩、元西滩、漾滩头（白雀公社）、范家滩
兜（43）	青木兜、蒋家兜、朱家兜、曹家兜、刁家兜、鸭兰兜、严家兜、白鹤兜、芳莲兜、佛仙兜、姚家兜、李家兜、东兜、五圣母兜、坞西兜、伞尖兜、晒甲兜、北兜、毛家兜、西深兜、秀才兜、堂子兜、兜北山、朱家兜、杨林兜、肖家兜、邱家兜、学官兜、打铁兜、茶花兜、沈家兜、金家兜（白雀公社）、费家兜、陈家兜（塘甸公社永安大队）、东窑兜、西窑兜、大渠兜、卢家兜、陈家兜（塘甸公社中界桥大队）、卢家兜、顾家兜、冯家兜、金家兜（塘甸公社）

地名特征	地名
湾（103）	杨湾里、南湾里、染店湾、章家湾、甘草湾、徐家湾（塘甸公社）、谈家湾、湾里、徐家湾（晟舍公社）、七房湾、铁店湾、沈家湾（升山公社小山大队）、毛家湾（晟舍公社）、朱家湾（塘甸公社）、陆家湾（白雀公社）、料大湾、野柴湾、丰兆湾、齐家湾、李家湾、钱家湾、杨田湾、宋家湾、南湾、杨家湾、毛家湾（漾西公社）、沈家湾（升山公社报本桥大队）、施家湾、陶家湾、念五湾、念五湾东、陆家湾（漾西公社）、木莲湾、朱湾里、郁家湾、下水湾、钉称湾、白漾湾、杨湾、邱家湾、朱家湾（织里公社）、盛家湾、洋湾里、红家湾、南姜湾、闵家湾、宜船湾、东道湾、柏家湾、陈家湾（升山公社）、沈家湾（漾西公社）、盛家湾、漾湾、潭家湾、南田湾、北田湾、七家湾、西道湾、孙家湾、陈家湾（戴山公社）、东湾、山西湾、贺家湾、叶家湾、车家湾、沈家湾（东迁公社）、何家湾、薛家湾、计家湾、林家湾、胡荡湾、西南湾、富家湾、东南湾、陆家湾（升山公社）、渔船湾、潘家湾、黄家湾、孙家湾、叟家湾、邵家湾、刘家湾、仁塘湾、朱家湾、薛家湾、荡湾村、长田湾、金家湾、徐家湾（东迁公社）、朱家湾（塘甸公社）、五洋湾、王家湾、任家湾、南湾、中湾、陆家湾（晟舍公社）、渔湾、太史湾、北窑湾、南窑湾、桥西湾、张湾、霍村湾
圩（47）	充圩、官田圩、西塍圩、长田圩、增圩、抗三圩、荡田圩、南荡田圩、属四圩、南音圩、辛鉴圩、蚕田圩、谦四圩、讥三圩、大其圩、河荡圩、音四圩、林圩、小搨圩、奏三圩、近圩、陈家圩、王家圩、长圩田、南圩街、吊田圩、小浒圩、大汤圩、登四圩、小圩廊、生田圩、鱼池圩、务三圩、失圩田、薛家圩、百亩圩、公三圩、天宇圩、陆家圩、凌家圩、大会圩、韩三圩、胡沙圩、八四圩、蒋家圩、外圩、南庄圩
圩（211）	褚家圩（白雀公社）、罗家圩、南河圩、草船圩、北蒋圩、苏家圩（东迁公社戴家桥大队）、薄花圩（东迁公社圣驾桥大队）、薄家圩、竹杆圩、石兰圩、饫五圩、饫四圩、西河圩、谭家圩、陆家圩（东迁公社）、苏家圩（东迁公社薄花圩大队）、益马圩、万家圩、晃伍圩、北阳圩、宝山圩、观音堂圩、银子圩、褚家圩（戴山公社）、冯家圩、姚家圩、潘家圩（东迁公社祜村大队）、邱家圩、香元圩、张王圩、五子圩、肠五圩、南伍圩、先家圩、华家圩、杨家圩（太湖公社）、樊家圩、涌军圩、脱甲圩、陈仁圩、施家圩、严家圩、谈书圩、蔡家圩、半圩、顾家圩、甘家圩、谈家圩、沈家圩（东迁公社）、孙家圩、薄花圩（东迁公社薄花圩大队）、东双塘圩、潘家圩、叶家圩、十一房圩、张家圩（白雀公社）、胡家圩、中圩、长圩、董家圩、石头圩、钱家圩、东阁圩、朝皇圩、对芳圩、费家圩、陆家圩（轧村公社骥村大队）、荡家圩、连五圩、宋家圩、圩口、堂子圩、陈家圩、蒋家圩（织里公社同心大队）、潜龙圩、西科圩、沈家圩（轧村公社）、寓四圩、孟婆圩、仲家圩、囊二圩、囊二东圩、项祝圩、黄泥圩、赤家圩、陆家圩（漾西公社）、张家圩（东迁公社）、仁章圩、严家圩、陆家圩（轧村公社增圩大队）、梁家圩、万家圩、金光圩、阮家圩、刁家圩、吴家圩（轧村公社）、白甫圩、白甫南圩、凹家圩、东凹家圩、牛皮圩、洞圩、文化圩、西庙圩、李家圩、计家圩、朱家圩、西车圩、圩门头、瑞祥圩、蒋家圩（织里公社凌家汇大队）、金家圩、银子圩、傅家圩、南圩、西安全圩、东湾圩、莲花圩、王母圩、投军圩、蛤叭圩、瑞祥南圩、曹家圩、清水圩、染店圩、鹤水圩、雁沙圩、长渠圩、圣堂圩、张家圩（轧村公社）、阮家圩、强家圩、蒋家圩（轧村公社）、金头圩、北窑圩、郑家圩、西陈家圩、东陈家圩、麻坊圩、南车圩、杨家圩（东迁公社）、茶花圩、小港圩、（废村）柳家圩、安全圩、大潘圩、严家圩、庙圩、宋家圩、彭家圩、谈家圩、庙圩、大塘圩、均家圩、潘家圩、季家圩、沙家圩、秀才圩、高家圩、皮鞋圩、太湖圩、蓑衣圩、何家圩、黄田圩、芮家圩、圩门里、大其圩、叶家圩、莫家圩、官塘圩、褚家圩、邱家圩、户安圩、求三圩、极乐圩、吴家圩（白雀公社）、柳家圩、山西圩、和尚田圩、邹家圩、陶家圩、长浜圩、曹庄圩、山西圩、何家圩、唐家圩、黄都田圩、汤家圩、晒日圩、高家圩、河西圩、徐家圩、叶家圩、李家圩、邢家圩、金家圩、乌雁圩、风车圩、（废村）北舍圩、长圩、金家圩、宋家圩、吴家圩（升山公社）、善家圩、沿鱼圩、祁庄圩、褚家圩、盛家圩、茑田圩、张家圩（织里公社）、谈家圩
潭（10）	江家潭、白龙潭、朱家潭、顾家潭、杨潭、龙潭、汤家潭、马池潭、东白鱼潭、西白鱼潭
荡（10）	芦苇荡、潘家荡、漾滩头、叶家荡、褚家荡、波漸荡、杨家荡、吴家荡、叶家荡
漾（6）	漾口、漾西、漾田、怪鸟漾、梅渚漾、长田漾
浜（4）	前浜、浜里、罗家浜、半中浜
浒（9）	木匠浒、插旄浒、唐家浒、张家浒、石家浒、朱家浒、沈家浒、郑家浒、卢家浒
河（14）	河西圩、阳太河、大河岗、晓河、甲造河、河荡圩、羊河墩、河埠桥、南河里、北河里、吴沙河、跳家河、南河圩、西河圩

（资料来源：根据《浙江省湖州市地名志》整理。）

娄港地区1968年气候舒适度逐日评价结果

月	日	温湿指数	风效指数	等级	感觉程度
1	1	4.2	−649	1	寒冷
	2	5.7	−714	1	寒冷
	3	7.0	−590	1	寒冷
	4	6.1	−647	1	寒冷
	5	7.4	−557	1	寒冷
	6	9.4	−632	1	寒冷
	7	7.9	−734	1	寒冷
	8	3.6	−814	1	寒冷
	9	3.0	−767	1	寒冷
	10	3.3	−876	1	寒冷
	11	4.0	−637	1	寒冷
	12	3.9	−778	1	寒冷
	13	7.1	−679	1	寒冷
	14	6.4	−856	1	寒冷
	15	4.4	−838	1	寒冷
	16	4.8	−690	1	寒冷
	17	9.3	−564	1	寒冷
	18	6.2	−701	1	寒冷
	19	4.8	−766	1	寒冷
	20	3.9	−721	1	寒冷
	21	3.9	−736	1	寒冷
	22	2.4	−740	1	寒冷
	23	2.0	−739	1	寒冷
	24	3.2	−794	1	寒冷
	25	4.0	−713	1	寒冷
	26	4.3	−734	1	寒冷
	27	2.1	−712	1	寒冷
	28	3.7	−741	1	寒冷
	29	3.3	−807	1	寒冷
	30	1.7	−866	1	寒冷
	31	2.6	−805	1	寒冷

月	日	温湿指数	风效指数	等级	感觉程度
2	1	1.6	−815	1	寒冷
	2	2.3	−452	1	寒冷
	3	3.8	−684	1	寒冷
	4	3.0	−852	1	寒冷
	5	1.9	−808	1	寒冷
	6	2.1	−900	1	寒冷
	7	2.0	−715	1	寒冷
	8	2.8	−732	1	寒冷
	9	2.5	−709	1	寒冷
	10	2.6	−647	1	寒冷
	11	3.5	−770	1	寒冷
	12	3.5	−700	1	寒冷
	13	3.9	−748	1	寒冷
	14	1.5	−875	1	寒冷
	15	4.1	−668	1	寒冷
	16	5.0	−660	1	寒冷
	17	5.2	−636	1	寒冷
	18	6.4	−801	1	寒冷
	19	5.7	−763	1	寒冷
	20	4.9	−763	1	寒冷
	21	6.3	−630	1	寒冷
	22	6.6	−616	1	寒冷
	23	6.2	−798	1	寒冷
	24	4.2	−633	1	寒冷
	25	6.2	−552	1	寒冷
	26	6.2	−669	1	寒冷
	27	8.0	−653	1	寒冷
	28	9.8	−615	1	寒冷
	29	7.8	−692	1	寒冷
3	1	5.9	−758	1	寒冷
	2	5.9	−690	1	寒冷
	3	8.4	−636	1	寒冷

月	日	温湿指数	风效指数	等级	感觉程度
	4	13.9	−490	1	寒冷
	5	11.7	−482	1	寒冷
	6	9.7	−565	1	寒冷
	7	10.2	−673	1	寒冷
	8	7.5	−666	1	寒冷
	9	7.9	−586	1	寒冷
	10	7.7	−702	1	寒冷
	11	8.9	−610	1	寒冷
	12	9.6	−548	1	寒冷
	13	11.1	−443	1	寒冷
	14	12.8	−436	1	寒冷
	15	15.0	−325	2	冷
	16	11.6	−492	1	寒冷
	17	9.4	−606	1	寒冷
3	18	12.7	−442	1	寒冷
	19	16.3	−424	1	寒冷
	20	13.4	−545	1	寒冷
	21	10.9	−602	1	寒冷
	22	9.1	−644	1	寒冷
	23	9.6	−656	1	寒冷
	24	8.8	−699	1	寒冷
	25	8.3	−601	1	寒冷
	26	9.9	−532	1	寒冷
	27	10.8	−514	1	寒冷
	28	11.1	−615	1	寒冷
	29	12.5	−565	1	寒冷
	30	13.5	−442	1	寒冷
	31	11.5	−547	1	寒冷
	1	11.9	−514	1	寒冷
	2	12.2	−492	1	寒冷
4	3	13.7	−294	1	寒冷
	4	16.2	−296	2	冷

月	日	温湿指数	风效指数	等级	感觉程度
	5	15.5	−374	2	冷
	6	16.3	−402	2	冷
	7	18.2	−332	3	舒适
	8	19.0	−298	3	舒适
	9	12.5	−573	1	寒冷
	10	7.8	−677	1	寒冷
	11	11.3	−475	1	寒冷
	12	13.9	−429	1	寒冷
	13	13.3	−463	1	寒冷
	14	13.9	−433	1	寒冷
	15	15.6	−411	2	冷
	16	16.1	−428	2	冷
4	17	13.2	−579	1	寒冷
	18	13.8	−477	1	寒冷
	19	14.2	−383	2	冷
	20	13.5	−427	1	寒冷
	21	14.6	−329	2	冷
	22	15.1	−344	2	冷
	23	16.3	−316	2	冷
	24	18.8	−239	3	舒适
	25	14.1	−518	2	冷
	26	10.6	−549	1	寒冷
	27	13.7	−392	1	寒冷
	28	15.0	−343	2	冷
	29	15.7	−329	2	冷
	30	17.7	−291	3	舒适
	1	20.2	−216	3	舒适
	2	19.1	−263	3	舒适
5	3	20.6	−188	3	舒适
	4	18.8	−303	3	舒适
	5	18.3	−359	3	舒适
	6	15.9	−409	2	冷

月	日	温湿指数	风效指数	等级	感觉程度
	7	12.8	−491	1	寒冷
	8	14.4	−457	2	冷
	9	15.0	−404	2	冷
	10	15.3	−364	2	冷
	11	16.0	−370	2	冷
	12	18.9	−309	3	舒适
	13	19.3	−176	3	舒适
	14	19.7	−193	3	舒适
	15	20.9	−199	3	舒适
	16	20.5	−310	3	舒适
	17	21.0	−246	3	舒适
	18	21.1	−177	3	舒适
5	19	19.6	−259	3	舒适
	20	20.2	−214	3	舒适
	21	19.8	−258	3	舒适
	22	20.1	−294	3	舒适
	23	20.6	−306	3	舒适
	24	20.1	−361	3	舒适
	25	18.2	−363	3	舒适
	26	20.3	−212	3	舒适
	27	22.0	−174	3	舒适
	28	21.7	−149	3	舒适
	29	22.3	−106	3	舒适
	30	22.6	−126	3	舒适
	31	21.7	−223	3	舒适
	1	22.5	−113	3	舒适
	2	22.6	−133	3	舒适
	3	21.1	−165	3	舒适
6	4	21.7	−214	3	舒适
	5	21.8	−160	3	舒适
	6	22.1	−152	3	舒适
	7	24.0	−114	3	舒适

月	日	温湿指数	风效指数	等级	感觉程度
	8	25.2	−52	3	舒适
	9	21.7	−231	3	舒适
	10	20.7	−170	3	舒适
	11	22.4	−185	3	舒适
	12	23.8	−120	3	舒适
	13	23.4	−115	3	舒适
	14	23.6	−93	3	舒适
	15	21.9	−252	3	舒适
	16	22.3	−175	3	舒适
	17	23.9	−95	3	舒适
	18	23.8	−143	3	舒适
6	19	22.2	−190	3	舒适
	20	22.0	−200	3	舒适
	21	21.5	−183	3	舒适
	22	21.1	−221	3	舒适
	23	20.4	−325	3	舒适
	24	20.5	−297	3	舒适
	25	21.2	−281	3	舒适
	26	21.8	−253	3	舒适
	27	24.1	−157	3	舒适
	28	25.9	−76	4	热
	29	26.0	−149	4	热
	30	26.8	−89	4	热
	1	26.5	−125	4	热
	2	24.9	−180	3	舒适
	3	23.1	−225	3	舒适
	4	22.2	−256	3	舒适
7	5	21.3	−229	3	舒适
	6	23.3	−180	3	舒适
	7	24.4	−122	3	舒适
	8	25.1	−173	3	舒适
	9	23.8	−195	3	舒适
	10	24.6	−106	3	舒适

月	日	温湿指数	风效指数	等级	感觉程度
7	11	25.8	−48	4	热
	12	26.1	−49	4	热
	13	27.0	−55	4	热
	14	28.4	31	5	闷热
	15	28.5	30	5	闷热
	16	28.3	36	5	闷热
	17	28.4	6	5	闷热
	18	28.7	45	5	闷热
	19	28.2	−19	5	闷热
	20	28.5	17	5	闷热
	21	27.3	3	4	热
	22	27.7	9	5	闷热
	23	27.0	−4	4	热
	24	25.6	−53	4	热
	25	25.9	−48	4	热
	26	26.1	−46	4	热
	27	25.9	−50	4	热
	28	25.6	−47	4	热
	29	26.7	−30	4	热
	30	27.7	22	5	闷热
	31	27.1	8	4	热
8	1	27.0	23	4	热
	2	26.3	6	4	热
	3	26.4	−26	4	热
	4	26.4	−34	4	热
	5	25.9	−75	4	热
	6	25.8	−66	4	热
	7	26.7	−36	4	热
	8	25.5	−139	4	热
	9	25.1	−169	3	舒适
	10	26.4	−86	4	热
	11	27.0	−27	4	热
	12	27.2	−34	4	热

月	日	温湿指数	风效指数	等级	感觉程度
8	13	25.7	−112	4	热
	14	26.4	−23	4	热
	15	26.3	−33	4	热
	16	26.4	−6	4	热
	17	27.3	−31	4	热
	18	27.8	−24	5	闷热
	19	28.0	18	5	闷热
	20	28.7	16	5	闷热
	21	28.2	21	5	闷热
	22	28.4	21	5	闷热
	23	28.0	−30	5	闷热
	24	28.1	−23	5	闷热
	25	28.0	−17	5	闷热
	26	25.8	−123	4	热
	27	25.5	−49	4	热
	28	24.7	−73	3	舒适
	29	25.4	−75	3	舒适
	30	23.6	−64	3	舒适
	31	22.5	−116	3	舒适
9	1	22.6	−137	3	舒适
	2	22.5	−183	3	舒适
	3	23.0	−112	3	舒适
	4	25.2	−144	3	舒适
	5	26.3	−31	4	热
	6	26.4	−57	4	热
	7	26.5	−29	4	热
	8	26.4	−34	4	热
	9	26.0	−57	4	热
	10	24.8	−172	3	舒适
	11	25.0	−90	3	舒适
	12	26.1	−59	4	热
	13	24.4	−170	3	舒适
	14	23.8	−173	3	舒适

月	日	温湿指数	风效指数	等级	感觉程度
9	15	22.6	−220	3	舒适
	16	23.3	−77	3	舒适
	17	23.7	−117	3	舒适
	18	23.4	−113	3	舒适
	19	24.3	−98	3	舒适
	20	20.6	−285	3	舒适
	21	19.3	−236	3	舒适
	22	20.1	−239	3	舒适
	23	19.7	−216	3	舒适
	24	20.3	−173	3	舒适
	25	20.6	−208	3	舒适
	26	21.6	−170	3	舒适
	27	22.3	−134	3	舒适
	28	20.1	−343	3	舒适
	29	17.2	−387	3	舒适
	30	18.2	−281	3	舒适
10	1	18.7	−267	3	舒适
	2	19.5	−317	2	冷
	3	18.9	−357	2	冷
	4	20.0	−312	2	冷
	5	23.2	−150	3	舒适
	6	24.2	−120	3	舒适
	7	21.8	−235	3	舒适
	8	20.5	−268	3	舒适
	9	20.2	−310	2	冷
	10	18.0	−367	2	冷
	11	16.9	−386	2	冷
	12	16.8	−366	2	冷
	13	16.5	−374	2	冷
	14	15.1	−433	1	寒冷
	15	16.0	−394	2	冷
	16	16.2	−362	2	冷
	17	15.7	−349	2	冷
	18	13.1	−409	1	寒冷
	19	12.0	−409	1	寒冷
	20	12.8	−372	2	冷

月	日	温湿指数	风效指数	等级	感觉程度
10	21	14.8	−324	2	冷
	22	15.8	−289	3	舒适
	23	15.0	−436	1	寒冷
	24	12.7	−519	1	寒冷
	25	12.8	−518	1	寒冷
	26	13.7	−354	2	冷
	27	15.1	−279	3	舒适
	28	14.9	−355	2	冷
	29	12.9	−334	2	冷
	30	13.2	−349	2	冷
	31	14.8	−377	2	冷
11	1	15.7	−325	2	冷
	2	15.7	−290	3	舒适
	3	16.8	−376	2	冷
	4	14.8	−458	1	寒冷
	5	13.8	−380	2	冷
	6	14.3	−301	2	冷
	7	14.3	−339	2	冷
	8	14.5	−425	1	寒冷
	9	8.2	−673	1	寒冷
	10	4.8	−626	1	寒冷
	11	8.7	−499	1	寒冷
	12	10.2	−345	2	冷
	13	11.7	−415	1	寒冷
	14	11.6	−372	2	冷
	15	11.8	−391	2	冷
	16	12.0	−376	2	冷
	17	11.9	−429	1	寒冷
	18	14.1	−332	2	冷
	19	15.7	−381	2	冷
	20	16.3	−368	2	冷
	21	14.8	−405	1	寒冷
	22	13.9	−419	1	寒冷
	23	15.7	−306	2	冷
	24	18.2	−260	3	舒适
	25	18.2	−304	2	冷
	26	18.8	−253	3	舒适

月	日	温湿指数	风效指数	等级	感觉程度
11	27	12.6	−562	1	寒冷
	28	10.5	−473	1	寒冷
	29	11.6	−490	1	寒冷
	30	13.6	−406	1	寒冷
12	1	13.3	−322	2	冷
	2	15.7	−377	2	冷
	3	15.5	−408	1	寒冷
	4	15.4	−398	2	冷
	5	15.2	−394	2	冷
	6	15.7	−327	2	冷
	7	15.3	−364	2	冷
	8	16.1	−447	1	寒冷
	9	13.9	−450	1	寒冷
	10	13.4	−457	1	寒冷
	11	13.3	−459	1	寒冷
	12	10.9	−592	1	寒冷
	13	9.6	−573	1	寒冷
	14	5.8	−821	1	寒冷
	15	2.6	−808	1	寒冷
	16	1.6	−752	1	寒冷
	17	4.0	−680	1	寒冷
	18	6.0	−597	1	寒冷
	19	6.5	−556	1	寒冷
	20	7.7	−648	1	寒冷
	21	7.5	−702	1	寒冷
	22	5.7	−673	1	寒冷
	23	4.6	−630	1	寒冷
	24	7.2	−540	1	寒冷
	25	10.2	−477	1	寒冷
	26	8.9	−604	1	寒冷
	27	7.9	−562	1	寒冷
	28	7.7	−632	1	寒冷
	29	7.3	−670	1	寒冷
	30	6.6	−704	1	寒冷
	31	5.0	−772	1	寒冷

溇港圩田发展相关事件一览表

阶段		时间	主要事件
孕育铺垫：史前至三国	史前	马家浜文化时期（距今6000多年）	溇港先民在邱城建造木架草舍
		马桥文化时期（距今4000~3500年）	溇港先民在毗山创造竹木透水围篱技术，解决软流质淤泥疏水排干、开挖大型沟洫的难题
		良渚文化时期（距今4700年）	溇港先民在钱山漾进行粳稻种植、家蚕养殖和丝绸织造，发明了石犁、破土器以及独木剜制器具
	商周	周敬王六年至二十四年（公元前514~前496年）	吴王阖闾之弟夫槩在今长兴县西南开西湖溉田三千顷
		周敬王二十四年至周元王三年（公元前496~前473年）	伍子胥在今长兴县城南开筑胥塘，范蠡筑蠡塘。吴王阖闾及其第夫概修筑"三城三圻"
	秦代	秦始皇二十五年（公元前222年）	改菰城为乌程
		秦始皇三十七年（公元前210年）	将大越民迁徙到乌程、余杭等地
	汉代	西汉高祖六年（公元前201年）	荆王在今长兴县西筑荆塘
		西汉武帝元狩四年（公元前119年）	迁徙关东贫民至会稽郡，迁入湖州约万人
		西汉元始二年（公元2年）	皋伯通在今长兴县东北筑皋塘
		东汉时期（公元25—220年）	黄向在乌程县西南二十八里筑陂溉田，称黄蘗涧陂，清代称黄浦
	三国	三国·吴嘉禾三年（公元234年）	迁山越之民于平原，编入屯田户
		三国·赤乌（公元238—251年）	建造织里圆通桥，为溇港地区建桥的最早历史记载
		三国·吴神凤元年（公元252年）	诸葛恪重修长兴境内太湖湖堤
		三国·吴永安年间（公元258—264年）	吴景帝孙休为太湖水卫民田，命筑青塘门（在今吴兴）西至长兴县的青塘
		三国·吴宝鼎元年（公元266年）	设吴兴郡
草创初成：晋至五代	晋代	西晋永嘉年间（公元307—313年）	大量北方居民迁徙到荆、越之地，其中"避难江左者十六七"
		东晋咸和年间（公元326—334年）	扬州都督郗鉴开吴兴郡乌程漕渎、官渎，接西苕水通雪水
		东晋永和年间（公元345—356年）	吴兴郡太守殷康开荻塘，导引东、西苕溪水东至今江苏吴兴平望
		东晋太和年至咸安间（公元366—372年）	吴兴郡太守谢安于乌程县西谢塘，在今长兴县南筑塘，称官塘，又称谢公塘。开始拓疏太湖溇港

阶段	时间		主要事件
草创初成：晋至五代	南北朝	宋元嘉二十二年（公元445年）	吴兴郡征用乌程、武康、东迁（在今湖州市境内）三县民丁开漕，但未成功
		宋大明七年（公元463年）	吴兴郡太守沈攸之在乌程东境筑吴兴塘（今双林塘），溉田2000余顷
		齐永明四年（公元486年）	吴兴太守李安民开泾溇港，泄水入太湖，为六朝时六大水利工程之一
		梁天监八年（公元509年）	吴兴郡太守柳恽，重浚郡北青塘，民间称柳塘，又名法华塘
		陈天嘉元年（公元560年）	诏令明加劝课，务急农桑
	唐代	开元十一年（公元723年）	乌程县令严谋达重开荻塘
		广德年间（公元763—764年）	湖州刺史卢幼平开荻塘
		大历十一年（公元776年）	湖州刺史颜真卿疏导白蘋州至霅溪水
		贞元八年（公元792年）	湖州刺史于頔修荻塘，至此荻塘改称頔塘
		贞元十三年（公元797年）	湖州刺史治理长城西湖，灌田两千顷
		元和四年至六年（公元809—811年）	湖州刺史范传正在乌程县东北（今江苏平望）开官河
		元和五年（公元810年）	苏州刺史王仲舒筑运河塘，将苏州、松陵（今江苏吴江）、平望连成陆路驿道，以便漕运，通称"吴江塘路"
		元和八年至十年（公元813—815年）	湖州刺史薛戎疏浚荻塘百余里
		宝历年间（公元825—827年）	湖州刺史崔玄亮在乌程县东南开凌波塘（今菱湖塘），在乌程县东开吴兴塘（今双林塘）、洪城塘、保稼塘、连云塘等
		开成年间（公元836—840年）	湖州刺史杨汉公在乌程县北二里开塘，又名蒲帆塘
		中和五年（公元885年）	湖州刺史孙储培修荻塘一百三十里
	五代	吴越国天宝八年（公元915年）	钱镠在太湖流域设专事水利的都水营田司，征募卒七八千人，称"撩浅军"，共列四部
稳定成熟：北宋至清初	宋代	北宋端拱年间（公元988—989年）	两浙转运使乔维岳为便利漕运，将妨碍舟行之堤岸堰闸，一概废除，使得流域洪涝加剧
		北宋宝元二年（1039年）	知州事滕宗谅奏准建州学。安定先生胡瑗执教，设立水利专科"水利斋"。庆历年间，宋廷取其法为太学之法，世称"湖学"
		北宋熙宁六年（1073年）	郏亶撰《吴门水利书》，奏太湖水利，受命修两浙水利。不到一年，改命中书检正沈括相度两浙水利及围田等工役，沈括著《圩田五说》

阶段	时间		主要事件
稳定成熟：北宋至清初	宋代	北宋元符三年（1100年）	诏令苏、湖、秀三州开治运河、港浦、沟渎，修叠堤岸，开置斗门、水堰等，许役开江兵卒
		北宋正和元年（1111年）	诏令苏、湖、秀三州治水，创立圩岸，其工费许给越州鉴湖租赋
		北宋宣和元年（1119年）	水利农田奏："浙西诸县各有陂湖、沟港、泾浜、湖泺，自来蓄水灌溉，及通舟楫，望令打量，官按其地名、丈尺、四至，并镌之石。"宋廷从之，翌年立浙西诸水则碑，后诸碑皆失
		南宋隆兴二年（1164年）	知湖州郑作肃奏请开围田，浚港渎
		南宋乾道五年（1169年）	置太湖撩湖军，专一管辖，不许人户包围堤岸、佃种茭菱等
		南宋乾道年间（1165—1173年）	乌程县主簿高子涧发民夫疏浚三十二溇，通畅水势，达于太湖，复晋宋旧迹，减轻水患
		南宋淳熙八年（1181年）	禁浙西围田，但禁而不止
		南宋淳熙十年（1183年）	再禁浙西豪民围田，凡围田区，立"诏令禁垦河湖碑"，共立禁碑一千四百九十五方
		南宋淳熙十五年（1188年）	湖州知州赵思委开浚溇浦。翌年，浙西提举詹体仁开浚溇浦，补治斗门，为旱涝之备
		南宋绍熙二年（1191年）	湖州知州王回修治乌程溇港，桥闸覆柱皆易以石，其闸钥交给近溇多田的农户。修改二十七溇名为："丰、登、稔、熟、康、宁、安、乐、瑞、庆、福、禧、和、裕、阜、通、惠、泽、吉、利、泰、兴、富、足、固、益、济"，每溇冠以"常"字
		南宋庆元二年（1196年）	再禁浙西围田，诏令凡淳熙十年立石之后所围之田，一律废之
		南宋开禧元年（1205年）	诏开两浙围田之禁，准许原主复围，招募两淮流民耕种，围湖为田之风盛行
		南宋嘉定八年（1215年）	诏令禁浙西围田
	元代	大德二年（1298年）	立浙西都水庸田司，专主水利
		元统年间（1333—1335年）	乌程县丞宋文懿率民修城西青塘
	明代	洪武元年（1368年）	设巡检司署于乌程县大钱湖口，专管太湖溇港
		洪武二十七年（1394年）	诏令植桑，要求"民田五亩至十亩者须载半亩，十亩以上倍之"
		洪武十年（1377年）	乌程县主簿王福疏太湖浚三十六溇，设溇制，每溇配役夫10人守御，每年拨1000户开挖淤泥
		永乐九年（1411年）	置水利官，立塘长，8次疏浚太湖溇港
		天顺七年（1463年）	安吉州判官伍余福提出疏浚湖州所属七十三溇，使天目山之水畅泄太湖

阶段	时间		主要事件
稳定成熟：北宋至清初	明代	成化十年（1474年）	湖州水利通判李智疏浚太湖溇港三十八溇
		成化十七年（1481年）	乌程典史姚章复浚泥桥港、潘溇、新浦，又浚治沿湖溇港淤塞
		弘治七年（1494年）	侍郎徐贯与都御史何鉴经理浙西水利，开浚湖州溇港。浙江布政使参政周季麟修运河堤，并增缮湖州长兴太湖堤岸七十余里
		正德十六年（1521年）	疏浚湖州大钱、小梅等河道及溇港七十二条，上源下委蓄泄通畅
		嘉靖元年（1522年）	水利郎中颜如环督湖州同知徐鸾开浚大钱港及沿湖七十二溇
		嘉靖二十一年（1542年）	乌程知县马钟英欲浚小梅以东溇港以洩北来之水，浚大钱以东溇港以洩南来之水，因工繁费浩而止
		万历十三年（1585年）	右都御史兼工部左侍郎、总理河道大臣、乌程人潘季驯以湖州临湖门外苕、霅二水于此汇入太湖，发起建桥，至万历十八年十月建成，为五孔梁式石桥
		万历十七年（1589年）	乌程知县杨应聘修筑荻塘堤岸
		万历三十三年（1605年）	湖州知府陈幼学在碧浪湖西南筑南塘，以障郭西湾之水，称陈公塘。又于城西南之龙溪南岸，自倒渚汇分流处东出驿西桥，修筑横渚塘
		万历三十四年（1606年）	湖州碧浪湖附近各区塘长拨夫役，掘泥挑运，帮筑塘岸，道侧栽树，以固悠久
		万历三十六年（1608年）	湖州知府陈幼学重修荻塘，堤岸砌青石，尤甚坚固
		万历四十二年（1614年）	乌程知县杨国祯浚流杨溇等十九处溇港，筑崩补坏
	清代	顺治十五年（1658年）	张履祥完成《沈氏农书》
		康熙八年（1669年）	长兴沿太湖新筑湖堤，三十四溇港各有跨桥
		康熙四十六年（1707年）	康熙特谕工部，察勘、兴修浙江省杭州、嘉兴、湖州等府县近太湖或通潮汐河渠之水利，或疏浚，或建闸。委令温处道高其佩开浚三府河道，并建小闸六十四座。委令湖州知府章绍圣疏导沿太湖诸溇港，除大钱、小梅二港因通航不建闸外，其余各建小闸一座
		雍正六年（1728年）	湖州知府唐绍祖重修府城至震泽之荻塘及大钱、小梅石塘
		雍正七年（1729年）	湖州知府唐绍祖据乌程县估报，修溇港水闸二十七座，添设闸板
		乾隆四年（1739年）	湖州知府胡承谋发民夫开浚府城内外河道
		乾隆八年（1743年）	开浚乌程三十六溇港
		乾隆二十七年（1762年）	闽浙总督杨廷璋、浙江巡抚熊学鹏会同湖州知府及乌程、长兴知县察勘沿湖溇港，奏请开浚。湖州知府李堂奉檄开浚溇港六十四处及碧浪湖

阶段	时间		主要事件
衰退分化：清中期以后	清代	乾隆四十三年（1778年）	疏浚湖州溇港七十二处
		嘉庆元年（1796年）	湖州知府善庆开浚乌程、长兴溇港
		道光四年（1824年）	因杭、嘉、湖淫雨，水患严重，礼科给事中朱为弼、御史郎葆辰、御史程邦宪上疏奏请疏浚太湖下游河道及上游溇港。诏令两江总督孙玉庭、江苏巡抚韩文绮、浙江巡抚帅承瀛会勘
		道光五年（1825年）	乌程乡绅凌介禧上陈水利专著《东南水利略》及兴修水利方案《谨拟开河修塘事宜二十条以备采择》，开始大规模疏浚溇港、横塘
		道光九年（1829年）	湖州知府吴其泰奉檄开浚乌程三十六溇港、长兴二十二溇及碧浪湖。 湖州知府吴其泰奉命制订《开浚溇港条议》，议定溇港开浚与管理事宜九项规定，报批实行
		道光十二年（1832年）	乌程知县杨绍霆奉命劝修圩岸，以倡捐及工赈重筑获塘七十里，康山坝石塘三十里
		道光十四年（1834年）	湖州知府吴其泰疏浚乌程三十六溇及碧浪湖
		道光三十年（1850年）	御史汪元方奏请查禁外来乡民在杭、嘉、湖三府山区搭棚开山、种植杂粮，致使水土流失，淤坏良田之事
		同治五年（1866年）	湖州士绅沈丙莹等禀请浙江巡抚马新贻筹款开浚乌程、长兴溇港二十九条，修闸十二座，并疏浚北塘河，至同治八年竣工
		同治九年（1870年）	浙江巡抚杨昌濬奉谕委湖州知府宗源瀚会同乌程、归安知县及士绅陆心源等察勘，议商开浚溇港事宜，是年十一月动工
		同治十一年（1872年）	湖州知府杨荣绪完成溇港开浚，共开浚九港、二十四溇，建新闸五座，筑石塘、土塘一百二十丈，开浚碧浪湖东滩三十段，西滩二十一段。 浙江巡抚奏请立溇港岁修章程，规定每年轮开六溇，六年为周期，委派候补知县钮福和乡绅徐有珂专门负责溇港岁修
		光绪十二年（1884年）	湖州知府林祖述倡捐修筑获塘，翌年完成
	中华民国	民国8年（1919年）	长兴、吴兴县农民租用苏南抽水机船为受灾农田排涝，是太湖域内采用机械排灌之始。苏浙太湖水利工程局在苏州成立
		民国10年（1921年）	督办苏浙太湖水利工程局于苕溪运河流域设立吴兴、长兴、孝丰、杭州、余杭、海盐等第一批六个雨量站。翌年夹浦、大钱口、小梅口、长兴新塘等四处设立第一批水位站
		民国12年（1923年）	吴兴县动工疏浚获塘六十七里，至民国十七年三月竣工

続表

阶段	时间		主要事件
衰退分化：清中期以后	中华民国	民国15年（1926年）	组织浙西反对太湖放垦联合会，浙江省议会、浙西水利议事会、太湖流域防灾会、太湖流域联合自治会、浙西各县议会并农会等团体加入。 省蚕桑学校在吴兴兴办改良蚕种场
		民国16年（1927年）	裁撤苏浙太湖水利工程局及江苏江南水利局、浙西水利议事会，成立太湖流域水利工程处，并议定治标工程仍归两省自办，相继恢复江南水利局和浙西水利议事会
		民国17年（1928年）	太湖流域水利工程处调查东、西苕溪，南、北湖及余杭塘河等河流情况，提交《调查浙西水道报告》，认为东、西苕溪"治理改良，允为急务""修岸筑堤，治标之道；辟池防洪，根本之计""古人上游宜蓄，下游宜泄，实属至论"。 吴兴县始用挖泥船开浚大钱口河道九百九十米。吴兴电气公司在城郊北乡安装临时机埠排涝抗灾
		民国18年（1929年）	太湖水利工程处改组，成立太湖流域水利委员会。太湖流域水利委员会派出庄律权、林保元调查浙西水利，提出《浙西水及防灾蓄水库地点调查报告》
		民国20年（1931年）	太湖流域水利委员会在浙江省境布测宜兴—长兴、长兴—吴兴、吴兴—震泽环太湖西线和吴兴至杭州运河的水准点，采用吴淞高程系。 吴兴县创办吴兴、裕农、裕群蚕种场
		民国21年（1932年）	吴兴县动工疏浚龙溪口至机坊村河道与北皋桥至小梅口河道，翌年七月完工。翌年进行机坊港疏浚二期工程，民国23年完工
		民国22年（1933年）	吴兴小梅口至长兴北横塘段开工修港，十一月完工
		民国35年（1946年）	浙江省水利局会同农林部第十二工程队察勘测量西苕溪，制订整治计划，主要有疏浚西苕溪梅溪河段、北塘河、横塘河以及通太湖的宋溇等主要溇港十三道，翌年八月完工
		民国36年（1947年）	吴兴县疏浚横塘河工程动工，五月完工 西苕溪水利参事会在湖州召开第二次会议，讨论西苕溪整治方案，通过《征收西苕溪水利田亩收益费办法》与《梅溪浚沙工程征收黄沙收益费实施办法》
	中华人民共和国	1949年	浙江省人民政府水利局派工程技术人员至吴兴、长兴察勘太湖溇港
		1950年	浙江省水利局派员到吴兴、长兴对计划疏浚的九条太湖溇港进行勘测设计，并省拨粮食，以工代赈，完成4条溇港疏浚；嘉兴、吴兴成立二等水文站，隶属于杭州一等水文站
		1951年	吴兴县疏浚太湖溇港21条，长24830m

阶段		时间	主要事件
衰退分化：清中期以后	中华人民共和国	1952年	浙江省人民政府农林厅转发华东军政委员会颁布的《太湖流域湖河闸坝管理规则》和《太湖流域圩堤管理养护规则》
		1954年	浙江省人民政府农业厅水利局，组织13人察勘队，实地察勘杭嘉湖地区水利基本情况和当年洪水情况，提出初步治理意见，包括东、西苕溪上、中、下游规划整治意见和向杭州湾排涝意见
		1957年	东、西苕溪分流入太湖工程动工。翌年8月工程完工。其间，新开庞儿港、长兜港、机坊东港，兴建湖州城西、城北控制闸各1座，使苕溪洪水由庞儿港至长兜港、机坊港入太湖
		1958年	东苕溪导流入太湖第一期工程开工，至1962年，第一期工程基本完工
		1962年	东苕溪导流港西岸排涝重点工程吴兴城郊郭西湾排水站建成，总装机1560kW
		1963年	吴兴县动工浚港16条，建闸6座，架设10kV输电线路7.5km，至1965年3月完成。吴兴县建立治理太湖溇港工程指挥部
		1965年	湖州市区段环城河拓浚工程开工，至3月底基本完成
		1967年	吴兴县荻塘南岸30.4km砌石护岸工程动工，至1973年年底全线竣工
		1969年	湖州城东南3000余亩水面的钱山漾开始围垦，除留出湖杭航道外，其余成为军垦农场
		1971年	吴兴县组织1.12万民工重点拓浚大钱港，南自和孚漾，此至太湖，长22km，翌年3月完工
		1973年	湖州太湖大钱水闸拆旧建新工程动工，新闸5孔，每孔净宽8m，引河长650m
		1975年	顿塘南岸砌石护岸工程全面竣工
			顿塘东迁段拓浚工程竣工
		1978年	吴兴县恢复溇港管理站

参考文献

外文文献

Aplin G. World Heritage Cultural Landscapes[J].International Journal of Heritage Studies, 2007, 13（3）: 427-446.

Antrop M. Why Landscapes of the Past Are Important for the Future[J]?. Landscape and Urban Planning, 2005（70）: 21-34.

Bandarin F., Oers R. V. The Historic Urban Landscape—Managing Heritage in an Urban Century[M]. Oxford: Wiley-Blackwell, 2012.

Birks H.H. The Cultural Landscape: Past, Present and Future[M]. Cambridge: Cambridge University Press, 1988: 179-188.

Brown J., Kothari A. Traditional Agricultural Landscapes and Community Conserved Areas: An Overview[J]. Management of Environmental Quality: An International Journal, 2011, 22（2）: 139-153.

Cook R. E. Is Landscape Preservation an Oxymoron[J]?. George Wright Forum, 1996（13）: 42-53.

Firmino A. Agriculture and Landscape in Portugal[J]. Landscape and Urban Planning, 1999（46）: 83-91.

Fitch J.M. Historic. Preservation: Curatorial Management of the Built Environment [M]. Charlottesville: University Press of Virginia, 1990.

Fowler P. J. World Heritage Cultural Landscapes 1992-2002[M]. Paris: UNESCO World Heritage Centre, 2003.

Fowler P. World Heritage Cultural Landscapes 1992-2002: A Review and Prospect[M]// UNESCO World Heritage Centre. World Heritage Paper 7. Cultural Landscapes: The Challeges of Conservation. Paris: UNESCO World Heritage Center, 2003: 23.

Frank K., Petersen P. Historic Preservation in the USA [M]. Berlin: Springe, 2002.

Groth P. Frameworks for Cultural Landscape Study[M]//Understanding Ordinary Landscapes. Yale University Press, 1997.

Han F. Cross-Cultural Misconceptions: Application of World Heritage Concepts in Scenic and Historic Interest Areas in China[C]. Proceedings of 7th US/ICOMOS International Symposium, USA, New Orleans, 2004.

Han F. The West Lake of Hangzhou: A National Cultural Icon of China and the Spirit of Place[M]//Turgeon L. Spirit of Place: Between Tangible and Intangible Heritage. Quebec: Les Presses de I' Universite Laval, 2009: 165-173.

Jackson J. B.Sterile Restoration Cannot Replace a Sense of the Stream of Time[J]. Landscape Architecture, 1976, 66（5）: 194.

Jacques D. The Rise of Cultural Landscapes [J]. International Journal of Heritage Studies, 1995

（1-2）：91-101.

Jokilehto J . A History of Architectural Conservation [M] .Oxford：Butterworth-Heinemann，2002.

Jokilehto J. Considerations on Authenticity and Integrity in World Heritage Context[J]. City & Time，2006，2（1）：1.

Kelly R.，Macinnes L.，Thackray D. The Cultural Landscape：Planning for a Sustainable Partnership between People and Place [M]. London：ICOMOS-UK，2000.

Luengo M. Forword，Ken Taylor et al. Conserving Cultural Landscapes：Challenges and New Directions[M]. New York：Routledge，2015：xi-xviii.

MA（Millennium Ecosystem Assessment）. Ecosystems and Human Well-Being [M]. Washington DC：Island Press，2005.

Macharg I. L. Design with Nature[J]. Inner Harbor，1969.

Nora Mitchell. Cultural Landscapes in the United States[C]//Cultural Landscapes of Universal Value：Components of a Global Strategy. Cooperation with UNESCO，1995.

O'Hare D. Tourism and Small Coastal Settlements：A Cultural Landscape Approach for Urban Design[D]. Oxford：Oxford Brookes University，1997.

Rössler M. World Heritage Cultural Landscape[J]. The George Wright Forum，2000，17（1）：B27 -34.

Rössler M. World Heritage Cultural Landscapes [J]. Landscape Research，2006，31（4）：333-353.

Rössler M. Applying Authenticity to Cultural Landscapes[J]. APT Bulletin，2008，39（2/3）：47-52.

Sirisrisak T.，Akagawa N. Cultural Landscape in the World Heritage List：Understanding on the Gap and Categorisation[J]. City and Time，2007，2（3）：B11-20.

Stovel H. An Overview of Emerging Authenticity and Integrity Requirements for World Heritage Nominations[J]. New Views on Authenticity and Integrity in the World Heritage of the Americas，2005：61-62.

Stovel H. Effective Use of Authenticity and Integrity as World Heritage Qualifying Conditions[J]. City & Time，2007，2（3）：3.

Susan Denyer. Authenticity in World Heritage Cultural Landscapes：Continuity and Change[J]. New Views on Authenticity and Integrity in the World Heritage of the Americas，2005：57-61.

Taylor K. Cultural Landscape and Asian Value：Negotiating a Transition from an International Experience to an Asian Regional Framework[J]. Chinese Landscape Architecture，2007，11（4）：B4 -9.

Taylor K.，Clair A. S.，Mitchell N. J.Conserving Cultural Landscapes：Challenges and New Directions[Z]，2014.

Taylor K.，Lennon J. Managing Cultural Landscapes[M]. London；New York：Routledge，2012.

UNESCO. Cultural Landscapes：The Challenges of Conservation[M]//Proceedings of the International Workshop（Ferrara，Italy 2002），World Heritage Papers 7. Paris：UNESCO World Heritage Centre，2003.

World Heritage Center. Operational Guidelines for the Implementation of the World Heritage Convention[Z]，2013.

中文文献

（美）阿诺·艾伦. 为何保护文化景观[J]. 中国园林，2014（2）：5-15.

安介生. 历史时期江南地区水域景观体系的构成与变迁——基于嘉兴地区史志资料的探讨[J]. 中国历史地理论丛，2006（4）：17-29.

（日）滨岛敦俊. 明代中叶江南土地开发和地主的客商活动[J]. 广东社会科学，1988（2）：84-86.

[日]滨岛敦俊. 关于江南圩田的若干考察[A]//中国历史地理学会专业委员会《历史地理》编辑委员会，编. 历史地理（第七辑）. 上海：上海人民出版社，188-200.

蔡晴. 基于地域的文化景观保护[D]. 南京：东南大学，2006.

蔡肖兵，金吾伦. 整体观与科学——中国传统思维整体观的现实意义[J]. 自然辩证法研究，2010（1）：115-119.

曹强. 宋代江南圩田研究[D]. 合肥：安徽师范大学，2005.

车越，杨凯. 发挥河网调蓄功能　消减城市雨洪灾害——基于传统生态智慧的思考[J]. 生态学报，2016，36（16）：4946-4948.

陈国峰. 人工湿地作用机理及实际工程应用研究[J]. 科学技术创新，2014（11）：183.

陈高明. 和实生物——从"三才观"探视中国古代系统设计思想[D]. 天津：天津大学，2011.

陈恒力. 补农书研究[M]. 北京：中华书局，1958.

陈吉余，虞志英，恽才兴. 长江三角洲的地貌发育[J]. 地理学报，1959，25（3）：201-219.

陈雷. 中国水利史典（太湖及东南卷1）[M]. 北京：中国水利水电出版社，2015.

陈同滨. 中国文化景观的申遗策略初探[J]. 东南文化，2010a（03）：18-23.

陈同滨. 文化景观申遗：现实与可能[N]. 人民日报，2010b（05-06）：024.

陈望衡. 中国美学史[M]. 北京：人民出版社，2006.

陈维稷. 中国纺织科学技术史[M]. 北京：科学出版社，1984.

陈雄，桑广书. 地域经济开发与环境响应——古代浙北平原的环境变迁[M]. 北京：中国科学技术出版社，2005.

陈英瑾. 乡村景观特征评估与规划［D］. 北京：清华大学，2012.

陈学文. 湖州府城镇经济史料类纂[Z]. 浙江省社科院，1989.

陈学文. 明清时期杭嘉湖市镇史研究[M]. 北京：群言出版社，1993.

程相占. 中国环境美学思想研究[M]. 郑州：河南人民出版社，2009.

成水平，夏宜. 香蒲、灯芯草人工湿地的研究（Ⅲ）：净化污水的机理[J]. 湖泊科学，1998，10（2）：66-71.

丁晓蕾. 历史时期太湖地区生态环境变化状况研究——以与水争田为中心[J]. 池州师专学报，2005（2）：87-90.

董川永，高俊峰. 太湖流域西部圩区水域生态服务功能量化评估[J]. 中国科学院大学学报，2014，31（5）：604-612.

樊树志. 明清江南市镇探微[M]. 上海：复旦大学出版社，1990.

范伟. 湿地地表水—地下水交互作用的研究综述[J]. 地球科学进展，2012，27（4）：413-423.

范虹珏. 太湖地区的蚕业生产技术发展研究（1368—1937）[D]. 南京：南京农业大学，2012.

范霄鹏，张姣慧. 传统聚落社会结构变迁与空间更新[J]. 中国名城，2013（3）：65-67.

方克立. "天人合一"与中国古代的生态智慧[J]. 今日中国论坛，2003（4）：28-39.

费孝通.《中国乡村考察报告》总序[J]. 社会，2005（1）：3-6.

菲克列特·伯克斯，伊恩·J·戴维森-亨特，郭建业. 生物多样性、传统管理制度与文化景观：以加拿大
    的泰加林为例[J]. 国际社会科学杂志（中文版），2007（1）：39-52，3-4.

冯贤亮. 明清江南地区的环境变动与社会控制[M]. 上海：上海人民出版社，2002.

冯贤亮. 太湖平原的环境刻画与城乡变迁（1368—1912）[M]. 上海：上海人民出版社，2008.

高俊峰，毛锐. 太湖平原圩区分类及圩区洪涝分析——以湖西区为例[J]. 湖泊科学，1993（4）：307-
    315.

高俊峰，韩昌来. 太湖地区的圩及其对洪涝的影响[J]. 湖泊科学，1999（2）：105-109.

关卓今. 生态边缘效应与生态平衡变化方向志[J]. 生态学杂志，2001，20（2）：52-55.

国际古迹遗址理事会中国国家委员会. 中国文物古迹保护准则[S]，2015.

郭文韬. 中国耕作制度史研究[M]. 南京：河海大学出版社，1994.

郭雪莲. 植物在湿地养分循环中的作用[J]. 生态学杂志，2007，26（10）：1628-1633.

郭凯. 太湖流域塘浦圩田系统的形成及其影响研究[A]//Chinese Agriculture History Association，
    Japanese Agricultural History Association，Korean Agricultural History Association. Proceedings of the
    7th International Conference of the East-Asian Agriculture History，2007.

韩锋. 世界遗产文化景观及其国际新动向[J]. 中国园林，2007（11）：18-21.

韩锋. 文化景观——填补自然和文化之间的空白[J]. 中国园林，2010（9）：7-11.

韩锋. 探索前行中的文化景观[J]. 中国园林，2012（5）：5-9.

韩锋. 亚洲文化景观在世界遗产中的崛起及中国对策[J]. 中国园林，2013（11）：5-8.

韩玉芬，高万湖. 湖州科技史[M]. 杭州：浙江古籍出版社，2011.

韩志萍，邵朝纲，张易祥，等. 南太湖入湖口蓝藻生物量与氮营养因子的年变化特征及相关性研究[J].
    海洋与湖沼，2012，43（5）：911-918.

国民党政府经济建设委员会经济调查所. 中国经济志·浙江吴兴县[Z]，1935.

何庆云，熊同龢. 吴兴稻麦事业之调查[J]. 浙江省建设月刊，1934.

何庆云，熊同龢. 田间调查见闻记[J]. 浙江省建设月刊，1935.

何勇强. 论唐宋时期圩田的三种形态——以太湖流域的圩田为中心[J]. 浙江学刊，2003（2）：104-
    111.

胡海胜. 文化景观变迁理论与实证研究[M]. 北京：中国林业出版社，2011.

胡海胜，唐代剑. 文化景观研究回顾与展望[J]. 地理与地理信息科学，2006（5）：95-100.

胡建，刘茂松，周文，徐驰，杨雪姣，张少威，王磊. 太湖流域水质状况与土地利用格局的相关性[J]. 生态学杂志，2011（6）：1190-1197.

湖州市土壤普查办公室. 湖州市土壤志（初稿/油印本）[Z]，1984.

湖州市城市规划设计研究院. 伍浦美丽宜居示范村村庄规划[Z]，2016.

湖州市地方志编纂委员会. 湖州市志（上下）[M]. 北京：昆仑出版社，1993.

湖州市地名委员会办公室，编. 湖州古旧地图集[M]. 北京：中华书局，2010.

湖州市地名办公室. 浙江省湖州市地名志[Z]，1983.

湖州市人民政府. 太湖溇港申报世界灌溉工程遗产报告文件[R]，2015.

湖州市南浔区人民政府. 全球重要农业文化遗产申报书：浙江湖州桑基鱼塘系统[R]，2017.

《湖州农业经济志》编纂委员会. 湖州农业经济志[M]. 合肥：黄山书社，1997.

《湖州市江河水利志》编纂委员会. 湖州水利志[M]. 北京：中国大百科全书出版社，1995.

黄昕珮，李琳. 对"文化景观"概念及其范畴的探讨[J]. 风景园林，2015（3）：54-58.

黄纳，袁宁，张龙，孙克勤. 文化景观遗产的可持续发展浅析——以杭州西湖为例[J]. 资源开发与市场，2012（2）：187-190.

黄锡之. 太湖地区圩田、潮田的历史考察[J]. 苏州大学学报，1992（2）：102-106.

黄锡之. 论太湖地区塘浦圩田的成因与变迁[J]. 铁道师院学报（自然科学版），1995（1）：37-42.

惠富平. 中国传统农业生态文化[M]. 北京：中国农业科学技术出版社，2014.

侯卫东. 从遗产中的"文化景观"到"文化景观"遗产[J]. 东南文化，2010（3）：24-27.

侯晓蕾，郭巍. 圩田景观研究形态、功能及影响探讨[J]. 风景园林，2015（6）：123-128.

冀朝鼎. 中国历史上的基本经济区与水利事业的发展[M]. 北京：中国社会科学出版社，1998.

吉敦谕. 何谓圩田？其分布地区与生产情况怎样？[J]. 历史教学，1964（8）：54-55.

嵇发根. 丝绸之府五千年[M]. 杭州：杭州出版社，2007.

季美林. 谈国学[M]. 北京：华艺出版社，2008.

姜未鑫. 太湖湿地生态系统的保护及管理研究[D]. 武汉：华中师范大学，2012.

姜月华，郑善喜，张德宝，等. 浙江湖州及邻区地貌与环境地质问题分析[J]. 华东地质，2002，23（1）：11-19.

蒋兆成. 明清杭嘉湖农田水利设施[J]. 浙江学刊，1992（5）：55-60.

角媛梅. 哈尼梯田自然与文化景观生态研究[M]. 北京：中国环境出版社，2009.

角媛梅，程国栋，肖笃宁. 哈尼梯田文化景观及其保护研究[J]. 地理研究，2002（6）：

733-741.

金一，严国泰. 基于社区参与的文化景观遗产可持续发展思考[J]. 中国园林，2015（3）：106-109.

（澳）肯·泰勒，韩锋，田丰译. 文化景观与亚洲价值：寻求从国际经验到亚洲框架的转变[J]. 中国园林，2007（11）：4-9.

乐锐锋. 桑史——经济、生态与文化（1368—1911）[D]. 武汉：华中师范大学，2015.

李伯重. 明清时期江南水稻生产集约程度的提高——明清江南农业经济发展特点探讨之一[J]. 中国农史，1984（1）：24-37.

李伯重. "桑争稻田"与明清江南农业生产集约程度的提高——明清江南农业经济发展特点探讨之二[J]. 中国农史，1985（1）：1-11.

李伯重，王湘云，译. 江南农业的发展（1620—1850）[M]. 上海：上海古籍出版社，2007.

李根蟠. "天人合一"与"三才"理论：为什么要讨论中国经济史上的"天人关系"[J]. 中国经济史研究，2000（3）：3-13.

李和平，肖竞. 我国文化景观的类型及其构成要素分析[J]. 中国园林，2009（2）：90-94.

李俊奇，吴婷. 基于水文化传承的湖州市海绵城市建设规划探讨[J]. 规划师，2018，34（4）：63-68.

李明亮. 湖州西山漾城市湿地公园植物多样性研究[D]. 杭州：浙江农林大学，2016.

李伟. 太湖岸带湿地种子库及土壤动物多样性研究[D]. 北京：中国林业科学研究院，2012.

李文华. 生态农业和农业文化遗产保护[M]//闵庆文. 农业文化遗产及其动态保护前沿话题. 北京：中国环境科学出版社，2010.

李晓黎，韩锋. 文化景观之理论与价值转向及其对中国的启示[J]. 风景园林，2015a（8）：44-49.

李晓黎，韩锋. 中国风景名胜之潜在世界遗产文化景观价值贡献[J]. 城市发展研究，2015b（8）：118-124.

李玉凤. 湿地分类和湿地景观分类研究进展[J]. 湿地科学，2014，12（1）：102-108.

（英）李约瑟. 中国科学技术史（第4卷）：物理学及相关技术（第3分册土木工程与航海技术）[M]. 北京：科学出版社，2008.

李震，李仁斌. 2005—2014年《实施世界遗产公约操作指南》的演变与发展趋势[J]. 西部人居环境学刊，2015（2）：49-53.

梁家勉. 中国农业科学技术史稿[M]. 北京：农业出版社，1989.

林承坤. 古代长江中下游平原筑堤围垸与塘浦圩田对地理环境的影响[J]. 环境科学学报，1984，4（2）：101-110.

林金树. 明代江南塘长述论[J]. 社会科学战线，1986（2）：169-174.

林忠军. 试析郑玄易学天道观[J]. 中国哲学史，2002（4）：48-56.

廖镜彪. 长三角地区城市化对气象因子及大气环境的影响研究[D]. 南京：南京大学，2014.

刘长林. 阴阳的认识论意义[J]. 中国社会科学院研究生院学报，2006（5）：25-32.

刘通，吴丹子. 风景园林学视角下的乡土景观研究——以太湖流域水网平原为例[J]. 中国园林，2014（12）：40-43.

刘通，王向荣. 以农业景观为主体的太湖流域水网平原区域景观研究[J]. 风景园林，2015（8）：23-28.

刘祎绯. 文化景观启发的三种价值维度：以世界遗产文化景观为例[J]. 风景园林, 2015（8）：50-55.

（美）刘易斯·芒福德, 著. 城市文化[M]. 宋俊岭, 李翔宁, 周鸣浩, 译. 北京：中国建筑工业出版社, 2009.

罗亚娟. 传统池塘养鱼的方法、环境效应及其当代启示——太湖流域菱湖案例研究[J]. 农业考古, 2016（6）：188-193.

陆建伟. 湖州农业史[M]. 杭州：浙江古籍出版社, 2011.

陆鼎言. "圩区"考[J]. 水利学报, 1999（5）：63-70.

陆鼎言. 太湖溇港考[A]//湖州市水利学会. 湖州入湖溇港和塘浦（溇港）圩田系统的研究成果资料汇编, 2005.

陆鼎言, 王旭强. 湖州入湖溇港和塘浦（溇港）圩田系统的研究[A]//湖州市水利学会. 湖州入湖溇港和塘浦（溇港）圩田系统的研究成果资料汇编, 2005.

陆应诚, 王心源, 高超. 基于遥感技术的圩田时空特征分析——以皖东南及其相邻地域为例[J]. 长江流域资源与环境, 2006（1）：61-65.

鲁西奇. 中国历史的空间结构[M]. 桂林：广西师范大学出版社, 2014.

（西）Luengo. M. 文化景观之热点议题[J]. 韩锋, 李辰, 译. 中国园林, 2012（5）：10-15.

楼宇烈. 中国文化的传统精神[M]. 北京：中华书局, 2006.

马严, 刘慧. 太湖溇港地区人类生态系统异质演化特征[J]. 湖州师范学院学报, 2006（1）：77-82.

毛留喜, 魏丽. 大宗作物气象服务手册[M]. 北京：气象出版社, 2015.

苗世光, 蒋维楣, 王晓云, 张宁, 季崇萍, 李炬. 城市小区气象与污染扩散数值模式建立的研究[J]. 环境科学学报, 2002, 22（4）：478-483.

缪启愉. 吴越钱氏在太湖地区的圩田制度和水利系统[M]//农史研究集刊（第二册）[C]. 北京：科学出版社, 1960.

缪启愉. 太湖地区塘浦圩田的形成和发展[J]. 中国农史, 1982（1）：12-32.

缪启愉. 太湖塘浦圩田史研究[M]. 北京：农业出版社, 1985.

闵庆文. 关于"全球重要农业文化遗产"的中文名称及其他[J]. 古今农业, 2007（3）：116-120.

闵庆文. 农业生物多样性的保护和利用[M]// 闵庆文. 农业文化遗产及其动态保护前沿话题. 北京：中国环境科学出版社, 2010.

闵庆文. 中国农业文化遗产及其保护的研究与实践[EB/OL].【同衡学术】微信公众号, 2016.

闵庆文, 刘珊, 何露, 孙业, 红张丹. 农业文化景观遗产及其动态保护[N]. 中国文物报, 2010-06-04（5）.

闵庆文, 孙业红. 农业文化遗产的概念、特点与保护要求[J]. 资源科学, 2009（6）：

914-918.

闵宗殿. 明清时期浙江嘉湖地区的农业生态平衡[J]. 中国农业科学，1982（2）：90-95.

莫璟辉. "使君活我碑"及"重浚娄港善后规约碑"考述[J]. 东方博物，2015（1）：107-111.

宁可. 宋代的圩田[J]. 史学月刊，1958（12）：21-25.

牛文元. 中国可持续发展的理论与实践[J]. 中国科学院院刊，2012（3）：280-289.

牛仁亮，毕晋锋. 世界文化景观遗产的可持续发展策略研究——以五台山为例[J]. 科学技术哲学研究，2013（1）：101-104.

欧阳志云，郑华，岳平. 建立我国生态补偿机制的思路与措施[J]. 生态学报，2013，33（3）：686-692.

潘清. 明代太湖流域水利建设的阶段及其特点[J]. 中国农史，1997（2）：29-35.

潘清. 清代太湖流域水利建设述论[J]. 学海，2003（6）：110-114.

彭南生，余涛. 日本因素与20世纪30年代浙丝的衰败[J]. 江汉论坛，2012（2）：76-81.

钱克金. 湖州环境史[M]. 杭州：浙江古籍出版社，2013.

（荷）罗·范·奥尔斯. 城市历史景观的概念及其与文化景观的联系[J]. 中国园林，2012（5）：16-18.

任继周. 中国农业系统发展史[M]. 南京：江苏科学技术出版社，2015.

单霁翔. 实现文化景观遗产保护理念的进步[J]. 现代城市，2008（3）：1-6.

单霁翔. 中国文化景观遗产保护丧失了个性[J]. 中华建设，2010（6）：35.

单霁翔. 从"文化景观"到"文化景观遗产"（上）[J]. 东南文化，2010（2）：7-18.

单霁翔. 走进文化景观遗产的世界[M]. 天津：天津大学出版社，2010.

单霁翔. 文化景观遗产保护的相关理论探索[J]. 南方文物，2010（1）：1-12.

单霁翔. 乡村类文化景观遗产保护的探索与实践[J]. 中国名城，2010（4）：4-11.

斯卡托·亨利，晓石. 农耕文化起源的研究史[J]. 农业考古，1990（1）：26-33.

佘之祥. 太湖流域自然资源地图集[M]. 北京：科学出版社，1991.

史艳慧，代莹，谢凝高. 文化景观：学术溯源与遗产保护实践[J]. 中国园林，2014（11）：78-81.

沈慧. 湖州古代史稿[M]. 北京：方志出版社，2005.

水利部太湖流域管理局，中国科学院南京地理与湖泊研究所. 太湖生态环境地图集[M]. 北京：科学出版社，2000.

孙顺才，伍贻范. 太湖形成演变与现代沉积作用[J]. 中国科学，1987，17（12）：1329-1339.

孙克勤. 世界遗产学[M]. 北京：旅游教育出版社，2008.

孙喆. 论西湖文化景观的真实性和完整性[J]. 风景园林，2012（1）：150.

《太湖水利史稿》编写组. 太湖水利史稿[M]. 南京：河海大学出版社，1993.

汤茂林，金其铭. 文化景观研究的历史和发展趋向[J]. 人文地理，1998（2）：45-49，83.

汤茂林. 文化景观的内涵及其研究进展[J]. 地理科学进展，2000（1）：70-79.

佟华，刘辉志，李延明，桑建国，胡非. 北京夏季城市热岛现状及楔形绿地规划对缓解城市热岛的作用[J]. 应用气象学报，2005，16（3）：257-366.

万荣荣，杨桂山. 太湖流域土地利用与景观格局演变研究[J]. 应用生态学报，2005，16（3）：475-480.

王贵祥. 中西文化中自然观比较（上）[J]. 重庆建筑，2002（1）：53-55.

王惠. 世界遗产可持续发展实践模式研究综述[J]. 桂林旅游高等专科学校学报，2007（1）：110-113.

王红丽. 湿地土壤在湿地环境功能中的角色与作用[J]. 环境科学与技术，2008，31（9）：68-134.

王建革. 技术与圩田土壤环境史：以嘉湖平原为中心[J]. 中国农史，2006（1）：99-110.

王建革. 宋元时期太湖东部地区的水环境与塘浦置闸[J]. 社会科学，2008（1）：134-142，191.

王建革. 唐末江南农田景观的形成[J]. 史林，2010（4）：58-69，189.

王建革. 宋元时期吴淞江流域的稻作生态与水稻土形成[J]. 中国历史地理论丛，2011，26（1）：5-16.

王建革. 元明时期嘉湖地区的河网、圩田与市镇[J]. 史林，2012（4）：75-88，190.

王建革. 宋元时期嘉湖地区的水土环境与桑基农业[J]. 社会科学研究，2013（4）：163-172.

王建革. 明代嘉湖地区的桑基农业生境[J]. 中国历史地理论丛，2013，28（3）：5-17.

王建革. 明代太湖口的出水环境与娄港圩田[J]. 社会科学，2013（2）：143-154.

王建革. 江南环境史研究[M]. 北京：科学出版社，2016.

王林. 文化景观遗产及构成要素探析——以广西龙脊梯田为例[J]. 广西民族研究，2009（1）：177-183.

王圣子海. 环太湖野生菰种质资源调查及遗传多样性分析[D]. 南昌：江西财经大学，2017.

王思明. 中国农业文化遗产保护研究[M]. 北京：中国农业科学技术出版社，2012.

王毅. 文化景观的类型特征与评估标准[J]. 中国园林，2012（1）：98-101.

王毅，郑军，吕睿. 文化景观的真实性与完整性[J]. 东南文化，2011（3）：13-17.

王云才. 传统地域文化景观之图式语言及其传承[J]. 中国园林，2009（10）：73-76.

王云才，史欣. 传统地域文化景观空间特征及形成机理[J]. 同济大学学报（社会科学版），2010（1）：31-38.

汪光焘. 中国城市规划理念：继承·发展·创新[M]. 北京：中国建筑工业出版社，2008.

汪家伦. 古代太湖地区治理水网圩田的若干经验教训[J]. 江苏水利，1980（2）：65-71，87.

汪家伦，张芳. 中国农田水利史[M]. 北京：农业出版社，1990.

汪洁琼，唐楚虹，成水平，刘滨谊. 温州三垟湿地生态系统服务综合效能评价[J]. 中国城市林业，2017，15（5）：16-20.

汪洁琼，唐楚虹，颜文涛. 江南圩田的法与式：生态系统服务与空间形态增效[J]. 风景园林，2018（1）：38-44.

魏嵩山. 太湖流域开发探源[M]. 南昌：江西教育出版社，1993.

翁白莎. 人工湿地系统在湖泊生态修复中的作用[J]. 生态学杂志，2010，29（12）：2514-2520.

吴必虎，刘筱娟. 中国景观史[M]. 上海：上海人民出版社，2004.

吴良镛. 中国人居史[M]. 北京：中国建筑工业出版社，2014.

吴良镛. 人居环境与审美文化——2012年中国建筑学会年会主旨报告[J]. 建筑学报，2012（12）：2-6.

吴滔. 明清江南地区的"乡圩"[J]. 中国农史，1995，14（3）：54-61.

吴晓晨. 蚕桑衰落中的吴兴农村[J]. 东方杂志，1935：83-86.

邬东璠. 议文化景观遗产及其景观文化的保护[J]. 中国园林，2011（4）：1-3.

吴小根. 太湖的泥沙与演变[J]. 湖泊科学，1992，4（3）：54-60.

吴兴区水利局. 吴兴溇港文化史[M]. 上海：同济大学出版社，2013.

肖笃宁. 景观生态学[M]. 北京：科学出版社，2003.

肖竞. 基于文化景观视角的亚洲遗产分类与保护研究[J]. 建筑学报，2011（S2）：5-11.

肖竞. 西南山地历史城镇文化景观演进过程及其动力机制研究[D]. 重庆：重庆大学，2015.

谢高地，甄霖，鲁春霞，肖玉，陈操. 一个基于专家知识的生态系统服务价值化方法[J]. 自然资源学报，2008，23（5）：911-919.

徐慧，杨姝君. 太湖平原圩区河网演变模式探析[J]. 水科学进展，2013，24（3）：366-371.

徐曼，阙维民. 亚太地区文化遗产地的可持续保护方法探索[J]. 国际城市规划，2015（1）：62-69，85.

熊毅，徐琪，陆彦椿，刘元昌，朱洪官. 中国太湖地区水稻土[M]. 上海：上海科学技术出版社，1980.

许静波. 论文化景观的特性[J]. 云南地理环境研究，2007（4）：73-77，97.

薛富兴. 山水精神：中国美学史文集[M]. 天津：南开大学出版社，2009.

薛慧. 人工系统生态服务研究[D]. 杭州：浙江大学，2013.

袁宁，范文静，孙克勤. 地质灾害对世界遗产地的可持续发展影响评价——以自然遗产地九寨沟为例[J]. 中国人口·资源与环境，2014（S1）：289-292.

杨文钰，屠乃美. 作物栽培学各论：南方本[M]. 北京：中国农业出版社，2011.

杨晓红. 南太湖地区酸雨现状及防治对策[J]. 湖州师范学院学报，2001，23（3）：68-72.

杨宇亮，张丹明，党安荣，谢浩云. 村落文化景观形成机制的时空特征探讨——以诺邓村为例[J]. 中国园林，2013（3）：60-65.

杨章宏. 历史时期嘉湖地区水利事业的发展与兴废[J]. 中国历史地理论丛，1985（2）：189-207.

严国泰，赵书彬. 建立文化景观遗产管理预警制度的战略思考[J]. 中国园林，2010（9）：12-14.

姚汉源. 中国水利史纲要[M]. 北京：水利电力出版社，1987.

叶明儿，楼黎静，钱文春，等. 湖州桑基鱼塘系统形成及其保护与发展现实意义[A]//中国农学会，中国农业生态环境保护协会. 中国现代农业发展论坛论文集，2014.

叶依能. 地区农业史研究的实践——太湖地区农业史研究[J]. 中国农史，1992（4）：57-64.

易红. 中国文化景观遗产的保护研究[D]. 西安：西北农林科技大学，2009.

佚名. 吴兴农村状况[J]. 经济统计月志. 1935，2（1）：1-3.

佚名. 吴兴农村状况[J]. 工商半月刊，1932（19-24）：4-6.

尹澄清，毛战坡. 用生态工程技术控制农村非点源水污染[J]. 应用生态学报，2002，1（2）：229-232.

殷志华. 明清时期太湖地区稻作史研究[D]. 南京：南京农业大学博士学位论文，2012.

殷志华，刘庆友. 太湖地区稻作文化遗产保护与旅游开发研究[J]. 中国农史，2014，33（5）：121-127.

殷书柏. 湿地定义研究进展[J]. 湿地科学，2014（4）：504-514.

游修龄，曾雄生. 中国稻作文化史[M]. 上海：上海人民出版社，2012.

余连祥. 乌程霜稻袭人香：湖州稻作文化研究[M]. 杭州：杭州出版社，2008.

虞云国. 略论宋代太湖流域的农业经济[J]. 中国农史，2002（1）：64-74.

俞荣梁. 建立生态农业是农业现代化的必由之路——补农书的启示[J]. 农业考古，1985（1）：9-19.

曾雄生. 中国农学史[M]. 福州：福建人民出版社，2012.

张岱年. 中国文化的基本精神[J]. 齐鲁学刊，2003（5）：5-8.

张芳. 太湖地区古代圩田的发展及对生态环境的影响[A]//中国农业历史学会. 中国生物学史暨农学史学术讨论会论文集，2003.

张芳，王思明. 中国农业科技史[M]. 北京：中国农业科学技术出版社，2011.

张国雄. 中国历史上移民的主要流向和分期[J]. 北京大学学报（哲学社会科学版），1996（2）：98-107.

张洪刚. 人工湿地中植物的作用[J]. 湿地科学，2006，4（2）：146-154.

张全明. 简论宋人的生态意识与生物资源保护[J]. 华中师范大学学报（人文社会科学版），1999（5）：80-87.

赵崔莉，刘新卫. 近半个世纪以来中国古代圩田研究综述[J]. 古今农业，2003（3）：58-69.

赵中枢. 文化景观的概念与世界遗产的保护[J]. 城市发展研究，1996（1）：29-30.

赵晓宁. 中国世界文化遗产地可持续发展的外部性问题研究——以四川青城山保护区房地产开发为例[J]. 西南民族大学学报（人文社科版），2005（9）：230-234.

赵小汎. 基于土地利用覆被的生态服务价值评估体系述评[A]// 2013全国土地资源开发利用与生态文明建设学术研讨会论文集，2013.

赵宗来. 论"华夏"[J]. 辽东学院学报（社会科学版），2015，17（1）：62-69.

浙江省文物考古研究所，湖州博物馆. 毗山[M]. 北京：文物出版社，2006.

（澳）珍妮·列侬. 乡村景观[J]. 中国园林，2012（5）：19-21.

郑肇经. 太湖水利技术史[M]. 北京：农业出版社，1987.

郑肇经，查一民. 江浙潮灾与海塘结构技术的演变[J]. 农业考古，1984（2）：156-171.

郑肇经. 中国水利史[M]. 北京：商务印书馆，1998.

周鸣浩. 湖州市太湖溇港泥沙成因分析和防治意见[J]. 浙江水利科技，1991（2）：9-11.

周匡明. 钱山漾残绢片出土的启示[J]. 文物，1980（1）：74-77.

周晴. 明清时期嘉湖平原的植桑生态[D]. 上海：复旦大学，2008.

周晴. 明末清初嘉湖平原的专业化桑园及其生态经济环境[J]. 中国历史地理论丛，2009（4）：26-36，61.

周晴. 唐宋时期太湖南岸平原区农田水利格局的形成[J]. 中国历史地理论丛，2010（4）：47-55.

周晴. 河网、湿地与蚕桑——嘉湖平原生态史研究（9—17世纪）[D]. 上海：复旦大学，2011.

周晴. 清民国时期东苕溪下游的桑基鱼塘与水土环境[J]. 中国农史，2013，32（4）：80-90.

周年兴，俞孔坚，黄震方. 关注遗产保护的新动向：文化景观[J]. 人文地理，2006（5）：61-65.

朱强，李伟. 遗产区域：一种大尺度文化景观保护的新方法[J]. 中国人口·资源与环境，2007（1）：50-55.

庄华峰，王建明. 安徽古代沿江圩田开发及其对生态环境的影响[J]. 安徽大学学报，2004（2）：100-104.

庄华峰. 古代江南地区圩田开发及其对生态环境的影响[J]. 中国历史地理论丛，2005（3）：87-94.

庄华峰. 唐宋时期政府对圩田的管理及其效应——以长江下游圩区为中心[J]. 中国社会科学院研究生院学报，2009（6）：71-80.

庄华峰. 古代长江下游圩田志整理研究[M]. 合肥：安徽师范大学出版社，2014.

中国城市规划设计研究院. 湖州历史文化名城保护规划（2013—2020）[Z]，2014.

中国城市规划设计研究院. 湖州南太湖滨湖区域一体化发展规划[Z]，2015.

中国城市规划设计研究院. 湖州市南太湖特色村庄带发展规划[Z]，2017.

中国经济统计研究所. 吴兴农村经济[M]. 上海：文瑞印书馆，1939.

中国科学院南京地理研究所. 太湖综合调查初步报告[M]. 北京：科学出版社，1965.

中国农业科学院土肥所. 中国肥料概论[M]. 上海：上海科学技术出版社，1962.

中国农业科学院，南京农业大学中国农业遗产研究室太湖地区农业史研究课题组. 太湖地区农业史稿[M]. 北京：农业出版社，1990.

中国气象局气候变化中心. 2018年中国气候变化蓝皮书[R]，2018.

中国水利水电科学研究院. 太湖溇港水利遗产保护与利用规划（送审稿）[Z]，2015.

中华人民共和国国家质量监督检验检疫总局，中国国家标准化管理委员会. 湿地分类GB/T 24708—2009

[S]. 北京：中国标准出版社，2009.

中华人民共和国国家质量监督检验检疫总局，中国国家标准化管理委员会. 人居环境气候舒适度评价GB/T 27963—2011 [S]. 北京：中国标准出版社，2011.

钟功甫，王增骐，吴厚水，等. 基塘系统的水陆相互作用[M]. 北京：科学出版社，1993.

祝彩云. 关于我国道家阴阳互动与黑格尔辩证法差异的思考[J]. 自然辩证法研究，2005，21（8）：107-108.

宗菊如，周解清. 中国太湖史[M]. 北京：中华书局，1999.

邹怡情. 文化景观在争议中影响人类实践的遗产认知[J]. 中国文化遗产，2012（2）：56-62.

邹怡情. 有机演进的持续性文化景观保护策略——以云南普洱景迈山古茶林为例[J]. 中国文化遗产，2015（2）：31-37.

古籍文献

（北魏）贾思勰. 齐民要术（上下册）[M]. 石声汉，译注. 北京：中华书局，2015.

（宋）谈钥. 嘉泰吴兴志[M]. 嘉业堂刻本. 台北：成文出版社有限公司，1983.

（宋）单锷. 吴中水利书[M].

（宋）郏亶. 吴门水利书[M].

（明）徐献忠. 吴兴掌故集（明嘉靖三十九年）[M]. 台北：成文出版社，1970.

（明）徐光启. 农政全书[M]. 长沙：岳麓书社，2002.

（明）姚文灏，汪家伦，校注. 浙西水利书校注[M]. 北京：农业出版社，1984.

（明）王珣，汪翁仪，等，纂修. 弘治湖州府志[M]. 济南：齐鲁书社，1997.

（明）㸖祁，唐枢，纂修. 万历湖州府志[M]. 济南：齐鲁书社，1997.

（明）沈启. 吴江水考增辑[M].

（明）伍馀福. 三吴水利论[M].

（明）归有光. 三吴水利录（明代太湖水系图）[M].

（明）宋应星. 天工开物[M]. 北京：中国画报出版社，2003.

（明）耿橘，（清）孙峻，撰. 筑圩图说及筑圩法[M]. 汪家伦，整理. 北京：农业出版社，1980.

（清）张履祥，等. 沈氏农书[M]. 北京：农业出版社，1956.

（清）王凤生，等. 乌程长兴二邑溇港说（清光绪年间）[M].

（清）王凤生，等. 浙西水利备考[M]. 台北：成文出版社，1983.

（清）陈文煜. 吴兴合璧（全）[M]. 台北：成文出版社，1983.

（清）金友理. 太湖备考[M]. 南京：江苏古籍出版社，1998.

（清）凌介禧. 东南水利略[M].

（清）程岱葊. 西吴蚕略[M].

（清）宗源瀚，郭式昌，修. 同治湖州府志（同治十三年）[M]. 台北：成文出版社，1970.

（清）罗愫修. 乾隆乌程县志[M]. 上海：上海古籍出版社，1995.

（清）潘玉璿，冯健，修. 光绪乌程县志[M]. 上海：上海古籍出版社，1990.

后记

本书的主要内容来自于笔者的博士学位论文。从入学伊始，导师汪光焘先生就指点我应该在生态文明和遗产保护这两个最具前途的重要领域寻找契合点作为研究方向，但一直苦寻未得。直到2015年下半年，笔者参加南太湖村庄带规划工作，实地调研了南太湖溇港水利系统和圩田农业模式，认为这是一种传统农耕文化的代表，是人与自然互动的产物，从文化景观角度有助于认识其价值内涵，有利于在动态平衡中实现保护传承。在导师的支持鼓励下，我正式将溇港圩田文化景观作为研究对象，开始探索农耕文化景观的共性和规律。2018年12月，通过论文答辩。

衷心感谢导师汪光焘先生，先生学术视野高远，治学态度严谨，在论文选题、开题、构思、写作、修改的各个阶段都给予我充分指导，就关键问题深入讨论、及时纠偏；先生待人宽厚博爱，无论是论文写作遇到瓶颈，还是生活工作偶逢不顺，先生始终给我温暖鼓励和无私帮助。在多年的学习生活中，始终受惠汪先生的教诲与关怀，先生丰富大气的人生智慧、皓首穷经的治学精神、润物无声的长者风范让我受益良多，我将铭记终生。

感谢清华大学左川教授、毛其智教授、吴唯佳教授、张杰教授、钟舸副教授，自然资源部张兵教授在论文开题、写作、审阅、修订中的悉心指导。感谢清华大学周政旭助理研究员在论文送审答辩阶段的帮助。

感谢我的工作单位中国城市规划设计研究院的多年培养，感谢王静霞教授、杨保军教授、赵中枢教授的鼓励和指点，感谢我的同事鞠德东、徐萌、陈双辰、冯小航、杨澍、李陶、赵霞、陶诗琦、汤芳菲、王现实、所萌、杨开在基础资料收集方面和现场踏勘调研过程中的帮助。

感谢同门王晓云师兄、熊文师兄、高悦儿师妹、甘霖师妹在论文写作过程中的无私帮助和持续鼓励。感谢北京农学院王润副教授、北京气候中心程宸高级工程师在GIS和气象技术方面的多次讨论和大力支持。感谢湖州市城市规划设计研究院姚致祥副院长在基础资料收集方面的帮助。感谢北京工业大学马瑞同学、华侨大学阚小溪同学在基础图纸处理方面的帮助。

论文研究得到了"十二五"国家科技支撑计划课题"传统村落适应性保护及利用关键技术研究与示范"（项目编号：2014BAL06B01）、住房城乡建设部课题"基于大数据的城市生态保护和修复技术政策研究"（项目编号：2016-R2-56）的资助，在此一并表示感谢。

最后，要特别感谢我的工作单位中国城市规划设计研究院的出版资助，感谢中国建筑工业出版社李东女士、陈夕涛先生的编审校核，本书才能得以付梓见众。